中国移动创新系列丛书

OPhone™

应用开发权威指南

（第2版）

黄晓庆　主编

詹建飞　吴博　柳阳　孟钊　编著

电子工业出版社

Publishing House of Electronics Industry

北京·BEIJING

内 容 简 介

本书系统地介绍了 OPhone OS 2.0 的体系结构、应用程序开发流程和调试技巧，以及 OPhone 应用程序开发中所涉及的主要模块。全书结合 30 多个经典案例，阐述了 OPhone 平台的运行环境、应用程序模型、用户界面与图形引擎、数据持久化存储方案、移动多媒体框架、Service、联网接口、高级通信技术以及访问硬件层能力等内容。在介绍 OPhone 这一崭新的移动开发平台的同时，作者融入了大量的对于经典设计模式、工程项目开发技巧的介绍，使得本书在实际项目开发中具有重要的参考价值。

本书适合有一定 Java 编程基础，希望从 Symbian、Java ME 或者 Windows Mobile 等平台过渡到 OPhone 平台的软件开发人员阅读，也可以作为高校师生的参考教材。

图书在版编目（CIP）数据

OPhone 应用开发权威指南 / 詹建飞等编著. —2 版. —北京：电子工业出版社，2011.6
（中国移动创新系列丛书 / 黄晓庆主编）
ISBN 978-7-121-13366-4

Ⅰ. ①O… Ⅱ. ①詹… Ⅲ. ①移动通信—携带电话机—操作系统—程序设计—指南 Ⅳ. ①TN929.53-62

中国版本图书馆 CIP 数据核字（2011）第 073229 号

责任编辑：胡辛征
印　　刷：北京中新伟业印刷有限公司
装　　订：
出版发行：电子工业出版社
　　　　　北京市海淀区万寿路 173 信箱　　邮编：100036
开　　本：787×1 092　　1/16　　印张：29.25　　字数：646 千字
印　　次：2011 年 6 月第 1 次印刷
印　　数：5000 册　　定价：69.00 元（含光盘 1 张）

凡所购买电子工业出版社图书有缺损问题，请向购买书店调换。若书店售缺，请与本社发行部联系，联系及邮购电话：（010）88254888。

质量投诉请发邮件至 zlts@phei.com.cn，盗版侵权举报请发邮件至 dbqq@phei.com.cn。

服务热线：（010）88258888。

序

OPhone 平台基于 Linux 和开放手机联盟（OHA）的 Android 系统，经过中国移动的创新研发，设计出拥有新颖独特的用户操作界面，增强了浏览器能力和 WAP 兼容性，优化了多媒体领域的 OpenCORE、浏览器领域的 WebKit 等业内众多知名引擎，增加了包括游戏、Widget、Java ME 等在内的先进平台中间件。

OPhone 通过提供完备的 API 集合、统一的屏幕尺寸和用户界面接口等机制，大大缩短了应用程序向多种设备上移植的周期，提高了产品的可维护性。目前，OPhone 平台主要支持两种应用程序模型，一种是使用 Java 语言编写的 OPhone 应用程序，另一种是使用 HTML 和 JavaScript 等脚本语言编写的 Mobile Widget 应用程序。

OPhone 构建了开放、易用、界面友好的面向移动互联网的智能终端软件平台，为开发者提供了一个开源、开放的平台，把内容供应商、开发者和消费者紧密地联系在一起。在 OPhone 项目启动之初，中国移动就规划了 OPhone 开发者社区（www.ophonesdn.com），提供专业的技术文档，鼓励开发者之间分享开发经验，加强开发者之间的交流。同时，中国移动已经发布了网上应用商店 Mobile Market（mm.10086.cn），开发者可以方便地将开发的 OPhone 应用程序提交到 Mobile Market。我们相信，开发者的聪明才智终将极大地丰富 OPhone 平台的应用。

《OPhone 应用开发权威指南》系统地介绍了 OPhone 平台的体系结构和应用程序模型，覆盖了图形用户界面、OpenGL ES、数据持久化存储、移动多媒体框架、后台运行程序、网络连接、Telephony 和访问硬件层等知识。难能可贵的是，作者将设计模式和开发技巧融入到章节之中，并将已经提交到 Mobile Market 的商业应用源码作为案例在书中介绍，大大提高了本书的指导性和实用性。本书不但可以帮助读者掌握 OPhone 平台的系统知识，还可以提高读者在用户界面设计、多媒体和网络应用程序开发方面的能力，开发出架构合理、用户体验出色的 OPhone 应用程序。本书是 OPhone 系列丛书的第一本，中国移动还将出版 OPhone 游戏开发以及 OPhone 系统架构和原理方面的图书，帮助读者从多角度掌握 OPhone 平台的知识。

希望读者怀着一种轻松的心情阅读本书，享受在 OPhone 平台编写代码的乐趣，并为 OPhone 平台的发展献计献策。

中国移动通信研究院　院长 黄晓庆

前　　言

OPhone 平台基于开放手机联盟（Open Handset Alliance，OHA）的 Android 系统，同时 OPhone 平台完全兼容 Android 系统。中国移动相信一个开放、先进的移动终端平台是向用户提供最好的应用程序和互联网体验的关键所在，中国移动致力于与 OHA 及开源社区一起推动智能终端在中国的普及和发展。为此，中国移动特编写本书以帮助开发者快速掌握 OPhone 平台的知识，推广 OPhone 平台的发展。

本书主要为在 OPhone 平台上开发应用程序的开发者提供指导，帮助读者快速熟悉 OPhone 平台的体系结构、应用程序模型，掌握 OPhone 应用程序开发所需的主要知识。尽管设计模式、多媒体和网络通信协议等内容不是本书的介绍重点，但是考虑到这些知识对实际项目开发有重要的参考意义，笔者将其作为 OPhone 应用开发的外延和补充，融入到各个章节中，目的是呈献给读者一本内外兼修的"权威指南"。相比上一版，本书增加了 OPhone OS 2.0 的特性介绍，包括数据连接管理等重点内容。

伴随各种智能终端平台发展的关键词是"设备分裂"和"功能受限"。设备分裂导致一款应用程序可能需要多次移植才可能覆盖尽可能多的终端设备，为了适配软件环境和硬件参数的差异，源代码中可能包含了大量的 if/else 语句，甚至是宏标记，使得代码难以维护；功能受限使得开发者巧妇难为无米之炊，如果平台没有提供所需要的 API，那么再好的想法也只能是空想。在设计之初，OPhone 平台就考虑到了上述问题。OPhone 包含了丰富的本地库，并将这些底层接口通过 JNI 提供给应用程序开发者，在 OPhone 平台上编写应用程序会有一种如鱼得水、游刃有余的感觉。丰富的 API、强大的功能在一定程度上避免了在 API 层面造成设备分裂；在资源管理方面，OPhone 也是尽善尽美，良好的设计节省了大量代码维护和设备适配的工作。关于 OPhone 平台的优点，这里不再一一列举，读完本书您会喜欢上在 OPhone 上开发应用程序。

本书主要内容

结合丰富的案例，系统全面地介绍 OPhone 应用程序开发的知识是本书追求的目标。全书包括的 30 多个案例，其中不乏俄罗斯方块、铃声 DIY 等完整的案例，是学习 OPhone 应用程序开发的重要参考。在内容安排上，不但详细地介绍了 OPhone 应用程序开发的主要内容，包括 Activity、Service、Content Provider 和 BroadcastReceiver，还在多媒体、联网应用程序开发中适当深入，帮助读者提高工程项目的开发能力。本书共有 11 章，主要内容如下：

- 第 1 章"OPhone 平台概述"，介绍了 OPhone 平台的体系结构、OPhone SDK、OPhone 开发者社区和 Android 应用程序移植到 OPhone 平台指南。除此之外，还介绍了 Mobile Market 的商务合作流程。

- 第 2 章"OPhone 开发环境和流程"，主要介绍了如何搭建 OPhone 应用程序开发环境和开发流程。其中，调试技巧和 OPhone SDK 提供的工具是应用程序开发过程中的有益补充。除此之外，还介绍了 OPhone 可视化软件开发工具（ODT）等内容。

- 第 3 章"OPhone 应用程序模型"，深入介绍了 OPhone 应用程序的运行环境、OPhone 应用程序的组成部分，包括 Activity、Service、Content Provider 和 BroadcastReceiver，以及 OPhone 的安全体系和数字签名。

- 第 4 章"图形用户界面"，深入介绍了 OPhone 的用户界面接口和 2D 图形引擎，包括 XML 布局文件、事件处理、常用 UI 组件、自定义 View、动画和资源文件管理等。

- 第 5 章"OpenGL ES 编程"，深入介绍了 OPhone 平台的 OpenGL ES 编程，包括 OpenGL ES 设计准则、3D 空间观察与变换、颜色和光照、纹理贴图、帧缓存操作、反走样及 EGL 使用等。

- 第 6 章"数据持久化存储"，介绍了 OPhone 平台提供的文件、Preference、关系型数据库 SQLite 和 Content Provider 四种数据持久化存储方案。

- 第 7 章"移动多媒体编程"，介绍了 OPhone 平台的多媒体框架，如何使用 OPhone 提供的音频和视频的播放、音频的录制等功能开发丰富多彩的移动多媒体应用程序。最后还深入分析了 MP3 文件格式，提供了 MP3 文件切割的解决方案。

- 第 8 章"让程序在后台运行"，深入介绍了 OPhone 平台的 Service 组件，包括如何创建和启动 Service，如何在单独线程处理耗时的任务，如何使用 AIDL 语言等。

- 第 9 章"访问网络数据和服务"，主要介绍了 OPhone 平台连接互联网的能力，重点介绍了 OPhone 平台的数据连接管理和基于 HTTP 的联网应用程序开发。除了介绍开发联网应用程序常见的 API 之外，还介绍了设计通信数据格式和内容编码检测等高级话题。

- 第 10 章"高级通信技术"，主要介绍了 OPhone 平台提供的通信层 API，借助这些 API 可以方便地访问电话和短信等功能。

- 第 11 章"访问硬件层"，介绍了如何使用 OPhone 提供的 API 访问设备的硬件层，包括 Camera、位置服务和传感器。

如何使用光盘中的代码

本书的案例代码全部基于 Eclipse 和 OPhone SDK 2.0 开发完成，读者可以参考附录 A "如何导入源代码"将案例导入到 Eclipse 中。由于 OPhone SDK 2.0 与 Android SDK 2.1 兼容，本书的程序也可以在 Android 2.1 平台上正常运行。

OPhone 开发者的财富之路

中国移动推出的 Mobile Market（http://mm.10086.cn）为开发者提供了广阔的发展空间，而 OPhone 作为 Mobile Market 支持的旗舰平台有着非凡的"钱"景。开发者可以免费注册成为中国移动的开发者用户，编写 OPhone 应用程序并上传到 Mobile Market，你的应用将可以被中国移动的 5 亿用户下载使用，销售收入的 70%归开发者所有。本书将是 OPhone 开发者通往财富之路的一把钥匙。

OPhone 开发者社区

读者在阅读本书过程中，如果有任何疑问，都可以登录 OPhone 开发者社区（http://www.ophonesdn.com）寻求帮助。OPhone 开发者社区提供最新的 SDK 下载、在线技术文档、论坛和博客等多项服务，目的是加强开发者之间的交流，提高开发者的能力。相信您在阅读过程中遇到的问题可以在 OPhone 开发者社区及时地得到解决。

关注 OPhone 系列丛书

本书是《中国移动创新系列丛书》中的一本，中国移动还将出版专注于 OPhone 游戏开发以及 OPhone 系统架构和原理方面的图书。全方位的 OPhone 系列丛书将帮助读者从底层操作系统到上层应用程序开发全面了解 OPhone 平台。

OPhone 游戏开发指南将带领读者跨越游戏开发的全过程，从游戏的分类和策划谈起，介绍游戏的结构设计和编程，讲解游戏的性能优化和移植，直到最后游戏的发布。书中通过完整的案例介绍休闲、动作、RPG 等游戏类型的开发技巧，介绍事件处理、状态机、图形绘制、算法的知识。作为高级话题，还将探讨 3D 游戏开发和联网游戏开发，以及游戏引擎和游戏辅助工具的内容。

OPhone 系统架构和原理借助 OPhone 平台的开源特性，将完整的手机操作系统架构和原理展现给读者。深入分析 Linux 内核、Dalvik 虚拟机、系统库和应用程序框架的核心部件及技术细节，包括内存和缓存管理、进程和线程、I/O 系统、文件系统、安全机制、启动、硬件驱动编程、JNI 机制等内容。

目　　录

第1章
OPhone 平台概述

1.1 OPhone 的架构

OPhone 平台基于 Linux 和 OHA（Open Handset Alliance，开放手机联盟）的 Android 系统，经过中国移动的创新研发，设计出了新颖独特的用户操作界面，增强了浏览器能力和 WAP 兼容性，优化了多媒体领域的 OpenCore、浏览器领域的 WebKit 等业内众多知名引擎，增加了包括游戏、Widget、Java ME 等在内的先进平台中间件。OPhone 平台由底层操作系统、本地系统库、OPhone 运行环境、Widget 运行环境、应用程序框架和应用程序等部分组成。OPhone 平台结构图如图 1-1 所示，本节介绍 OPhone 平台架构的主要部分，帮助开发者了解 OPhone 的体系结构。

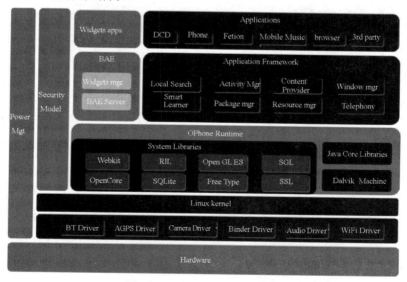

图 1-1　OPhone 平台结构图

1.1.1 Linux 内核

OPhone 平台基于 Linux 2.6 版内核，内核为上层系统提供了安全、内存管理、线程管理、网络协议栈和驱动模型等系统服务。同时，内核还提供了一套抽象层接口，在向下的硬件层和向上的软件层之间架起桥梁。

1.1.2 本地库

OPhone 平台强大的功能来源于底层的本地库，这些本地库通过上层的应用程序框架将编程接口提供给开发者调用，本地库和应用程序框架通过 JNI（Java Native Interface）连接。以多媒体编程接口为例，应用程序框架层的 MediaPlayer 对象通过 JNI 调用使用 C/C++实现的 MediaPlayer 类，MediaPlayer 使用 PacketVideo 提供的接口向上提供服务。调用关系如图 1-2 所示。

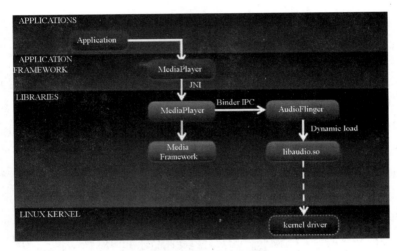

图 1-2　多媒体编程调用关系

下面列出了 OPhone 平台包含的核心本地库。

- 标准 C 系统库——针对嵌入式 Linux 设备优化的标准 C 系统库。
- 多媒体库——基于 PacketVideo 的 OpenCORE 引擎，支持多种音频/视频格式的播放和录制，以及静态图片文件的显示。目前支持 MPEG4、H.264、MP3、AAC、AMR、JPEG、PNG 和 GIF 等格式。
- SGL——面向嵌入式终端设备的 2D 图形引擎，在较低的硬件要求下即可提供高质量的图形效果。SGL 引擎基于 C 设计，代码共计 8 万多行，目前已经开源。
- 3D 库——实现了 OpenGL ES 1.0 API，使用 3D 库可以开发出丰富的界面效果。
- SQLite——轻量级的关系型数据库引擎，增强了 OPhone 平台的数据存储能力，尤其是存储的数据结构较复杂时。

● Webkit——提供一个浏览器引擎,服务于 OPhone 平台的浏览器应用程序和 WebView 组件。

1.1.3　OPhone 运行环境

OPhone 应用程序以 apk 文件形式发布,apk 文件运行在 OPhone 运行环境之中,准确地说是在 Dalvik 虚拟机内运行。Dalvik 虚拟机与普通的 Java 虚拟机不同,它针对嵌入式设备进行了优化,class 文件也经过"dx"工具转换成.dex 文件格式,.dex 文件格式更为紧凑,执行效率更高。在 OPhone 的运行环境中还包含了 Java 核心类库,包括 java.lang、java.io 等包。

每个 OPhone 应用程序都运行在单独的虚拟机实例之上,这样可以保证应用程序之间不相互影响,即使一个程序崩溃,也不会影响其他的程序,因此也不会导致整个系统不能正常运行。由于 Dalvik 虚拟机的设计可以高效地生成多个虚拟机实例,所以不用担心性能问题。关于 OPhone 的应用程序模型和运行环境将在第 3 章做详细介绍。

1.1.4　Widget 运行环境

Widget(微技)是一种基于互联网 Web 的小应用,通常实现某个特定的功能。Mobile Widget(移动微技)指运行于移动终端上的 Widget。移动 Widget 不仅可以独立于浏览器运行,有效地利用手机屏幕,而且可以更加快速、直接、方便地访问移动互联网。移动 Widget 给手机用户带来良好的呈现方式和互联网体验。

为了提升移动互联网应用的用户体验效果,实现应用快速开发、部署,中国移动设计并开发了 BAE(Browser based Application Engine,基于浏览器技术的应用引擎)。BAE 是部署在移动终端上的移动互联网应用运行环境,它基于浏览器技术,支持移动 Widget 的跨平台运行。目前,BAE 既支持 JIL Widget 格式(中国移动与沃达丰、软银共同定义的 Widget 标准),也能兼容部分互联网上流行的 Widget,如 Apple Dashboard Widget 等。

BAE 系统架构主要包括 Widget 引擎和内部服务器。其中,Widget 引擎支持 Widget 应用的运行以及 Web 网页的访问,通过内部服务器中业务能力插件可以实现更加强大的 Widget 应用。

Widget 引擎基于标准的浏览器引擎,因此支持 Web 网页的解析、渲染。Widget 运行环境支持 Widget 应用的解析、运行、不同的显示模式(浮动模式、全屏模式)、应用拖拽等用户体验,Widget 管理器主要负责 Widget 应用生命周期管理,例如 Widget 下载、安装、运行、卸载、升级等。JavaScript 核心扩展模块是为了支持 Widget 能够访问移动终端能力以及网络侧业务平台能力。BAE 应用框架插件 API 模块支持第三方模块(如多媒体播放器)加载。

内部服务器包括一个轻量级的本地 Web 服务器,负责处理 HTTP 请求,同时支持第三方业务功能模块的动态加载和管理，具备良好的可扩展性，可以满足增强型的业务需求，支持功能更加强大的 Widget 应用。

　　BAE 屏蔽了移动终端平台的差异性，提供一套统一的 Widget API，实现 Widget 应用的跨平台运行。目前 OPhone 平台支持了 Widget 运行环境，系统结构图如图 1-3 所示。关于更多 Widget 开发的内容，请读者参考中国移动创新系列丛书之《Mobile Widget 开发权威指南》。

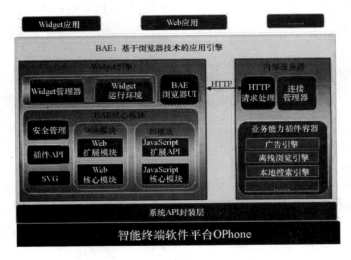

图 1-3　OPhone 平台上的 BAE 架构图

1.1.5　应用程序框架

　　OPhone 平台为应用程序提供了一个开放的运行环境，无论是内置应用程序，还是后续安装的应用程序，所有应用程序访问底层框架的能力是一致的，开发者可以使用应用程序框架提供的 API 开发自己的应用程序。这里简要介绍了应用程序框架中包含的常用模块，更详细的介绍将在后续的章节中一一呈现。

- 丰富的图形用户界面组件，包括 ListView、WebView、Button 等。
- 用于在各个应用程序之间共享数据的 Content Provider 机制。
- SQLite 提供的相关数据库操作 API。
- 资源管理器，管理应用程序的文本、图片、XML 等资源。
- 管理应用程序生命周期的 ActivityManager。
- 移动多媒体框架提供了音频/视频播放、音频录制、在线媒体播放等功能。
- 允许应用程序在后台运行的 Service 组件。
- 本地搜索引擎，允许开发者通过关键字搜索联系人、通话记录、多媒体等多项数据。

1.1.6　应用程序

在 OPhone 平台中内置了常用的核心应用程序，包括邮件客户端、电话、短消息、日历、浏览器和联系人等。除此之外，还深度集成了中国移动的业务，包括移动随身听、飞信、DCD 等。图 1-4 列出了 OPhone 平台的移动随身听和电话的界面。

图 1-4　OPhone 平台上的移动随身听和电话的界面

1.2　开发 OPhone 应用程序

1.2.1　开发语言

OPhone 平台的应用程序使用 Java 语言编写，这大大降低了开发者的门槛。Java 语言是世界上应用最为广泛的编程语言，其良好的面向对象特性、开发效率高等特点深受开发者的欢迎。

1.2.2　OPhone SDK

OPhone SDK 包括了一系列的开发工具以帮助开发者在 OPhone 平台上开发和调试应用程序。SDK 的出现，大大提高了嵌入式应用程序开发的效率，通常开发者编写程序之后直接在模拟器上运行，调试完成后再将程序移植到真机上。OPhone SDK 主要包含以下几部分：

- OPhone 应用程序框架的编程接口。
- Widget 运行环境和编程接口。
- OPhone 模拟器，包含了多种屏幕尺寸的模拟器，用于开发和调试。
- 开发过程中的辅助工具，比如 ADB、AAPT、DX 和 DDMS 等。

● OPhone 开发文档，包括 API 文档、开发指南等。

● 示例代码，供初学者学习使用。

OPhone SDK 2.0 模拟器的界面如图 1-5 所示。关于如何搭建 OPhone 的开发环境，使用 OPhone SDK 提供的各种开发工具，将在第 2 章详细介绍。

图 1-5　OPhone SDK 2.0 模拟器的界面

1.2.3　OPhone 开发者社区

如果开发者在开发 OPhone 应用程序过程中遇到问题，可以登录 OPhone 开发者社区（http://www.ophonesdn.com），OPhone 团队的工程师可以提供专业的技术支持。除此之外，OPhone 开发者社区还提供最新版的 SDK 下载、在线开发文档和技术文章。在开发者社区，开发者之间可以相互交流经验，提高开发能力。OPhone 开发者社区首页如图 1-6 所示。

图 1-6　OPhone 开发者社区首页

1.2.4　OPhone 与 Android 应用开发的差异

目前，OPhone 共发布了 1.0、1.5 和 2.0 三个平台版本，其中 OPhone 1.0 与 Android 1.0

兼容，OPhone 1.5 与 Android 1.5 兼容，OPhone 2.0 与 Android 2.1 兼容。OPhone 与 Android 应用开发的主要差异如下：

● 网络数据连接的方法

OPhone 平台实现了对多个 APN（Access Point Name，接入点）的并发支持能力，不同的应用应根据自身需要，指定不同的接入点进行网络连接，详细介绍请参考本书第 9 章《访问网络数据和服务》。

● GMS（Google Mobile Service）

OPhone 1.0、1.5 和 2.0 平台不支持 GMS，因此使用 GMS API 开发的 Android 应用程序将无法移植到 OPhone 平台。

● 多分辨率支持

已上市的 OPhone 终端的分辨率包含 HVGA（480×320）、nHD（640×360）、WVGA（800×480）、FWVGA（854×480）等。在 OPhone 平台上开发应用程序，应当支持多种分辨率，并需要在模拟器上进行多分辨下的开发调试。部分 Android 应用因不支持 OPhone 终端的分辨率，会出现显示异常。

● OPhone 平台特有的 UI 主题

OPhone 平台提供了 OPhone 主题，具有专门的 UI 风格。比如，OPhone 平台在一屏中最多只允许显示 3 个 Tab 标签，部分使用了 TabHost 控件的 Android 应用在 OPhone 终端上会出现显示异常，因此需要专门进行调整，详细内容请参考本书第 4 章《图形用户界面》。如果应用程序使用了 OPhone 主题，则此程序将不能移植至 Android 平台。

● OPhone 平台特有的 API

OPhone SDK 在兼容 Android API 的基础上还提供了 OPhone 特有的 API，以扩展 OPhone 平台的能力。如果应用程序使用了 OPhone API，则此程序将无法移植到 Android 系统。

● AppWidget

Android 平台上的 AppWidget 只支持特定的布局文件和组件，且不支持自定义布局文件。而 OPhone 平台扩展了 AppWidget 的功能，可以支持自定义布局文件，这将展现出更为良好的表现效果。

1.3　将 OPhone 应用上传到 Mobile Market

1.3.1　Mobile Market 的商业模式

虽然 OPhone 在手机操作系统领域是新兵，但是它不但拥有内在功能强大的优势，而且还有外在中国移动 Mobile Market 的商业模式支持。中国移动的 Mobile Market 在运营商、终端厂商、手机用户、开发者（个人和企业）之间建立了一个生态系统，鼓励开发者为 OPhone 开发应用程序，开发者从中获得 70%的收入，而中国移动仅获得 30%。同时，OPhone 的开发者社区向开发者提供技术文档、SDK 等多种技术支持。Mobile Market 的商业模式如图 1-7 所示。

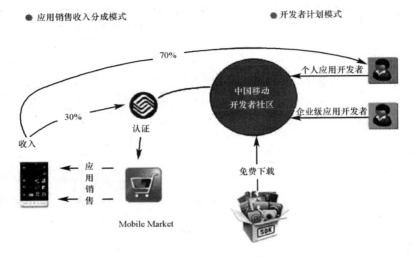

图 1-7　Mobile Market 的商业模式

无论是个人开发者还是企业开发者，都可以将应用程序提交到 Mobile Market。2010 年 8 月 10 日，由共青团中央、中国移动共同发起的公益行动"型动创造未来——团中央·中国移动战略合作暨 Mobile Market 百万青年创业计划"在北京正式启动。"Mobile Market 百万青年创业计划"由团中央和中国移动联合发起，目的是基于移动互联网，创造开展自主创业的环境和设立一套相应的机制。在 Mobile Market 背后是中国移动强大的营销能力和 5 亿的超大用户群，OPhone 开发者正面临着前所未有的机会。

1.3.2　Mobile Market 发布流程

为了帮助开发者尽快熟悉在 Mobile Market 发布 OPhone 应用程序的过程，本节重点介绍开发者与 Mobile Market 合作的流程。目前，个人开发者和企业开发者均可以向 Mobile Market 提交应用程序。不同之处在于，个人开发者需要和卓望数码签订合作协议，而企业开发者可以和中国移动直接签署合作协议。

1．注册用户

对于个人开发者，首先需要注册成为中国移动 Mobile Market 社区的个人用户。成为注册用户之后便可获取开发工具及文档，获取培训机会，发布自己开发的作品，并可以申请进入 MMarket 应用店销售自己的产品，实现个人创业梦想。注册界面如图 1-8 和图 1-9 所示。

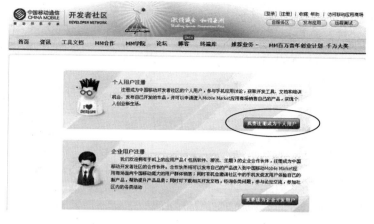

图 1-8　选择注册成为个人用户

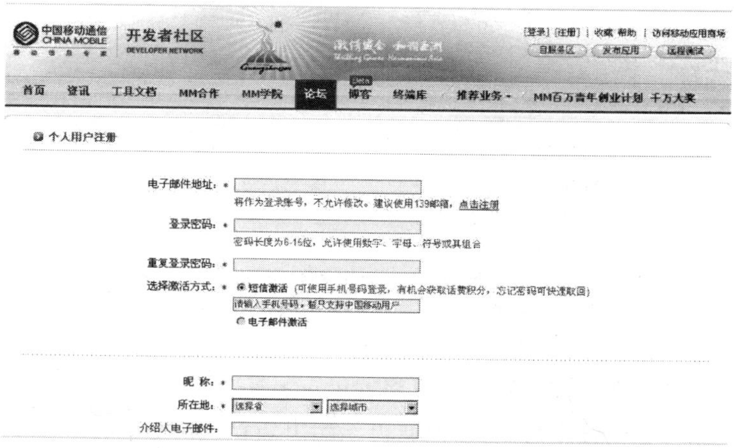

图 1-9　填写注册信息

当用户填写完注册信息，并激活账户后，可以看到如图 1-10 所示的界面。这意味着用户已成功加入中国移动开发者社区。

图 1-10　完成注册

对于企业用户，其注册流程和个人用户的流程一致，即选择用户类型、填写注册信息、激活账号、完成注册。

2．合作资料申请

注册成功后，开发者可以登录进入 Mobile Market 的自助服务区。点击左侧的"合作资料申请/修改"，并在右侧的表单中提交合作资质的附件，包括有效证件号码和证件的电子扫描版本，如图 1-11 所示。

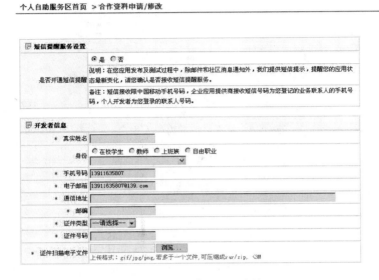

图 1-11　合作资料申请

3．应用发布

通过合作资料申请之后，开发商可以将 OPhone 应用程序上传到 Mobile Market。在自助服务区首页选择"应用发布"，首先需要提交应用的基本信息，包括应用名称、分类、期望资费等字段，如图 1-12 所示。接下来根据系统提示，开发商需要陆续填写应用程序的图标和截图、应用程序文件等内容，在此不一一介绍了。

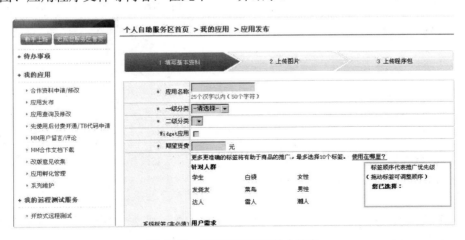

图 1-12　填写应用程序基本信息

4．审核与测试

收到开发者提交的应用程序之后，Mobile Market 将首先检查应用程序的信息、图片和安装包。通过初次审核的应用程序，会进入到测试流程，通过测试的应用程序将进入 Mobile Market 商城，进行在线销售。开发者可以在自助服务后台通过应用查询查看应用的最新状态，如图 1-13 所示。

图 1-13　查询应用程序状态

5．销售查询

对于已经上线销售的应用程序，开发者可以在自助服务中查询应用程序的销售状态。Mobile Market 根据订购次数、商品价格计算出订购的金额，报表如图 1-14 所示。

图 1-14　查询商品销售情况

上述内容介绍了当前开发者上传应用程序到 Mobile Market 的流程，此流程可能在今后改变，请开发者以 Mobile Market 官方网站的工作流程为准。

1.4 小结

本章是 OPhone 平台的概述，介绍了 OPhone 平台的体系结构和 OPhone 应用程序开发。对开发者而言，OPhone 平台强大的功能、开放的环境是最受关注的，也是选择 OPhone 平台的理由。除此之外，还介绍了中国移动的网上应用商店——Mobile Market，借助 Mobile Market 提供的商业模式，在 OPhone 平台上实现自己的创业梦想不再遥远。

下一章将介绍如何搭建 OPhone 的开发环境，以及 OPhone 应用程序的开发流程。

第 2 章
OPhone 开发环境和流程

2

本章重点介绍如何搭建 OPhone 应用程序开发环境，与读者一起开发和调试一个简单的 OPhone 应用程序。"工欲善其事，必先利其器"，刚刚接触 OPhone 的开发者务必仔细阅读本章节，尤其是调试部分的内容；有经验的开发者，可以跳过本章直接阅读下一章节。

一般来说，使用命令行的方式开发应用程序能够帮助开发者更清楚地了解开发流程，毕竟使用 Eclipse 这样的集成开发环境把很多工作都屏蔽了。但是，为了能够让读者快速地熟悉 OPhone 的开发环境，还是从 OPhone SDK 和 Eclipse 说起吧。本章的后半部分将介绍如何在命令行环境下开发 OPhone 应用程序。

2.1 安装 OPhone SDK 和 Eclipse

OPhone SDK 是专为 OPhone 平台开发者设计的一整套功能强大的软件开发包。OPhone SDK 兼容 Android SDK，最新版本的 OPhone SDK 以 Android SDK Add-on 的形式发布。OPhone SDK 包括：OPhone 可视化开发工具（ODT）、Widget 开发工具（WDT）、OPhone API、帮助文档、示例代码、模拟器运行需要的系统映像文件等。

OPhone SDK 支持两种类型的应用开发：

● Apk OPhone 应用

OPhone 应用是基于 Java 语言开发的应用程序。除了支持所有 Android API 之外，OPhone SDK 还提供了一些 OPhone API 来拓展 OPhone 平台的能力，如本地搜索 API、视频通话 API 等。

● Web Widget 应用

除了基于 Java 的 OPhone 应用外，OPhone 还支持 Widget 应用开发。Widget 是一个采用 HTML、JavaScript 和 CSS 等网络技术的应用程序。

本节主要介绍如何安装、配置 OPhone SDK 和 Eclipse。首先，读者需要准备一台满足以下操作系统要求的计算机。

- Windows XP 或 Windows Vista 或 Windows 7
- Linux（最好是 Linux Ubuntu 8.04 或更新版本）
- Mac OS X 10.5.8 或更新版本

2.1.1 安装 Java SDK

在安装 Eclipse 之前，确保电脑上已经安装了 Java 2 SDK，这里推荐安装 Java SDK 5.0 或者更高版本，读者可以从 http://java.sun.com 中获取软件。双击安装文件，按照提示安装即可，笔者的 Java 2 SDK 安装在 Windows 系统的 C:\Program Files\Java\jdk1.5.0_21 目录下。安装完成后在系统环境变量中添加 JAVA_HOME 环境变量指向 Java SDK 的安装根目录，然后将 JAVA_HOME\bin 目录添加到 PATH 环境变量中。设置环境变量的方法是右键选择【我的电脑】=>【属性】=>【高级】=>【环境变量】，如图 2-1 所示。

图 2-1 设置 Java 环境变量

打开命令行工具，输入 java -version，如果看到类似下面的输出，则说明已经成功地安装了 Java 2 SDK。

```
Microsoft Windows XP [版本 5.1.2600]
(C) 版权所有 1985-2001 Microsoft Corp.
C:\Documents and Settings\omssdk>java –version
java version "1.5.0_21"
Java(TM) 2 Runtime Environment, Standard Edition (build 1.5.0_21-b01)
Java HotSpot(TM) Client VM (build 1.5.0_21-b01, mixed mode, sharing)
```

2.1.2　安装 Eclipse

Eclipse 是目前最为流行的集成开发环境，通过安装不同的插件，可以使用 Eclipse 开发 Java、C/C++等应用程序。可以从 http://www.eclipse.org 获取 Eclipse 安装文件及所需的插件，推荐使用 Eclipse 3.5.2（Galileo）或者以上版本。除了 Eclipse IDE 之外，还需要以下插件：

- Eclipse JDT 插件（大部分的 Eclipse IDE 包已经包含 JDT 插件）
- EMF 2.5.0
- GEF 3.5.2
- WTP 3.1.2

笔者将这些压缩包解压到 E:\eclipse 目录下，工作目录设置为 E:\eclipse\workspace，如图 2-2 所示。

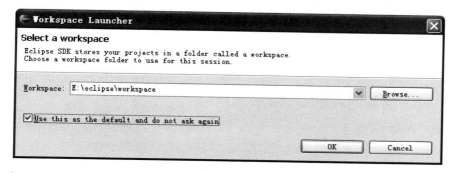

图 2-2　Eclipse 工作目录设置

2.1.3　安装 Android SDK

因为 OPhone SDK 以 Android SDK Add-on 的形式发布，因此安装 OPhone SDK 前必须首先安装 Android SDK。安装步骤如下：

1．下载与您的电脑系统相对应的 Android SDK 版本

可以从 http://developer.android.com/sdk/index.html 下载您所需的 Android SDK 版本：

- Windows 版本下载地址

http://dl.google.com/android/android-sdk_r08-windows.zip

- Mac OS X (intel)版本下载地址

http://dl.google.com/android/android-sdk_r08-mac_86.zip

- Linux (i386)版本下载地址

http://dl.google.com/android/android-sdk_r08-linux_86.tgz

2．解压对应压缩包到指定目录下

这里需要指定一个合适的目录作为 Android SDK 的根目录，默认为

android-sdk- <machine-platform>。笔者将压缩包解压到 E:\android-sdk-windows 目录下。

3．添加 SDK 的子目录<your_sdk_dir>/ platform-tools 和<your_sdk_dir>/tools 到系统的环境变量 PATH 中

● 在 Linux 下

编辑文件~/.bash_profile 或~/.bashrc，在该文件的末尾添加如下内容：

export PATH=${PATH}: <your_sdk_dir>/platform-tools: <your_sdk_dir>/tools

● 在 Windows 下

鼠标右键选择【我的电脑】=>【属性】=>【高级】=>【环境变量】，在弹出的窗口中双击 PATH，在变量值的输入窗口中添加如下内容：

; <your_sdk_dir>/platform-tools;<your_sdk_dir>/tools

● 在 Mac OS X 下

与 Linux 环境下的配置相同，找到 home 目录下的.bash_profile 文件，并添加配置。如果没有找到该文件，则可以自行创建。

将 platform-tools 和 tools 目录加入 PATH 环境变量后，SDK 提供的工具可以在文件系统的任何位置被调用运行，而不必每次指定 SDK 安装的完整路径名。

2.1.4　添加必要的 Android SDK 组件

1．通过 "Android SDK 和 AVD 管理器" 下载必要的 Android SDK 开发组件

在命令行下运行 "android" 启动 "Android SDK 和 AVD 管理器"。在 Windows 下，也可以直接运行 Android SDK 根目录下的 "SDK Manager.exe"。

选择 "Available Packages"，显示可供下载更新的组件，如图 2-3 所示。请至少选中如下几项：

● Android SDK Platform-tools, revision 1

● Documentation for Android SDK, API x, revision 1

● SDK Platform Android 2.1, API 7, revision 2

● Samples for SDK, API 7, revision 1

2．单击 "Install Selected" 按钮，安装选中的组件。

2.1.5　安装 OPhone SDK

可以从随书光盘或者 OPhone 开发者社区（http://www.ophonesdn.com）获得 OPhone SDK 的安装包。OPhone SDK（2.0 及以后版本）以 Android SDK Add-ons 的方式发布，因此，需要把 OPhone SDK 安装包解压到<your_sdk_dir>/add-ons 目录下。笔者将其安装在 E:\android-sdk-windows\add-ons\OPhone-SDK-2.0 目录中。

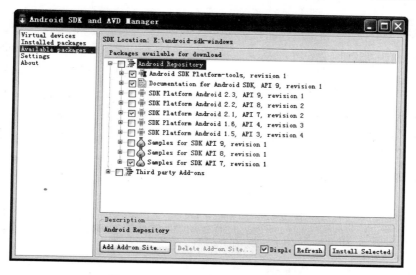

图 2-3　Android SDK 和 AVD 管理器

2.1.6　安装 ODT 插件

OPhone 可视化软件开发工具（OPhone Development Tools，ODT）是专为 OPhone 平台开发者设计的一整套可视化软件开发工具。在兼容 ADT（Android Development Tools）基础上，ODT 提供了所见即所得的可视化界面编辑器，可以极大方便 OPhone 应用的创建、开发、运行和调试。ODT 是为在 Eclipse IDE 下进行 OPhone 应用开发而提供的 Eclipse 插件。如果要使用 Eclipse 作为编译和调试的集成开发环境，则需要安装 ODT。你可以在 SDK 目录中找到 ODT 安装包：<your_sdk_dir>/add-ons/OPhone-SDK-2.0/tools/ODT-2.0.0.zip。

1．ODT 安装步骤如下：

（1）运行 Eclipse，然后选择菜单【Help】=>【Install New Software】。

（2）在弹出的窗口中单击【Add】按钮，然后单击【Archive】按钮。

（3）选择包含 ODT 安装包的文件，该文件位于 Android SDK 安装目录下 "<your_sdk_dir>/ add-ons/OPhone-SDK-2.0/tools/ODT-2.0.0.zip"，如图 2-4 所示。

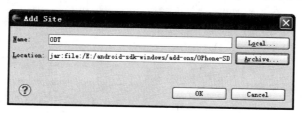

图 2-4　增加 ODT Archive 站点

（4）在返回的配置窗口中，将会列出待添加的插件。选中复选框项目"OPhone Development Tools"，然后单击【Next】按钮，如图 2-5 所示。

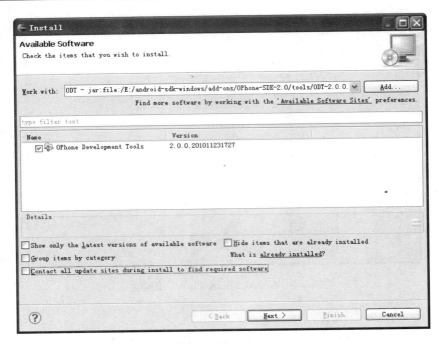

图 2-5　安装 ODT

（5）在后续的安装窗口，选中"I accept terms ..."，单击【Finish】按钮完成安装，如图 2-6 所示。

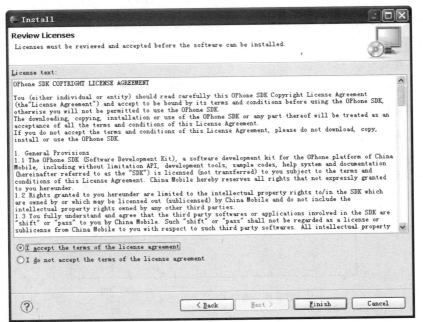

图 2-6　接受许可协议完成 ODT 安装

（6）最后，重启 Eclipse。

2．当 Eclipse 重新启动后，配置 SDK 的目录：

（1）在 Eclipse 菜单中选择【Window】=>【Preferences】，打开配置窗口。

（2）从左侧控制面板中选择"OPhone"配置项。

（3）在配置项的内容面板中，单击【Browse】按钮，指定 Android SDK 的安装路径。

（4）单击【Apply】按钮，再单击【OK】按钮，系统会将 SDK 包含的目标平台列举出来，如图 2-7 所示。在 OPhone 的子选项中，还包含 Build、LogCat 和 DDMS 等配置，读者可以自行熟悉一下，这里将不再详述。

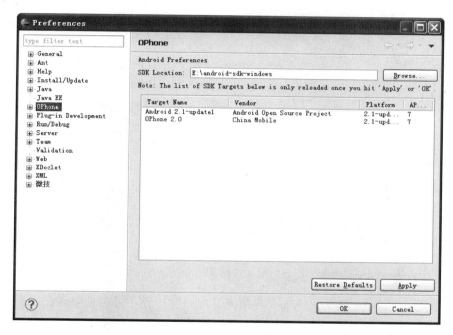

图 2-7　ODT 配置 SDK 路径

2.1.7　设置 Java 编译器的兼容级别

Android 应用程序对 Java 编译器有一定的兼容性要求，需要设置 Java 编译器的兼容级别为 1.5。操作步骤如下：

（1）在 Eclipse 菜单中选择【Window】=>【Preferences】，打开配置窗口。

（2）从左侧控制面板中选择【Java】=>【Compiler】配置项。

（3）在配置项的内容面板中，设置编译器兼容级别（Compiler compliance level）为 1.5，单击【Apply】按钮，然后单击【OK】按钮，如图 2-8 所示。

如果在导入已有项目时，出现"Android requires .class compatibility set to 5.0."的错误提示信息，该如何处理呢？

首先，采用上面的方法设置 Java 编译器的兼容级别为 1.5；

其次，右键选中出错的项目，在弹出菜单中选择【OPhone Tools】=>【Fix Project Properties】，这样就可以自动修复这个错误。

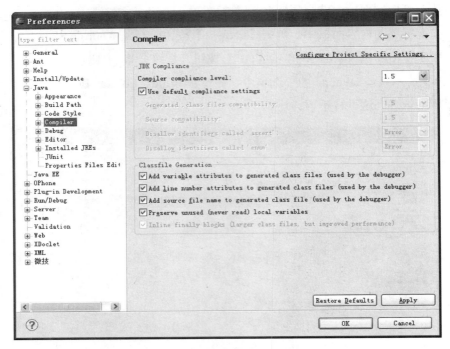

图 2-8　设置 Java 编辑器的兼容级别

2.1.8　安装 WDT 插件（可选）

如果你使用 Eclipse 作为 Widget 应用的开发环境，你还需要安装 Eclipse 插件 WDT（Widget Develpment Tools）。WDT 集成了 Wdiget 工程开发所需要的工具。这些工具可以实现 Widget 工程的创建、源代码的编辑、运行和调试等功能。WDT 功能强大，可扩展性好，让 Widget 的开发变得更加简单和快捷。你可以在 SDK 目录中找到 WDT 安装包：<your_sdk_dir>/add-ons/OPhone-SDK-2.0/tools/JIL-WDT-1.2.zip。具体的安装方法请参考 OPhone SDK 的帮助文档。

至此，已经成功安装了 OPhone SDK、Eclipse 和 ODT 插件，下面将介绍如何使用 Eclipse 和 ODT 开发第一个 OPhone 应用程序。

2.2　第一个 OPhone 应用程序

无论是学习 Symbian 开发，还是 Windows Mobile 开发，第一个想做的程序永远都是 Hello World。为什么？因为开发者需要先了解应用程序的开发流程，尽管这可能是感性的，还有很多自己无法回答的问题。但是，只要模拟器上显示出"Hello World"字样，您的心情一定都会很激动，起码是充满了满足感。

　　下面要做的就是一起开发第一个 OPhone 应用程序。重点不是介绍 OPhone 平台的方方面面，而是介绍使用 Eclipse 和 ODT 开发 OPhone 应用程序的流程。关于 OPhone 开发的详尽知识，将在后面的章节一一介绍。

2.2.1　新建 OPhone 项目

　　启动 Eclipse，选择菜单【File】=>【New】=>【OPhone Project】新建 OPhone 项目，在新建项目向导中输入项目名称、属性等内容，最重要的是要选择目标平台的版本，这里选择 OPhone 2.0 平台，如图 2-9 所示。

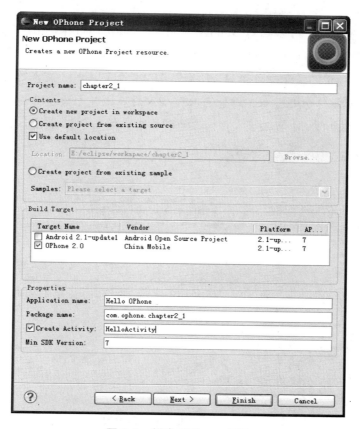

图 2-9　新建 OPhone 项目

　　按照图 2-9 中填写的内容，ODT 会在工作空间创建 chapter2_1 项目，并自动创建了 HelloActivity.java 和 R.java 两个源文件。其中 HelloActivity 的源代码如下所示：

```
package com.ophone.chapter2_1;
```

```
import android.app.Activity;
import android.os.Bundle;

public class HelloActivity extends Activity {
    /** Called when the activity is first created. */
    @Override
    public void onCreate(Bundle savedInstanceState) {
        super.onCreate(savedInstanceState);
        setContentView(R.layout.main);
    }
}
```

在包浏览器视图中，可以看到 OPhone 项目包含 src 和 gen 两个源文件目录、assets 和 res 两个普通文件目录。在项目的根目录下包含 AndroidManifest.xml 文件和 default.properties 文件。其中 res 是项目的资源文件目录，所有资源文件包括图片、文本等都放置在此。根据用户的改动，系统会自动更新 gen 目录的 R.java 文件，因此不要手动修改 gen 目录下的文件，它是由系统维护的，不应该被人工修改。项目结构如图 2-10 所示，关于项目结构和最终发布的 apk 文件，将在第 3 章中详细介绍。

图 2-10　OPhone 项目结构

2.2.2　运行 OPhone 项目

1．创建 AVD

在运行 OPhone 项目之前，必须首先创建一个 AVD（Android Virtual Device）。简单地说，AVD 就是一个平台的配置总和，可以在 AVD 中指定目标平台的版本，比如 OPhone 2.0 或者 Android 2.1，还可以设置模拟器的 SD 卡的位置以及模拟器的皮肤等。

在命令行环境下，使用下面的命令可以列出所有的目标平台。

```
android list targets
```

从输出内容可以知道目前可用的目标平台，平台以 id 作为主键，在接下来创建 AVD 时会用到。

```
E:\android-sdk-windows\tools>android list targets
Available Android targets:
id: 1 or "android-7"
     Name: Android 2.1-update1
     Type: Platform
     API level: 7
     Revision: 2
     Skins: HVGA (default), QVGA, WQVGA400, WQVGA432, WVGA800, WVGA854
id: 2 or "China Mobile:OPhone 2.0:7"
     Name: OPhone 2.0
     Type: Add-On
     Vendor: China Mobile
     Revision: 1
     Description: OPhone 2.0
     Based on Android 2.1-update1 (API level 7)
     Libraries:
      * oms (oms.jar)
           OMS platform library
     Skins: WQVGA400, WVGA800 (default), WQVGA432, HVGA, WVGA854, QVGA
```

下面可以使用列出的平台 id 和 AVD 的名称来创建一个 AVD，在命令行下输入：

```
android create avd -n ophone2 -t 2
```

创建了 ophone2 AVD 之后，就可以启动模拟器了，输入如下命令，可以看到 OPhone SDK 的模拟器主界面，如图 2-11 所示。其中，scale 是缩放比例参数，大家可以根据电脑的尺寸适当调整。

```
emulator -avd ophone2 -scale 0.7
```

2．运行项目

刚才创建的 chapter2_1 项目已经包含了一个简单的 HelloActivity，选择【Run】=>【Open Run Dialog】，选中左边的 OPhone Application，按照图 2-12 和图 2-13 所示填写运行配置信

息。选择刚刚创建的 chapter2_1 项目，在 Target 选项中，选择刚刚创建的 ophone2 AVD。除此之外，可以设置模拟器的屏幕尺寸、网络连接速度等选项。如果希望启动模拟器时挂载SD 卡，则可以使用-sdcard 设置启动参数，这里使用默认设置。

图 2-11　OPhone SDK 模拟器主界面

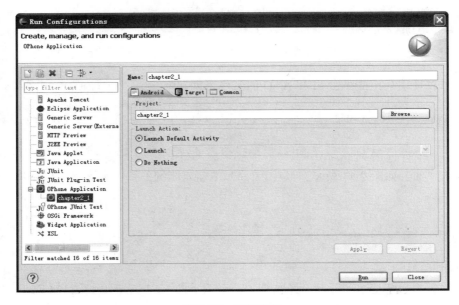

图 2-12　配置运行

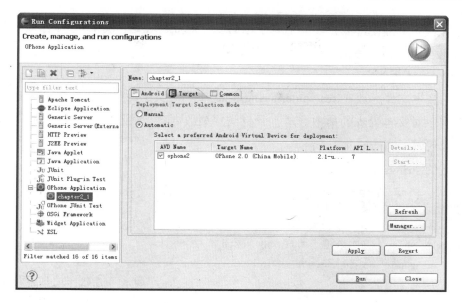

图 2-13　选择 AVD

　　配置完成后，单击【Run】按钮运行 chapter2_1 项目。这是一个最简单的 Hello OPhone 项目，只是在模拟器屏幕上显示"Hello World"字样，如图 2-14 所示。下面修改一下项目中的资源文件和源文件。

图 2-14　Hello OPhone

2.2.3　更新资源文件

在实际项目开发过程中，更新资源文件是非常频繁的。OPhone 平台设计得非常人性化，资源文件管理非常方便，为开发者节省了不必要的麻烦。在这部分，我们更改一下资源文件和 Java 源文件，然后重新运行 chapter2_1，比较一下运行结果。

1. 修改资源文件

项目的文本文件存放在 res/values/strings.xml 中，定义了所有在软件中出现的字符串。这样做有利于对文本内容的集中管理，一旦需要更改内容，可以直接编辑文本文件，无须重新编译源代码。

修改后的 strings.xml 内容如下所示：

```xml
<?xml version="1.0" encoding="utf-8"?>
<resources>
    <string name="hello">欢迎来到 OPhone 开发世界</string>
    <string name="app_name">OPhone</string>
</resources>
```

2. 增加图片资源文件

OPhone 项目中的图片资源统一放置在 res/drawable-hdpi、res/drawable-mdpi 和 res/drawable-ldpi 目录下，将 OPhone 的 Logo 放置到这些目录下，刷新一下整个项目，R.java 就会自动更新。刚才添加的 ophone_logo.png 图片对应的资源 ID 已经添加到 R.drawable 类中，后面将用到刚添加的图片文件。

```java
package com.ophone.chapter2_1;

public final class R {
    public static final class attr {
    }
    public static final class drawable {
        public static final int icon=0x7f020000;
        public static final int ophone_logo=0x7f020001;
    }
    public static final class layout {
        public static final int main=0x7f030000;
    }
    public static final class string {
        public static final int app_name=0x7f040001;
        public static final int hello=0x7f040000;
    }
}
```

3．修改 Layout 文件

OPhone 提供了两种用户界面的生成方式：一种是传统的编程方式，即根据系统的 API 在 Java 文件中通过代码来编写；另外一种是通过定义 Layout 资源文件，根据各个界面类的属性定义，通过编写 XML 文件来定义界面。Layout 资源文件存储在 res/layout 目录下，chapter2_1 中定义了 main.xml 文件，我们在此基础上增加一个 ImageView 和 Button，目的是把新添加的 OPhone Logo 显示在 HelloActivity 上，并在单击按钮的时候弹出一个对话框。

（1）双击 res/layout/main.xml，用 OPhone 可视化界面编辑器（OPhone Layout Editor）打开 main.xml，如图 2-15 所示。

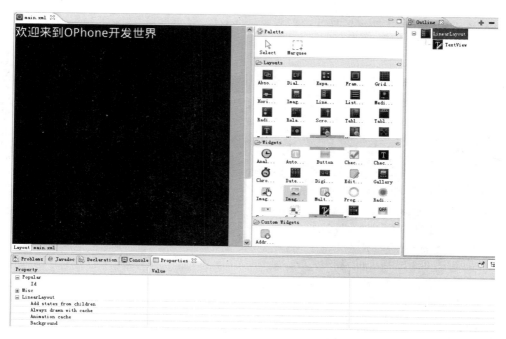

图 2-15　OPhone 可视化界面编辑器

（2）从 Palatte 的 Widgets 栏中分别拖拽 ImageView 和 Button 至左侧界面编辑区域。

（3）展开 Outline 中的树形结构，选中 ImageView，并在界面下边的 Properties 中设置 ImageView 的 Background 属性值为"@drawable/ophone_logo"。

（4）选中左侧界面编辑区域中的 Button，并在下边 Properties 中设置 Button 的 Text 属性值为"确定"。

（5）使用【Ctrl+S】保存对 main.xml 的修改。

修改后的 main.xml 内容如下所示：

```
<?xml version="1.0" encoding="UTF-8"?>
<LinearLayout android:layout_height="fill_parent"
```

```
    android:layout_width="fill_parent" android:orientation="vertical"
    xmlns:android="http://schemas.android.com/apk/res/android">
    <TextView android:layout_height="wrap_content"
        android:layout_width="fill_parent" android:text="@string/hello"/>
    <ImageView android:background="@drawable/ophone_logo"
        android:id="@+id/ImageView01"
        android:layout_height="wrap_content" android:layout_width="wrap_content"/>
    <Button android:id="@+id/Button01"
        android:layout_height="wrap_content"
        android:layout_width="wrap_content" android:text="确定"/>
</LinearLayout>
```

至此，已经修改了文本文件、Layout 文件和图片资源文件。如图 2-16 所示，ImageView
和 Button 控件已被添加至界面之中。

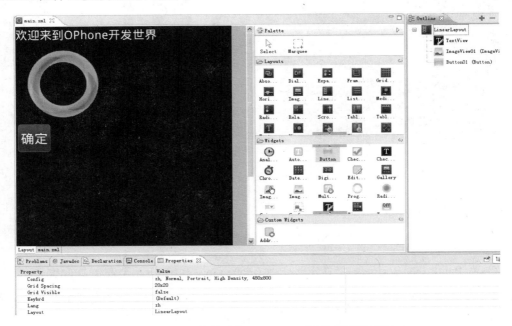

图 2-16　添加控件后的 OPhone 可视化界面编辑器

4．修改 Java 源文件

如果想在程序中控制 ImageView 的图片显示，而不是在 main.xml 中固定 ImageView 对
应的文件，该怎么办呢？很简单，只需要给 ImageView 组件定义一个 id，然后在程序中通
过 id 来定位此组件，一旦获得了组件的引用之后，就可以通过调用相关的 API 修改
ImageView 的显示了。修改后的 ImageView 定义如下：

```
<ImageView
    android:id="@+id/ophone_logo"
    android:layout_width=" wrap_content"
    android:layout_height="wrap_content"
/>
```

通过 android:id 属性，给 OPhone Logo 定义了一个 id，接下来可以在程序中通过 id 来获得此组件，并设置它的图片资源。需要在 onCreate()函数中添加的代码如下所示：

```
//根据 id 获得 ImageView 对象
ImageView logo = (ImageView)findViewById(R.id.ophone_logo);
//设置 logo 对象的图片资源
logo.setImageResource(R.drawable.ophone_logo);
```

如果想在单击【确定】按钮的时候弹出一个对话框，该怎么办呢？很简单，只需为该按钮生成 onClick()事件处理函数，并添加弹出对话框的代码即可，操作步骤如下：

（1）右键单击左侧界面编辑区域的【确定】按钮，在右键弹出菜单中选择【Add Event Handler】菜单项，如图 2-17 所示。

图 2-17　OPhone 界面编辑器上控件的右键菜单

（2）在弹出的"Add Event Hanlder"对话框中设置"Activity name"为"HelloActivity"，并选中"OnClickListener"项，如图 2-18 所示。

（3）单击【OK】按钮，即可生成 onClick()事件处理函数。

（4）在 onClick()函数中，添加弹出对话框的代码，并导入 android.app.AlertDialog 类。

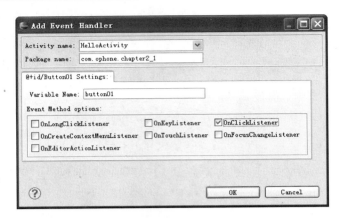

图 2-18　添加事件处理代码

修改后的 HelloActivity.java 内容如下所示：

```java
package com.ophone.chapter2_2;

import android.app.Activity;
import android.app.AlertDialog;
import android.os.Bundle;
import android.widget.Button;
import android.widget.ImageView;
import android.view.View;
import android.view.View.OnClickListener;

public class HelloActivity extends Activity {
    @Override
    public void onCreate(Bundle savedInstanceState) {
        super.onCreate(savedInstanceState);
        setContentView(R.layout.main);
        //根据 id 获得 ImageView 对象
        ImageView logo = (ImageView)findViewById(R.id.ophone_logo);
        //设置 logo 对象的图片资源
        logo.setImageResource(R.drawable.ophone_logo);
        button01 = (Button) findViewById(R.id.Button01);
        button01.setOnClickListener(new OnClickListener() {
            public void onClick(View v) {
                //弹出对话框
                new AlertDialog.Builder(HelloActivity.this)
                .setTitle("ODT")
```

```
                          .setMessage("欢迎来到 OPhone 开发世界")
                          .setPositiveButton("确定",null)
                          .show();
                  }
              });
          }
          private Button button01;
      }
```

运行 chapter2_2，可以看到模拟器的显示效果与图 2-16 界面编辑器的显示一样，这就是 ODT 所见即所得的界面编辑特性。单击【确定】按钮，就可以弹出"欢迎来到 OPhone 开发世界"的对话框，如图 2-19 所示。

本节主要介绍了如何使用 Eclipse 和 ODT 开发 OPhone 应用程序，重点是掌握开发流程，并简单介绍了 ODT 的可视化界面编辑功能和代码自动生成功能。在此过程中留下的疑问可以到后面的章节找到答案，请读者不必担心。接下来将介绍如何使用 Eclipse 调试 OPhone 应用程序。调试是一项非常重要的基本功，也是发现和解决问题最好的帮手，请务必掌握这项技能。

图 2-19 修改后的 Hello Ophone

2.3 调试 OPhone 应用程序

写程序就像生活一样，从来都不是一帆风顺的。不一样的是，程序出了错误，肯定是程序员出错了，没有回旋余地，只能按照计算机的要求改正过来。因此，当程序出现异常或者没有按照预想的思路运行时，要做的就是调试程序，发现问题所在，修改代码，解决问题。

调试 OPhone 程序并不复杂，跟调试普通的 Java 程序类似。下面以 chapter2_2 为例介绍如何在 Eclipse 下调试 OPhone 应用程序。由于疏忽，HelloActivity 的 onCreate()方法可能写成下面的样子，开发者写错了 ImageView 的 id，错将 R.id.ophone_logo 写成了 R.drawable. ophone_logo。但是由于这两个参数都是 int 类型，因此编译器是无法发现错误的。重新运行 chapter2_2，系统会抛出 NullPointerException，下面通过调试来发现问题所在。

```java
public void onCreate(Bundle savedInstanceState) {
    super.onCreate(savedInstanceState);
    setContentView(R.layout.main);
    //根据 id 获得 ImageView 对象
    ImageView logo =(ImageView)findViewById(R.drawable.ophone_logo);
    //设置 logo 对象的图片资源
    logo.setImageResource(R.drawable.ophone_logo);
    ...
}
```

2.3.1　设置断点

首先，需要通过自己的经验和判断力在某个源文件的某一行设置一下断点，断点的选择非常重要，应该尽量选在最可能出错的地方，以节省调试时间。我们在 HelloActivity.java 的 setContentView()一行设置断点，方法是：在左侧双击，就会出现一个蓝色的圆点，如图 2-20 所示。

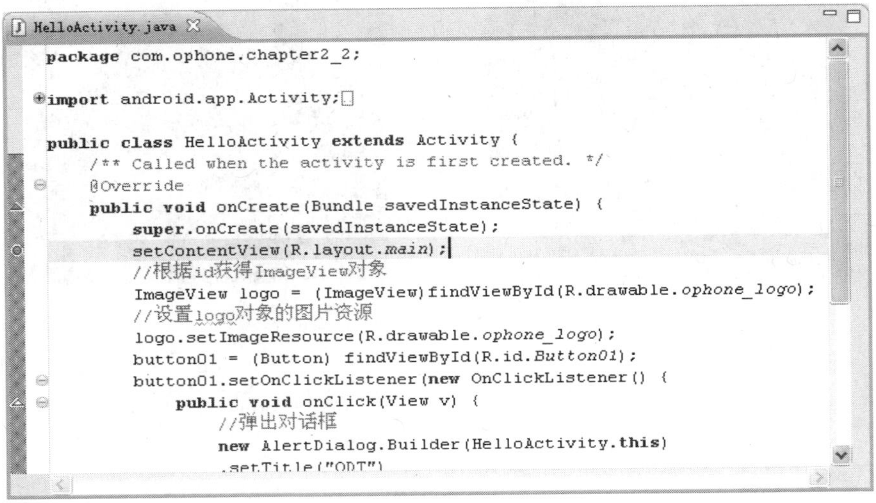

图 2-20　设置断点

2.3.2　启动调试

设置好断点之后，就可以开始调试程序了。从菜单栏中选择【Run】=>【Debug Configurations】，设置调试参数如图 2-21 所示，然后单击【Debug】按钮。这样 Eclipse 会以调试的模式启动 chapter2_2 项目，并运行到断点位置停下来。

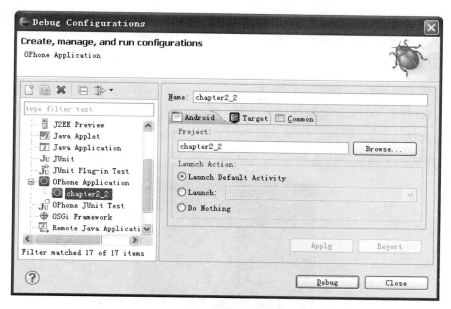

图 2-21　设置调试参数

2.3.3　单步跟踪

当运行到断点位置时，Eclipse 会停止执行后面的代码，此时，可以按 F6 键一行一行地执行代码，也可以按 F5 键跟进到方法的内部。最重要的是，每执行一行代码，都可以通过检查变量的值，看是否与预期的值一致。一般来说，调试可以帮助我们找到大多数问题所在，相比使用 Log 来跟踪变量值的方式，调试无疑更加高效和准确。在本例中，当执行到 onCreate()方法最后一行时，查看变量视图，可以发现 logo 对象依然是 null，如图 2-22 所示。这就是为什么调用 ImageView.setImageResource()会抛出 NullPointerException 的原因。将 findViewById()的参数由 R.drawable.ophone_logo 修改为 R.id.ophone_logo，问题就迎刃而解。

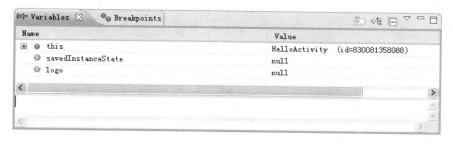

图 2-22　调试中查看变量值

2.3.4 真机调试

OPhone 不仅支持模拟器调试，还支持真机调试，真机调试更加准确，更能够真实地反映程序的运行环境。真机调试与模拟器调试的方法类似，但需要做好如下准备工作：

（1）安装 OPhone USB Driver

在 OPhone 桌面套件（OPhone Desktop Suite，ODS）中，包含 OPhone USB Driver，因此，只要安装了 ODS，就完成了 OPhone USB Driver 的安装。大家也可以去 OPhone 开发者社区下载 ODS。

（2）连接 OPhone，并设置为同步模式

使用 USB 线将 OPhone 手机连接至电脑，并在 OPhone 手机弹出的菜单中选择"同步"模式（即为调试模式），如图 2-23 所示。针对老款的 OPhone（OPhone 1.0/1.5）手机，有专门的 ADB 模式用于调试，请选择 ADB 模式。

图 2-23　设置同步模式

（3）在 AndroidManifest.xml 中的<application>标签中添加如下属性设置：

```
android:debuggable="true"
```

当准备工作做好以后，从菜单栏中选择【Run】=>【Debug Configurations】，在"Target"Tab 页中把"Deployment Target Selection Mode"设为"Manual"，最后，单击【Debug】按钮启动调试。与模拟器调试不同的是，开发环境会弹出"Android Device Chooser"对话框，让开发者选择调试设备。如图 2-24 所示，对话框的上半部分可以选择真机，单击【OK】按

钮即可进行真机调试。下半部分可以选择 AVD，单击【OK】按钮即可进行模拟器调试。

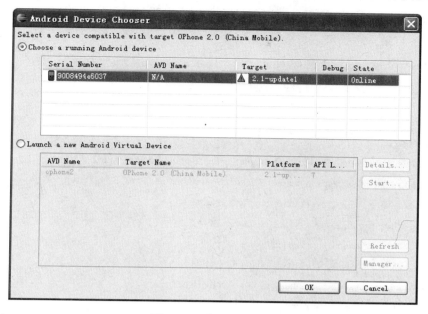

图 2-24　选择调试设备

2.4　在命令行下开发 OPhone 程序

如果不使用 Eclipse 和 ODT 来开发 OPhone 应用程序，也可以用 Andoird SDK 提供的工具来创建、运行和调试 OPhone 应用程序。

2.4.1　创建项目

Android SDK 的 platform-tools 或 tools 目录下包含了 android 命令，无论什么平台都可以使用。在 Windows 下是 android.bat 文件，在 Linux 下是 android.py 脚本。android 可以创建项目所需的文件和目录，列表如下：

（1）AndroidManifest.xml 文件，这是应用程序的 manifest 文件，描述了程序的 activity、service 等组件。

（2）build.xml，在使用命令行环境编写程序时，这个文件尤为重要，我们需要依赖它来编译和安装应用程序。

（3）default.properties，项目编译的默认文件，不要修改。

（4）src 目录，应用程序的 Java 源文件。

（5）gen 目录，系统自动生成的文件，不需要手工修改，比如 R.java 文件。

（6）libs 目录，存储私有的库文件。

（7）res 目录，应用程序的文本、图片等资源文件。

（8）bin 目录，输出目录，包括最终发布的 apk 文件。

（9）tests 目录，用于测试。

在 Eclipse 的工作目录下创建 chapter2_3 目录，然后启动命令行环境，运行下面的命令，从输出可以看出，上述的文件已经被创建。

```
E:\eclipse\workspace\chapter2_3>android create project --target 2 --path . --activity HiActivity --package
com.ophone.chapter2_3
    Created directory E:\eclipse\workspace\chapter2_3\src\com\ophone\chapter2_3
    Added file E:\eclipse\workspace\chapter2_3\src\com\ophone\chapter2_3\HiActivity.java
    Created directory E:\eclipse\workspace\chapter2_3\res
    Created directory E:\eclipse\workspace\chapter2_3\bin
    Created directory E:\eclipse\workspace\chapter2_3\libs
    Created directory E:\eclipse\workspace\chapter2_3\res\values
    Added file E:\eclipse\workspace\chapter2_3\res\values\strings.xml
    Created directory E:\eclipse\workspace\chapter2_3\res\layout
    Added file E:\eclipse\workspace\chapter2_3\res\layout\main.xml
    Created directory E:\eclipse\workspace\chapter2_3\res\drawable-hdpi
    Created directory E:\eclipse\workspace\chapter2_3\res\drawable-mdpi
    Created directory E:\eclipse\workspace\chapter2_3\res\drawable-ldpi
    Added file E:\eclipse\workspace\chapter2_3\AndroidManifest.xml
    Added file E:\eclipse\workspace\chapter2_3\build.xml
```

2.4.2 用 Ant 编译项目

在命令行下开发 OPhone 程序需要借助 Ant 来管理项目的编译和打包过程。在使用 Ant 之前，请确认自己的电脑上已经安装了 Ant 环境。如果还没有安装，可以到 Apache 的官方网站下载 Ant，按照帮助手册安装到电脑上。通过阅读 build.xml 的内容，可以发现 debug、release 和 install 等几个重要的目标，其中 debug 和 release 代表两种不同的编译模式。

1．debug 模式

通常，开发者使用 debug 模式来编译项目，编译工具会自动使用 debug key 对 apk 文件进行签名，然后安装到模拟器上运行。启动命令行环境，运行下面的命令，编译工具将会创建/bin/xxx-debug.apk 文件。

```
ant debug
```

2．release 模式

如果想最终发布应用程序供用户使用，那么应该使用 release 模式来编译项目。编译工具生成的文件并未经过签名，开发者需要自行对程序签名，关于签名的操作将在第 3 章详细介绍。启动命令行环境，运行下面的命令，编译工具将会创建/bin/xxx.apk 文件。

```
ant release
```

2.4.3　运行应用程序

运行应用程序之前，需要首先启动模拟器，在命令行下输入：

```
emulator -avd ophone2 –scale 0.7
```

模拟器启动之后，可以使用 adb install path 命令安装 apk 文件，其中 path 代表 apk 文件所在的路径。其实，也可以使用 ant install 命令来安装应用程序，编译和签名结束后，应用程序会被安装到模拟器上，运行如下命令：

```
E:\eclipse\workspace\chapter2_3>ant install
Buildfile: E:\eclipse\workspace\chapter2_3\build.xml
    [setup] Android SDK Tools Revision 7
    [setup] Project Target: OPhone 2.0
    [setup] Vendor: China Mobile
    [setup] Platform Version: 2.1-update1
    [setup] API level: 7
-dirs:
    [echo] Creating output directories if needed...
-resource-src:
    [echo] Generating R.java / Manifest.java from the resources...
-aidl:
    [echo] Compiling aidl files into Java classes...
compile:
    [javac] E:\android-sdk-windows\tools\ant\ant_rules_r3.xml:336: warning:...
    [javac] Compiling 1 source file to E:\eclipse\workspace\chapter2_3\bin\classes
-dex:
    [echo] Converting compiled files and external libraries into E:\eclipse\workspace...
-package-resources:
    [echo] Packaging resources
    [aapt] Creating full resource package...
-package-debug-sign:
[apkbuilder] Creating HiActivity-debug-unaligned.apk and signing it with a debug key...
debug:
    [echo] Running zip align on final apk...
```

```
     [echo] Debug Package: E:\eclipse\workspace\chapter2_3\bin\HiActivity-debug.apk
install:
     [echo] Installing E:\eclipse\workspace\chapter2_3\bin\HiActivity-debug.apk
onto default emulator or device...
     [exec]        pkg: /data/local/tmp/HiActivity-debug.apk
     [exec] Success
     [exec] 825 KB/s (0 bytes in 13215.000s)
BUILD SUCCESSFUL
Total time: 22 seconds
```

从输出结果可以看出，Ant 完成了如下工作。

（1）创建了 classes 目录用于存放编译的 class 文件。

（2）从资源文件生成了 R.java 文件。

（3）根据 aidl 文件自动生成对应的 Java 文件。

（4）编译 src 目录下的源文件。

（5）将编译得到的 class 文件和外部类库文件转换为 dex 格式的文件。

（6）打包资源文件。

（7）在 bin 目录生成 apk 文件并用 debug key 来签名。

（8）使用 adb install 命令将 apk 文件安装到默认的模拟器。

至此，我们已经学习了如何在命令行环境下开发 OPhone 应用程序，这部分的学习有助于加深对 OPhone 应用程序开发流程的理解。在真正的项目开发中，笔者还是推荐读者使用 Eclipse 和 ODT 的方式来开发 OPhone 应用程序，专业、快速和高效才是我们追求的目标。

2.5　OPhone SDK 介绍

OPhone SDK 是专为 OPhone 平台开发者设计的一整套功能强大的软件开发包。OPhone SDK 包括：OPhone 可视化开发工具（ODT）、Widget 开发工具（WDT）、OPhone API、帮助文档、示例代码、模拟器运行需要的系统映像文件等。OPhone SDK 兼容 Android SDK，OPhone SDK 2.0 以 Android SDK Add-on 的形式发布。因此，OPhone SDK 还可以使用 Android SDK 提供的一系列开发工具，包括模拟器、调试工具、打包工具等。这一部分主要介绍开发者经常会用到的一些工具，如果想了解更多的工具，请参考 OPhone SDK 和 Android SDK 文档。OPhone SDK 文档位于"<your_sdk_dir>/add-ons/OPhone-SDK-2.0/docs"目录下，Android SDK 的相关文档位于"<your_sdk_dir>/docs"目录下。

2.5.1 OPhone 可视化软件开发工具（ODT）

OPhone 可视化软件开发工具（ODT）是专为 OPhone 平台开发者设计的一整套可视化软件开发工具。ODT 的可视化界面编辑是 OPhone SDK 的特色功能，可以极大地提高软件开发效率，我们将在下一节对 ODT 进行详细的介绍。

2.5.2 Widget 开发工具（WDT）

Widget 开发工具（WDT）是专为 Web Wdiget 应用开发设计的工具。Web Widget 应用开发不是本书的重点，感兴趣的读者可以参考 OPhone SDK 的相关文档。

2.5.3 OPhone 模拟器

模拟器是嵌入式软件开发者最常接触的工具，OPhone 的模拟器是基于 QEMU 的应用程序，包含了底层的内核、系统栈、框架层和一些预装的应用程序。OPhone 的模拟器还允许开发者自己定义按键映射、更换皮肤、模拟 SD 卡，这大大方便了程序开发和调试工作。

1．指定模拟器皮肤

在市场上流通的终端各式各样，有些是全键盘的，有些是触摸屏的。OPhone 模拟器可以在运行时通过 skin 参数来指定模拟器的类型，常用的皮肤包括：

- WVGA800——屏幕分辨率为 480×800，默认的 OPhone 模拟器样式
- WVGA854——屏幕分辨率为 480×854
- HVGA——屏幕分辨率为 320×480
- QVGA——屏幕分辨率为 240×320
- WQVGA400——屏幕分辨率为 240×400
- WQVGA432——屏幕分辨率为 240×432

一般来说，模拟器支持的皮肤存放在平台下的 skins 目录下。下面的命令可以使用 OPhone 默认的皮肤启动模拟器。

```
emulator -avd ophone2 -skin WVGA800
```

2．电话与短信功能

在手机上运行的应用程序，通常需要处理电话呼入、短信接收等外部事件。OPhone 模拟器提供了电话模拟功能，在使用此功能之前需要先启动模拟器的控制台程序，使用 telnet 登录到控制台程序的指定端口。端口号一般显示在模拟器的上方，例如 5554。

```
telnet localhost 5554
```

连接到控制台端口之后，可以使用如下的命令来模拟电话相关的功能。

gsm <call|accept|busy|cancel|data|hold|list|voice|status>

例如，在程序运行过程中，需要测试电话呼入处理情况，可以输入：

gsm call 13810000086

电话呼入如图 2-25 所示。

图 2-25　模拟电话呼入功能

如果需要模拟短信接收功能，可以参考短信命令格式 "sms send <senderPhoneNumber> <textmessage>"，其中 senderPhoneNumber 是发送者的电话号码，textMessage 是消息的内容。例如：

sms send 13810000086 hello OPhone

2.5.4　模拟 SD 卡

SD 卡是开发者最常使用的外设，OPhone 模拟器提供了对 SD 卡的支持。首先，需要在电脑的文件系统上创建一个文件用来存放 SD 卡的数据。命令的格式是 "mksdcard [-l label] <size>[K|M] <file>"，size 的单位可以是 M 或者 K。例如：

mksdcard 128M e:\sdcard.img

启动模拟器时，只需要在启动参数中通过 sdcard 指定 SD 卡的位置就可以了。

emulator -avd ophone2 -scale 0.7 -sdcard e:\sdcard.img

2.5.5　ADB

一般来说，每个模拟器都有一个后台进程，通过和此进程通信，可以查询日志，在模拟器文件系统和桌面电脑之间传输文件，将 apk 文件安装到模拟器上。这些统统都是由客户端的 adb 命令来完成的。

1．复制文件

一旦创建了 SD 卡，就可以使用 adb push 命令向 SD 卡上传输文件，也可以使用 adb pull 命令从 SD 卡上将文件传输到桌面电脑中。命令格式如下：

```
adb push <local> <remote>
adb pull <remote> <local>
```

2．查看日志

在调试程序过程中，经常需要使用日志来了解程序运行的状态、查看变量的值。这时可以使用 logcat 命令来查看日志，logcat 命令格式如下所示：

```
[adb] logcat [<option>] ... [<filter-spec>] ...
```

在 OPhone 的日志定义中，优先级从低到高包含下面几种类型：

- V—Verbose
- D—Debug
- I—Info
- W—Warning
- E—Error
- F—Fatal
- S—Silent

在查看日志时，可能不需要查看所有输出，这时候需要使用过滤器来过滤日志，只输出自己关心的日志内容。过滤器的形式是"tag:priority"，tag 代表我们希望查看的标记名称，比如 ActivityManager，也可能是自己定义的 HelloActivity 等；priority 代表最小的优先级级别，比这个级别高的都会被输出。例如，如果想查看 ActivityManager 的 Info 以上、HelloActivity 的 Debug 以上级别的日志，其他日志不输出，则可以使用如下的命令，其中*:S 代表除 ActivityManager 之外的其他 TAG 日志都不输出。日志输出如图 2-26 所示。

```
adb logcat ActivityManager:I HelloActivity:D *:S
```

2.5.6　DDMS

在命令行中运行 ddms，启动 DDMS 的界面如图 2-27 所示。DDMS 与 Dalvik 虚拟机集成在一起，为开发者提供一系列调试相关的服务，包括结束进程、调试指定的进程、查看堆空间和线程信息、捕捉模拟器界面快照等。前面介绍的发起电话呼叫、发送短消息和查看日志等功能也可以在 DDMS 的模拟器控制中完成。

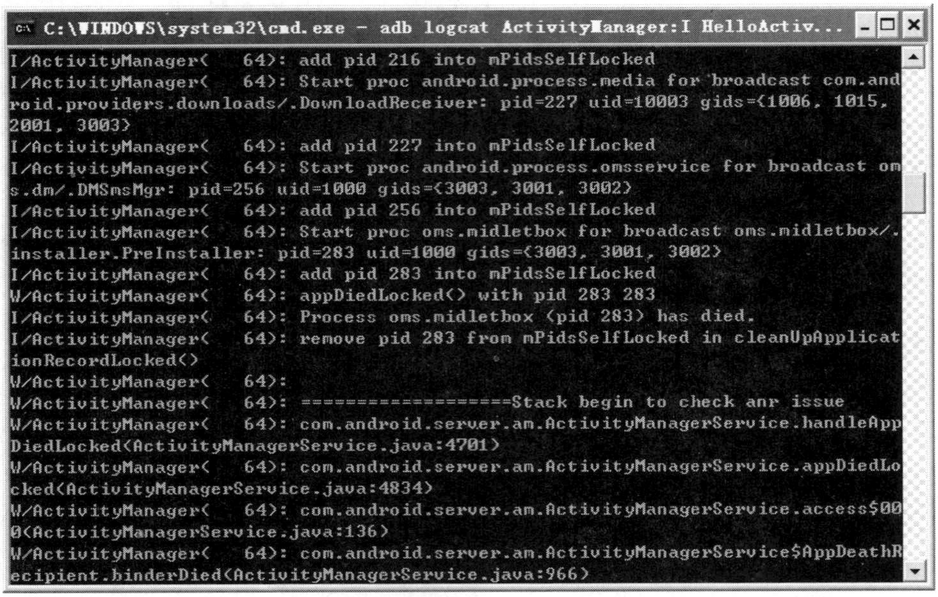

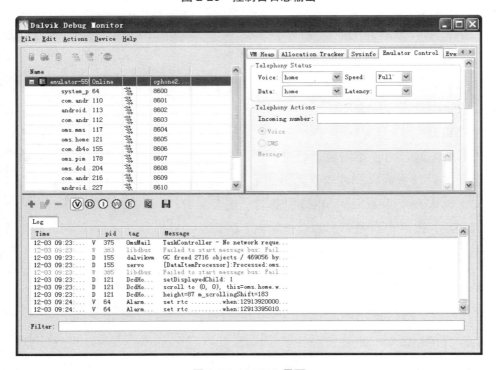

图 2-26　控制台日志输出

图 2-27　DDMS 界面

2.6 OPhone 可视化软件开发工具

OPhone 可视化软件开发工具（ODT）是专为 OPhone 平台开发者设计的一整套可视化软件开发工具。在兼容 ADT（Android Development Tools）的基础上，ODT 提供了一个所见即所得、控件可拖放、属性可编辑、代码可自动生成、支持 OPhone UI 样式的界面编辑器。通过可视化编辑的方式，ODT 可以方便、快捷地构建 OPhone 应用程序的界面，并自动生成 OPhone 应用程序界面代码。ODT 可以把软件开发人员从繁琐的 UI 设计中解脱出来，使之更关注于应用程序内部逻辑的实现，从而提高 OPhone 软件开发的效率。

下面主要介绍 ODT 的 OPhone 可视化界面编辑器的功能与使用方法，ADT 原有的工程创建、编译、运行、调试等功能可参考 Android SDK 的相关文档。

2.6.1 ODT 界面介绍

OPhone 可视化界面编辑器（OPhone Layout Editor）主要包括主界面编辑器（Main UI Editor）、控件面板（Widget Palette）、界面大纲视图（Outline View）和属性编辑器（Properties Editor）四个部分，具体如图 2-28 所示。双击 res/layout/目录下 XML 文件，既可打开 OPhone 可视化界面编辑器。

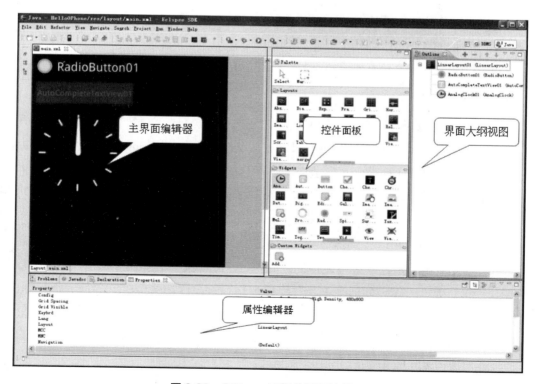

图 2-28 OPhone 可视化界面编辑器

1．主界面编辑器

主界面编辑器是进行界面编辑的主要窗口。你可以通过鼠标拖拽的方式将控件从控件面板添加到主界面编辑器中，并对其进行编辑。当主界面编辑器不包含任何控件时，显示为一个灰色窗口，我们称之为编辑面板，如图 2-29 所示。主界面编辑器可以所见即所得地显示 OPhone 平台的控件，其显示效果与 OPhone 模拟器上的显示一致。

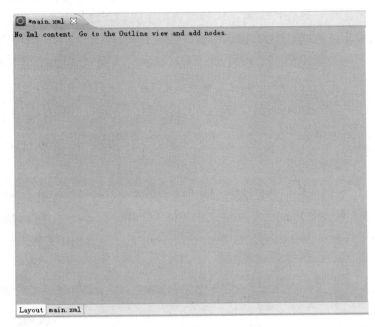

图 2-29　主界面编辑器的编辑面板

2．控件面板

控件面板以缩略图标的方式显示 OPhone 平台的所有控件，如图 2-30 所示。支持的控件包括控件（Widget）、布局（Layout）和自定义控件（Custom Widget）。其中，控件是指不可以嵌套子控件的普通控件；布局是指可以嵌套子控件的控件；自定义控件是指 OPhone 平台特有的控件（如 AddressPadMini）或者开发者自己开发的控件。当鼠标停留在控件列表的控件图标上时，会以文本的方式显示控件的名称（控件的类名）。

3．界面大纲视图

界面大纲视图用树形结构来描述控件之间的包含层次关系，如图 2-31 所示。在界面大纲视图中，开发者可以很方便地浏览和选择控件。当有控件被选中时，界面大纲视图的工具栏就会处于可用状态，可以实现添加控件、删除控件、向上和向下移动控件的功能。界面大纲视图中的控件与主界面编辑器中的相同控件的状态会保持同步，即两个视图中的控件会同时被选中或不被选中。

图 2-30　控件面板图

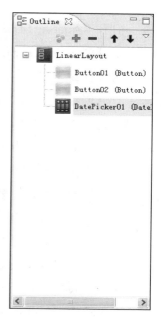

图 2-31　界面大纲视图

4．属性编辑器

属性编辑器可以编辑控件的属性。所有的控件属性以列表的形式展示，每个属性包含两列：属性名称（Name）和属性值（Value），如图 2-32 所示。当主界面编辑器或者界面大纲视图中的控件被选中时，属性编辑器显示被选中控件的属性。如果有多个控件被同时选中，则属性编辑器只显示被选中控件的共同属性（id 属性除外），任何属性值的修改会同时作用于所有被选中的控件。

Property	Value
Config	480x320
Density	
Dimension Height	320
Dimension Width	480
Grid Spacing	20×20
Grid Visible	false
Keybrd	(Default)
Lang	
Layout	LinearLayout
MCC	
MNC	
Navigation	(Default)
New Layout	
Orient	Portrait
Region	
Standard Size	(Default)
TextInput	(Default)
Theme	Theme
Touch	(Default)

图 2-32　属性编辑器

5．工具栏

ODT 的工具栏如图 2-33 所示，各个图标的功能描述如下：

图 2-33　ODT 工具栏

■：打开"Android SDK and AVD Manager"窗口。

▣：打开创建 OPhone 工程向导。

▣：打开创建 OPhone Test 工程向导。

▣：打开创建 OPhone XML 文件向导。

▣：调试 OPhone 工程。

▣：多控件左对齐。当多个控件被选中时才处于可用状态。

▣：多控件垂直居中对齐。当多个控件被选中时才处于可用状态。

▣：多控件右对齐。当多个控件被选中时才处于可用状态。

▣：多控件上对齐。当多个控件被选中时才处于可用状态。

▣：多控件水平居中对齐。当多个控件被选中时才处于可用状态。

▣：多控件下对齐。当多个控件被选中时才处于可用状态。

▣：多控件等宽设置，当多个控件被选中时才处于可用状态。当选择多个控件时，以最后一个选中控件为基准，匹配宽度。

▣：多控件等高设置，当多个控件被选中时才处于可用状态。当选择多个控件时，以最后一个选中控件为基准，匹配高度。

▣：显示编辑面板属性，当鼠标焦点在主界面编辑器时，才处于可用状态。相当于在主界面编辑器中选中编辑面板。

▣：改变控件面板显示方式，当鼠标焦点在主界面编辑器时，才处于可用状态。可使控件面板悬浮，方便使用。

▣：显示创建 Activity 对话框，当鼠标焦点在主界面编辑器时，才处于可用状态。

2.6.2　界面编辑功能

下面将详细地介绍 OPhone 可视化界面编辑器的界面编辑功能。

1．设置编辑面板的属性

在工具栏中单击■按钮，属性编辑器就会显示编辑面板的属性。大家可以根据实际情况设置这些属性。下面介绍几个常用的属性：

● Standard Size（标准屏幕尺寸）

可以设置 HVGA Portrait、HVGA Landscape、QVGA Portrait、QVGA Landscape、WVGA Portrait、WVGA Landscape 等标准屏幕尺寸。

● Dimenson Height、Dimenson Width（自定义屏幕尺寸）

可以设置自定义屏幕尺寸。

● Theme（主题）

可以设置界面的主题风格。其中，"Theme.Borqs"值代表 OPhone 主题风格，"Theme"

值代表 Android 主题风格。

2．添加和删除控件

ODT 提供了多种添加和删除控件的方式：

● 从控件面板中直接拖拽控件到主界面编辑器

● 在主界面编辑器上，单击"右键"=>【Add】，在弹出的对话框中选择要添加的控件

● 在主界面编辑器上，选中要删除的控件，然后，单击"右键"=>【Remove】进行删除

● 在界面大纲视图上，单击"右键"=>【Add】，在弹出的对话框中选择要添加的控件

● 在界面大纲视图上，选中要删除的控件，然后，单击"右键"=>【Remove】进行删除

● 在界面大纲视图上，单击➕按钮，在弹出的对框中选择要添加的控件

● 在界面大纲视图上，选中要删除的控件，然后，单击➖按钮进行删除

3．控件位置自由拖放

在 Layout 规则允许的前提下，控件可以自由拖放。比如，在 LinearLayout 下，控件沿着垂直或者水平方向排列，因此，只能在垂直或者水平方向上拖拽控件，以改变控件的排列顺序。再比如，在 AbsoluteLayout 下，每个控件都有绝对坐标值（x，y），因此可以根据坐标值进行任意拖拽。

当拖放一个控件到另一个控件的上方（按控件左上角坐标计算）时，如果下方控件是一个可以包含子元素的布局（Layout），则被拖放的控件成为该布局的子控件。拖动过程中，在鼠标拖动的控件阴影上能实时显示被拖动控件的位置、长度和宽度信息，如图 2-34 所示。

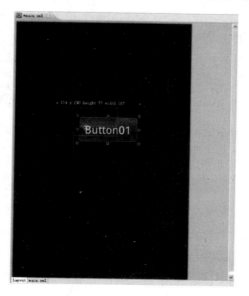

图 2-34　鼠标拖动的控件阴影

4．网格吸附功能

在 AbsoluteLayout 下，DDT 提供了网格吸附功能，方便控件的对齐操作。在属性编辑器中修改 Grid Visible 属性为"true"，即可显示网格；将其设置为"false"，则网格关闭，如图 2-35 所示。

5．鼠标拖拽调整控件大小

当控件被选中时，控件的边缘会显示 8 个拖动点，分别是左上、上、右上、右、右下、下、左下、左，用鼠标拖动这 8 个点就可以调整控件的尺寸。

6．控件多选

在按下 Ctrl 键的同时，鼠标选择多个控件，可实现多个控件的同时选中。用鼠标左键划出虚线框，也可以选定框内的所有控件。

7．控件的复制、剪切和粘贴

首先，选中所需控件，然后，单击鼠标右键可以弹出快捷菜单，从而实现复制、剪切和粘贴操作，如图 2-36 所示。

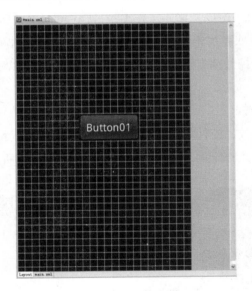

图 2-35　网格吸附

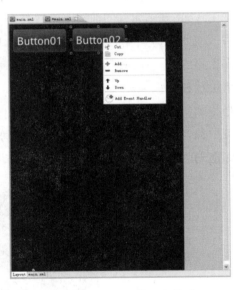

图 2-36　复制、剪切和粘贴

8．控件的对齐及宽、高匹配

在 AbsoluteLayout 下，当多个控件被选中时工具栏上的对齐和宽、高匹配按钮就会处于可用状态。这些按钮分别实现了左对齐、右对齐、垂直居中对齐、水平居中对齐、上对齐、下对齐、高匹配和宽匹配功能。图 2-37 实现的是左对齐功能。

9．批量修改属性

无论是在主界面编辑器中还是在界面大纲视图中，如果有多个控件被同时选中，那么属性编辑器只显示被选中控件的共同属性（id 属性除外），任何属性的修改会同时作用于所有被选中的控件。

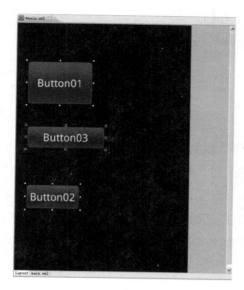

图 2-37　左对齐

10．支持属性的中文编辑

在属性编辑器中进行控件属性修改时，可使用中文属性值，比如 Text 属性值可设置成"中文"。

2.6.3　代码生成功能

ODT 提供了两类代码自动生成的功能：界面 XML 代码生成和 Java 代码生成。

1．界面 XML 代码生成

OPhone 使用 XML 文件来描述应用程序的界面。当用户编辑界面时，实际上编辑的是描述界面的 XML 文件。在界面的编辑过程中，实时地产生对应的 XML 文件，并保持 XML 文件描述与主界面编辑器的界面显示的一致性。如果用户手动修改了 XML 文件，主界面编辑器也会做相应的更新。

2．Java 代码生成

（1）Activity UI Class 代码生成

首先，在编辑面板上单击鼠标右键，在弹出的快捷菜单中选择"Creat Activity Class"项。然后，在打开的"Creat Activity Class"对话框内输入类名（Activity name）和包名（Package name），最后，单击【确定】按钮即可生成 Activity 类代码。

（2）控件事件代码生成

首先，在主界面编辑器中选中要生成事件处理代码的控件，再单击右键，在弹出的菜单中选择【Add Event Handler】菜单项，如图 2-17 所示。然后，在弹出的"Add Event Hanlder"

对话框中设置类名（Activity name），并选中所需的事件，如"OnClickListener"，如图 2-18 所示。紧接着，单击【OK】按钮，即可生成 onClick()事件处理函数。最后，大家在事件处理函数中添加对应的事件处理代码即可完成操作。

2.7 小结

本章主要介绍了如何使用 Eclipse 和 ODT 插件开发及调试 OPhone 应用程序，同时介绍了 SDK 提供的一些有用的工具。由于篇幅的限制，这里没有对 SDK 提供的所有工具一一介绍，读者可以参考 OPhone 开发文档了解更多的工具使用方法。

下一章将介绍 OPhone 的应用程序模型以及 OPhone 平台的重要组件，包括 Activity、Service、BroadcastReceiver 和 Content Provider。

第 3 章
OPhone 应用程序模型

3

本章重点介绍 OPhone 应用程序的模型，以及 OPhone 平台的重要组件。OPhone 在设计之初，就针对资源受限的嵌入式设备进行了大量的优化工作，这一点可以从 OPhone 的应用程序文件结构中了解到；OPhone 的开放性彰显了其强大的功能，第三方应用程序可以使用和内置应用程序一样的编程接口，这无疑有利于软件厂商和个人开发者开发出更加出色的应用程序。本章从 OPhone 的运行环境和 APK 结构谈起，并通过实例介绍 OPhone 应用程序的四个重要组成部分：

- Activity
- Service
- Content Provider
- BroadcastReceiver

3.1 OPhone 应用程序基础

3.1.1 OPhone 应用程序运行环境

OPhone 应用程序使用 Java 编程语言开发，Java 源文件经过编译器编译得到 class 文件，然后使用 aapt 工具把 class 文件转换成 dex 文件。dex 文件相比于普通的 class 文件，结构更加紧凑，更适合运行在嵌入式设备上。dex 文件和相关的资源文件一起打包生成 apk 文件，也就是 OPhone 应用程序最终的发布文件。

应用程序运行时，OPhone 系统会启动一个 Linux 进程，应用程序就运行在自己的进程之中。每一个进程都拥有自己的一个 Java 虚拟机，不同应用程序的代码都是单独运行的，不会相互影响，也不会出现一个应用程序崩溃，影响整个虚拟机，进而影响其他应用程序的情况。OPhone 系统会监视所有的进程，如果系统资源匮乏，在可用内存低于某个值的情况下，系统可能会主动地结束应用程序所在的进程，并回收系统资源。

　　每个应用程序会被分配一个 Linux 用户 ID。应用程序文件只在程序内部可见，其他程序是无法访问的，如果希望将数据暴露给其他应用程序，则需要借助 OPhone 平台提供的 Content Provider 机制（稍后介绍）。

　　那么 OPhone 平台是如何实现一个应用程序、一个进程、一个虚拟机实例呢？Zygote 是一个虚拟机进程，同时也是一个虚拟机实例的孵化器，每当系统要求执行一个 OPhone 应用程序时，Zygote 就会 fork 出一个子进程来执行该应用程序。这样做的好处显而易见：Zygote 进程是在系统启动时产生的，完成虚拟机的初始化、库的加载、预置类库的加载和初始化等操作。在系统需要一个新的虚拟机实例时，Zygote 通过复制自身，快速地提供一个新的虚拟机实例。另外，对于一些只读的系统库，所有虚拟机实例都和 Zygote 共享一块内存区域，大大节省了内存开销。OPhone 应用程序的运行情况如图 3-1 所示。

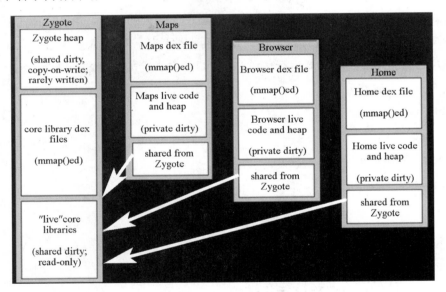

图 3-1　一个应用程序、一个进程、一个虚拟机实例

3.1.2　OPhone 应用程序的组成

　　OPhone 应用程序最终是以 apk 文件形式发布的，apk 是一种与 zip 文件格式兼容的文件。OPhone SDK 提供了 aapt 工具，可以把类文件和资源文件打包成 apk 文件，打包过程包括 class 文件到 dex 文件的转换、生成资源表、优化文本格式的 XML 文件等工作。转换过程如图 3-2 所示。本节重点分析一下 apk 文件的组成。

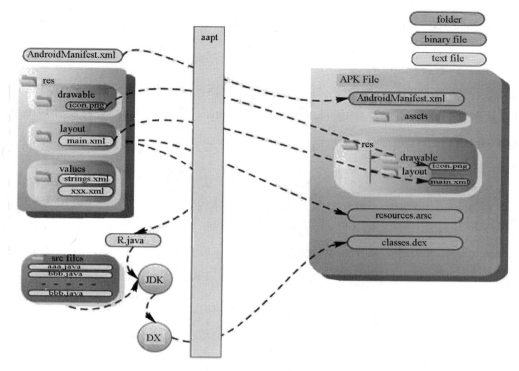

图 3-2　aapt 转换工具

　　以第 2 章创建的 chapter2_1 项目为例，分析 bin 目录下 HelloActivity.apk 文件的组成。由于 aapt 命令不在<your_sdk_dir>/tools 目录下，如果希望使用此命令，则需要将<your_sdk_dir>/ platform-tools 目录加入到环境变量 PATH 中。启动命令行工具，进入到 chapter2_1 项目的 bin 目录下，输入 aapt list chapter2_1.apk，可以看到如下的输出，其中每一行代表一个文件。

```
F:\eclipse\workspace2\chapter2_1\bin>aapt list chapter2_1.apk

res/drawable/icon.png

res/drawable/ophone_logo.png

res/layout/main.xml

AndroidManifest.xml

resources.arsc

classes.dex

META-INF/MANIFEST.MF

META-INF/CERT.SF

META-INF/CERT.RSA
```

尽管 chapter2_1.apk 文件包含的内容并不是很多，但已经足够用来解释 apk 文件的组成了。

1．图片和原始数据文件

当然，apk 文件中应该包含图片和音频文件等数据，这些数据本身就是压缩过的，aapt 工具直接把它们放在了 apk 包的根目录 res 下。以 chapter2_1.apk 文件为例，可以看到 icon.png 和 ophone_logo.png 两个图片文件。

2．layout 文件

图片文件下面是 layout 目录下的 main.xml 文件，需要注意的是，这里的 main.xml 与项目中的 main.xml 是不同的。项目中的 main.xml 是文本格式文件，开发者可以很容易阅读此文件文件；而 chapter2_1.apk 文件里面的 main.xml 文件是二进制格式。相比文本格式文件，二进制格式文件更适合嵌入式设备的处理器和内存环境，解析效率更高，且支持索引和查找。图 3-3 和图 3-4 对比了两种不同格式的 main.xml 文件。

```xml
<?xml version="1.0" encoding="utf-8"?>
<LinearLayout xmlns:android="http://schemas.android.com/apk/res/android"
    android:orientation="vertical"
    android:layout_width="fill_parent"
    android:layout_height="fill_parent"
    >
<TextView
    android:layout_width="fill_parent"
    android:layout_height="wrap_content"
    android:text="@string/hello"
    />
<ImageView
    android:layout_width="fill_parent"
    android:layout_height="wrap_content"
    android:src="@drawable/ophone_logo"
    />

</LinearLayout>
```

图 3-3　项目中文本格式的 main.xml 文件

```
00000000h: 03 00 08 00 24 03 00 00 01 00 1C 00 68 01 00 00 ; ....$.......h...
00000010h: 0B 00 00 00 00 00 00 00 00 00 00 00 48 00 00 00 ; ............H...
00000020h: 00 00 00 00 00 00 00 00 1A 00 00 00 36 00 00 00 ; ............6...
00000030h: 54 00 00 00 60 00 00 00 6A 00 00 00 7C 00 00 00 ; T...`...j...|...
00000040h: D4 00 00 00 D8 00 00 00 F4 00 00 00 08 01 00 00 ; ?..?..?......
00000050h: 0B 00 6F 00 72 00 69 00 65 00 6E 00 74 00 61 00 ; ..o.r.i.e.n.t.a.
00000060h: 74 00 69 00 6F 00 6E 00 00 00 00 00 6C 00 61 00 ; t.i.o.n.....l.a.
00000070h: 79 00 6F 00 75 00 74 00 5F 00 77 00 69 00 64 00 ; y.o.u.t._.w.i.d.
00000080h: 74 00 68 00 00 00 0D 00 6C 00 61 00 79 00 6F 00 ; t.h.....l.a.y.o.
00000090h: 75 00 74 00 5F 00 68 00 65 00 69 00 67 00 68 00 ; u.t._.h.e.i.g.h.
000000a0h: 74 00 00 00 04 00 74 00 65 00 78 00 74 00 00 00 ; t.....t.e.x.t...
000000b0h: 03 00 73 00 72 00 63 00 00 00 07 00 61 00 6E 00 ; ..s.r.c.....a.n.
000000c0h: 64 00 72 00 6F 00 69 00 64 00 00 00 2A 00 68 00 ; d.r.o.i.d...*.h.
000000d0h: 74 00 74 00 70 00 3A 00 2F 00 2F 00 73 00 63 00 ; t.t.p.:.//.s.c.
000000e0h: 68 00 65 00 6D 00 61 00 73 00 2E 00 61 00 6E 00 ; h.e.m.a.s...a.n.
000000f0h: 64 00 72 00 6F 00 69 00 64 00 2E 00 63 00 6F 00 ; d.r.o.i.d...c.o.
00000100h: 6D 00 2F 00 61 00 70 00 6B 00 2F 00 72 00 65 00 ; m./.a.p.k./.r.e.
00000110h: 73 00 2F 00 61 00 6E 00 64 00 72 00 6F 00 69 00 ; s./.a.n.d.r.o.i.
00000120h: 64 00 00 00 00 00 00 00 0C 00 69 00 6E 00 00 00 ; d.........L.i.n.
00000130h: 65 00 61 00 72 00 4C 00 61 00 79 00 6F 00 75 00 ; e.a.r.L.a.y.o.u.
00000140h: 74 00 00 00 08 00 54 00 65 00 78 00 74 00 56 00 ; t.....T.e.x.t.V.
00000150h: 69 00 65 00 77 00 00 00 09 00 49 00 6D 00 61 00 ; i.e.w.....I.m.a.
00000160h: 67 00 65 00 56 00 69 00 65 00 77 00 00 00 00 00 ; g.e.V.i.e.w.....
00000170h: 80 01 08 00 1C 00 00 00 C4 00 01 01 F4 00 01 01 ; €......?..?..
```

图 3-4　apk 文件中二进制格式的 main.xml 文件（UltraEdit 视图）

从 main.xml 的转换这一细节可以感觉到，OPhone 平台对应用程序的优化达到了极点。这样做的目的是为了降低对目标设备的处理器、内存等硬件环境的要求；同时，获得更快的响应速度，提高用户体验。

> 二进制 XML 文件格式的优势主要在于它减少了文本格式 XML 文件的冗余，缩小了解析时间，同时支持文件的随机访问和内容索引。但是，生成二进制 XML 文件的效率并不是很高。

3．AndroidManifest.xml 文件

AndroidManifest.xml 文件是整个应用程序的信息描述文件，定义了应用程序中包含的 Activity、Service、Content Provider 和 BroadcastReceiver 组件信息。每个应用程序在根目录下都必须包含一个 AndroidManifest.xml 文件，且文件名不能修改。

AndroidManifest.xml 文件主要提供了如下的信息描述：

- 命名应用程序的 java 包，这个包名将用来唯一标识这个应用程序。
- 描述了应用程序中包含的 Activity、Service、BroadcastReceiver 和 Content Provider 组件。
- 定义了应用程序运行的进程。
- 声明了应用程序需要访问受限 API 所需的权限。
- 声明其他程序如果希望访问本程序组件所需要的权限。
- 声明应用程序能够正常运行所需要的最小级别的 OPhone API。
- 列出应用程序运行所需要连接的库。

需要注意的一点是，OPhone 系统只执行在 AndroidManifest.xml 中注册的组件。如果创建了一个 Activity 却发现它无法接收 Intent 并启动，那么可能是忘记了在 AndroidManifest.xml 中声明这个 Activity。为了优化应用程序，AndroidManifest.xml 也经过了 aapt 工具的转换，在 apk 中以二进制文件形式存在。

AndroidManifest.xml 的文件结构如下所示，文件以<?xml version="1.0" encoding="utf-8"?>声明开始，并在随后的标签中至少包含<manifest>和<application>。

```
< ?xml version="1.0" encoding"utf-8" ? >
<manifest>
    <uses-permission />
    <permission />
    <permission-tree />
```

```
<permission-group />
<instrumentation />
<uses-sdk />
<application>
    <activity>
        <intent-filter>
            <action />
            <category />
            <data />
        </intent-filter>
        <meta-data />
    </activity>
    <activity-alias>
        <intent-filter> . . . </intent-filter>
        <meta-data />
    </activity-alias>
    <service>
        <intent-filter> . . . </intent-filter>
        <meta-data/>
    </service>
    <receiver>
        <intent-filter> . . . </intent-filter>
        <meta-data />
    </receiver>
    <provider>
        <grant-uri-permission />
        <meta-data />
    </provider>
    <uses-library />
    <uses-configuration />
</application>
</manifest>
```

这里不再逐一地介绍每个标签的意义，在后续的章节中会慢慢地介绍其中的标签。读者也可以自行参考 OPhone 开发文档中关于 AndroidManifest.xml 文件介绍的部分。

4．Resources.arsc 文件

Resources.arsc 文件位于 apk 的根目录下，是整个文件的资源表。通过对此文件的解析，可以获得包名称、整个资源包含的资源类型、每种资源类型包括的元素、元素的 ID 等信息。Resources.arsc 的文件格式并未公开，但是可以借助 aapt 工具列出资源表的大概结构。关于 Resources.arsc 的文件格式，有兴趣的读者可以进一步分析。下面是使用 aapt 工具显示 HelloActivity.apk 的资源表的输出信息。

```
E:\eclipse\workspace\chapter2_1\bin>aapt dump resources chapter2_1.apk
mError=0x0 (No error)
Package Groups (1)
Package Group 0 id=127 packageCount=1 name=com.ophone
    Package 0 id=127 name=com.ophone typeCount=5
      type 0 configCount=0 entryCount=0
      type 1 configCount=1 entryCount=2
        spec resource 0x7f020000 com.ophone:drawable/icon: flags=0x00000000
        spec resource 0x7f020001 com.ophone:drawable/ophone_logo: flags=0x00000000

        config 0 lang=-- cnt=-- orien=0 touch=0 density=0 key=0 infl=0 nav=0 w=0 h=0
          resource 0x7f020000 com.ophone:drawable/icon: t=0x03 d=0x00000000
(s=0x0008 r=0x00)
          resource 0x7f020001 com.ophone:drawable/ophone_logo: t=0x03 d=0x00000001
(s=0x0008 r=0x00)
      type 2 configCount=1 entryCount=1
        spec resource 0x7f030000 com.ophone:layout/main: flags=0x00000000
        config 0 lang=-- cnt=-- orien=0 touch=0 density=0 key=0 infl=0 nav=0 w=0 h=0
          resource 0x7f030000 com.ophone:layout/main: t=0x03 d=0x00000002
(s=0x0008 r=0x00)
      type 3 configCount=1 entryCount=2
        spec resource 0x7f040000 com.ophone:string/hello: flags=0x00000000
        spec resource 0x7f040001 com.ophone:string/app_name: flags=0x00000000
        config 0 lang=-- cnt=-- orien=0 touch=0 density=0 key=0 infl=0 nav=0 w=0 h=0
          resource 0x7f040000 com.ophone:string/hello: t=0x03 d=0x00000003
(s=0x0008 r=0x00)
          resource 0x7f040001 com.ophone:string/app_name: t=0x03 d=0x00000004
(s=0x0008 r=0x00)
```

```
type 4 configCount=1 entryCount=1
    spec resource 0x7f050000 com.ophone:id/ophone_logo: flags=0x00000000
    config 0 lang=-- cnt=-- orien=0 touch=0 density=0 key=0 infl=0 nav=0 w=0 h=0
        resource 0x7f050000 com.ophone:id/ophone_logo: t=0x12 d=0x00000000
(s=0x0008 r=0x00)
```

在 OPhone 应用程序中，如果想访问某个资源，就必须知道该资源的类型和 ID。在 Java 程序中，应用程序自带的资源使用 R.resource_type.resource_name 的方式来访问，系统自带的资源则使用 android.R.resource_type.resource_name 来访问。在资源文件中，应用程序自带的资源使用 @resource_type/resource_name 来访问，系统自带的资源则使用 @android: resource_type/resource_name 来访问。

5．classes.dex 文件

Dalvik 虚拟机是运行 dex 文件，而不是传统的 class 文件，DX 工具将编译后的 class 文件转换成一个 dex 文件。在程序运行时，Dalvik 虚拟机从 dex 中装载读取指令和数据。

传统的 Java 应用程序，往往包含多个 class 文件，这样就不可避免地增加了冗余信息。将 class 文件整合到一起，可以减小类文件的尺寸、IO 操作，提高类的查找速度。除此之外，dex 文件经过了精心设计，以适应嵌入式设备资源受限的环境。该文件结构设计简洁，且使用等长的指令，提高了解析速度。为了提高跨进程的数据共享，尽量扩大了只读结构的大小。

6．META-INF 文件夹

META-INF 文件夹只存在于签名后的 apk 文件中，其中包含 MANIFEST.MF、CERT.SF 和 CERT.RSA 文件。MANIFEST.MF 文件包含了 apk 文件中所有文件的名称和此文件的 SHA1 摘要值。而 CERT.SF 和 CERT.RSA 文件是使用 jarsigner 工具生成的签名文件和签名块文件，在 CERT.SF 文件中默认会包含整个 MANIFEST.MF 文件的 SHA1 摘要值；CERT.RSA 文件存放对 CERT.SF 文件的签名，同时还包含从 keystore 文件中生成的证书或者证书链。在应用程序管理器安装 apk 文件的过程中会检查证书，对比每个文件的摘要值是否匹配，防止应用程序被篡改。关于数字签名的更多内容，将在本章的 3.7 节 "数字签名" 中介绍。

至此，我们已经逐一分析了 OPhone 应用程序的组成，感受到了平台架构师在打造平台时的精心设计。接下来的部分将向大家介绍构成 OPhone 应用程序的重要组件，包括 Activity、Service、Content Provider 和 BroadcastReceiver。

3.2　Activity

从表面上讲，Activity 是 OPhone 应用程序的一个界面，用户可以通过这个界面操作播放器，查看联系人或者玩游戏。图 3-5 列举出了 OPhone 内置的电话和移动随身听应用程序界面，每个界面都是由一个 Activity 构成的。在一个 OPhone 应用程序中，可以只包含一个 Activity，也可以包含多个 Activity。

对开发者而言，Activity 是 OPhone 应用程序的入口，OPhone 应用程序模型没有定义像 main() 这样的入口方法，而是在 Activity 类中定义了一系列的生命周期方法，比如 onCreate()、onResume()、onStart()、onPause()、onStop() 和 onDestroy()，OPhone 系统会在适当的时候调用对应的生命周期方法。Activity 是与用户沟通的窗口，Activity 类实现了 Window.Callback、KeyEvent.Callback 和 ComponentCallbacks 等多个接口，以便能够处理按键事件，并在出现内存不足等情况时做出响应。Activity 上呈现的用户界面是由 View 或者 ViewGroup 构成的，因此 Activity 可以看作是 View 的载体，在 OPhone 系统中已经实现了很多友好易用的组件，包括按钮、文本框、多选框、列表等。

图 3-5　电话和移动随身听界面

下面通过一个例子，介绍 Activity 的声明、Activity 之间的数据传递，以及 Activity 的生命周期等内容。

3.2.1　Activity 创建与声明

1．声明 Activity

在 Eclipse 中创建一个项目 chapter3_1，按照图 3-6 所示填写项目的属性，然后单击

【Finish】按钮，ODT 插件会自动创建 ContactsActivity.java 并将此组件注册到
AndroidManifest. xml 文件中。

图 3-6　创建 chapter3_1 项目

AndroidManifest.xml 的内容如下所示：

```
<?xml version="1.0" encoding="utf-8"?>
<manifest xmlns:android="http://schemas.android.com/apk/res/android"
        package="com.ophone.chapter3_1"
        android:versionCode="1"
        android:versionName="1.0">
    <application android:icon="@drawable/icon" android:label="@string/app_name">
        <activity android:name=".ContactsActivity"
                android:label="@string/app_name">
        <intent-filter>
            <action android:name="android.intent.action.MAIN" />
            <category android:name="android.intent.category.LAUNCHER" />
        </intent-filter>
```

```
            </activity>
        </application>
        <uses-sdk android:minSdkVersion="7" />
</manifest>
```

其中，定义在<manifest>标签内的"package="com.ophone.chapter3_1""用来唯一标识这个应用程序。这个包名也是其他组件的前缀，应用程序安装后会创建/data/data/com.ophone.chapter3_1 目录，用来存放应用程序的私有文件，比如数据库文件、Preference 文件等。<activity>标签必须包含属性 android:name，其值应该指向这个 Activity 类，在这里.ContactsActivity 则代表 com.ophone.chapter3_1.ContactsActivity 类。通过项目向导创建的 Activity 默认作为了应用程序入口，ContactsActivity 将被放置在手机的启动面板上（Launcher）。在 AndroidManifest.xml 中可能定义了多个 Activity，那么系统是如何知道哪个 Activity 作为应用程序的入口呢？答案是通过分析<activity>的下一级标签<intent-filter>，由于 ContactsActivity 的标签中声明了如下的 intent-filter 标签，因此系统判断出它就是程序的入口。

```
<intent-filter>
        <action android:name="android.intent.action.MAIN" />
        <category android:name="android.intent.category.LAUNCHER" />
</intent-filter>
```

2．创建 Activity

ContactsActivity 显示了手机上的联系人，为了简单起见，这里使用一个数组来表示联系人。读者在阅读了第 6 章内容后，可以从 Content Provider 中读取联系人列表。ContantsActivity 的源代码如下所示：

```
package com.ophone.chapter3_1;

import android.app.ListActivity;
import android.os.Bundle;
import android.widget.ArrayAdapter;

public class ContactsActivity extends ListActivity {

    private String[] peoples = { "Eric", "Monica", "Jim", "John", "Hanks" };

    @Override
    public void onCreate(Bundle savedInstanceState) {
```

```
        super.onCreate(savedInstanceState);
        //初始化屏幕的布局
        setContentView(R.layout.contacts_list);
        //绑定到 ArrayAdapter
        setListAdapter(new ArrayAdapter<String>(this, R.layout.contacts_item,
                    peoples));
    }
}
```

ListActivity 是 Activity 的子类，如果想在界面中采用列表的方式向用户展示数据，那么可以选择扩展此类。因为 OPhone 系统已经为 ListActivity 绑定了一个 ListView，可以显示来自数据库或者数组的数据，大大加快了开发的速度。

onCreate()方法是 Activity 定义的生命周期方法，在 Activity 创建时，这个方法将首先被调用。在这里，通过调用 setContentView(R.layout.contacts_list)初始化了 Activity 的界面布局。Contacts_list.xml 是定义在 res/layout 目录下的 XML 文件，内容如下所示：

```xml
<?xml version="1.0" encoding="utf-8"?>

<LinearLayout xmlns:android="http://schemas.android.com/apk/res/android"
    android:orientation="vertical"
    android:layout_width="fill_parent"
    android:layout_height="fill_parent"
    android:paddingLeft="8dip"
    android:paddingRight="8dip">

    <ListView android:id="@android:id/list"
        android:layout_width="fill_parent"
        android:layout_height="0dip"
        android:layout_weight="1"
        android:drawSelectorOnTop="false"/>

    <TextView android:id="@android:id/empty"
        android:layout_width="fill_parent"
        android:layout_height="wrap_content"
        android:text="@string/empty"
    />
```

```
</LinearLayout>
```

LinearLayout 是 ViewGroup 的子类，它总是将子 View 排成一行或者一列。通过 setOrientation()方法或者在 XML 文件中定义 android:orientation 属性可以修改子元素的排列方式。本例中 android:orientation="vertical"表明联系人以垂直的方式一行一行显示。ListView 和 TextView 的 ID 都是由 OPhone 系统提供的，这两个组件可以看做是相互替换的，在某一时间只能显示其中一个。只有当列表的数据为空时，才会显示 TextView 的内容。

setListAdapter(new ArrayAdapter<String>(this,R.layout.contacts_item,peoples)) 被调用之后，peoples 数组中定义的数据就被绑定到 ListView 上。Adapter 模式在 OPhone 的图形用户界面框架中被广泛使用，Adapter 作为桥梁连接起 AdapterView 和数据源。这里，我们使用了简单的 ArrayAdapter。ArrayAdapter 构造器的一个重要参数是 R.layout.contacts_item，通过定义 res/layout/contacts_item.xml 可以控制列表中每一行的外观，比如定义行高、字体大小、字体颜色等。Contacts_item.xml 的内容如下所示，从中可以看出列表的每一行是一个 TextView。当然，也可以自己定义更美观的 View，在下一章"图形用户界面"中将会详细介绍如何使用各种系统的 UI 组件定义自己的 View 等内容。

```
<?xml version="1.0" encoding="utf-8"?>

<TextView xmlns:android="http://schemas.android.com/apk/res/android"
    android:id="@+id/contactItem"
    android:layout_width="fill_parent"
    android:layout_height="48sp"
    android:textSize="20sp"
    android:textStyle="normal"
    android:gravity="center_vertical"
    android:paddingLeft="8dip"
/>
```

需要注意的一点是，android:id 的值中包含一个"+"，@后面的这个"+"号代表如果 contactItem 不存在就创建一个新的 id。随后，在程序中可以通过 R.id.contactItem 来访问此组件。

运行 chapter3_1 项目，ContactsActivity 界面如图 3-7 所示。

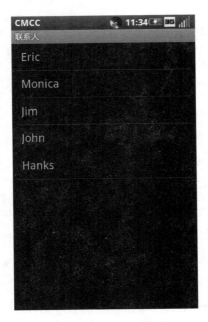

图 3-7   ContactsActivity 界面

3.2.2   Activity 的生命周期

在 OPhone 系统中，Activity 的实例被放在一个堆栈里面。当一个新的 Activity 启动之后，就会被放置在堆栈的顶部，成为正在运行的 Activity；而先前的 Activity 则变成不可见的，位于新 Activity 的下面。只有当新的 Activity 退出时，先前的 Activity 才会出现在堆栈顶部。

Activity 有 4 种状态：运行、暂停、停止和销毁。

● 当 Activity 位于堆栈的顶部时，它就处于运行状态（active）。

● 当 Activity 失去了焦点，但是依然可见时，例如，一个半透明的 Activity 覆盖了当前的 Activity 就会出现这种情况，此时被覆盖的 Activity 就处于暂停状态（paused），维持着成员信息和所有状态。当系统处于内存严重不足的情况下时，暂停的 Activity 可能会被系统销毁。

● 当 Activity 完全被其他的 Activity 覆盖时，它就处于停止状态（stopped），处于停止状态的 Activity 依然维持着成员信息和所有状态，只是变得不可见了。当其他模块需要内存时，停止的 Activity 可能会被销毁。

● 当 Activity 处于停止或者暂停状态时，系统可能要求它结束生命周期，或者直接把它所在的进程杀死，进而从内存中删除它，此时的 Activity 就被销毁了。

如图 3-8 所示是 Activity 的生命周期图。Activity 定义了一系列的生命周期方法，如下所示，系统在适当的时候会回调它们。在定义自己的 Activity 的生命周期方法时，应该首先调用父类的方法。

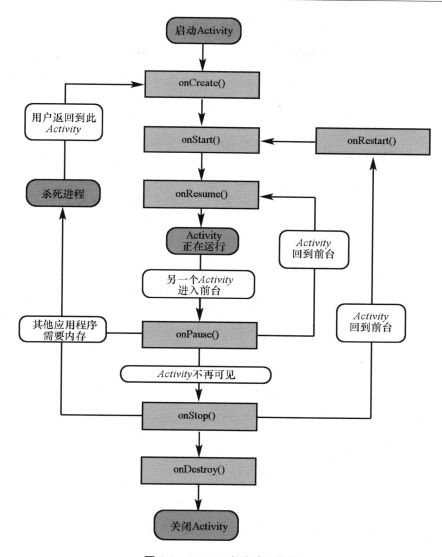

图 3-8　Activity 的生命周期图

```
public class Activity extends ApplicationContext {
    protected void onCreate(Bundle savedInstanceState){}
    protected void onStart(){}
    protected void onRestart(){}
    protected void onResume(){}
    protected void onPause(){}
    protected void onStop(){}
    protected void onDestroy(){}
}
```

  Activity 的整个生命周期始于 onCreate()方法而止于 onDestroy()方法。通常在 onCreate() 方法中构建 Activity 所需的资源，并在 onDestroy()方法中释放资源。Activity 的可视化生命周期始于 onStart()方法而止于 onStop()方法，此时的 Activity 是可见的，可能无法和用户进行交互操作。在 onStart()方法中可以注册 BroadcastReceiver，并且在 onStop()方法中注销 BroadcastReceiver。Activity 的前台生命周期始于 onResume()方法而止于 onPaused() 方法，此时的 Activity 是可见的，位于堆栈的顶部。通常，需要在这两个方法里面处理外部事件，比如电话呼入，当电话呼入时，Phone 应用程序会进入前台，而当前运行的 Activity 被覆盖。

  接下来，以 ContactsActivity 为例演示一下 Activity 的生命周期。为此，需要实现 Activity 类的所有生命周期方法，并在方法中通过 Log 记录方法执行。为了记录生命周期方法执行的顺序，在 ContactsActivity 类中定义了一个整型的成员变量 seq，每次方法执行 seq 时会自动加一。ContactsActivity 还覆盖了 toString()方法，返回 ContactsActivity 对象的字符串表示，可以根据返回的字符串判断系统创建了新的 ContactsActivity 还是复用了以前的对象。

  修改后的 ContactsActivity.java 代码如下所示：

```java
package com.ophone.chapter3_1;

import android.app.ListActivity;
import android.content.Intent;
import android.os.Bundle;
import android.util.Log;
import android.view.View;
import android.widget.ArrayAdapter;
import android.widget.ListView;

public class ContactsActivity extends ListActivity {

    private static final String TAG = "ContactsActivity";
    private String[] peoples = { "Eric", "Monica", "Jim", "John", "Hanks" };
    private int seq = 1;

    @Override
    public void onCreate(Bundle savedInstanceState) {
        super.onCreate(savedInstanceState);
        // 初始化界面布局
```

```
        setContentView(R.layout.contacts_list);
        // 绑定到 ArrayAdapter
        setListAdapter(new ArrayAdapter<String>(this, R.layout.contacts_item,
            peoples));
        Log.e(TAG, toString() + " onCreate is called " + seq++);
    }


    @Override
    protected void onDestroy() {
     super.onDestroy();
     Log.e(TAG, toString() + " onDestroy is called " + seq++);
    }


    @Override
    protected void onPause() {
     super.onPause();
     Log.e(TAG, toString() + " onPause is called " + seq++);
    }


    @Override
    protected void onRestart() {
     super.onRestart();
     Log.e(TAG, toString() + " onRestart is called " + seq++);
    }


    @Override
    protected void onResume() {
     super.onResume();
     Log.e(TAG, toString() + " onResume is called " + seq++);
    }


    @Override
    protected void onStart() {
     super.onStart();
     Log.e(TAG, toString() + " onStart is called " + seq++);
    }


    @Override
```

```
protected void onStop() {
    super.onStop();
    Log.e(TAG, toString() + " onStop is called " + seq++);
}


public String toString() {
    String s = super.toString();
    int index = s.lastIndexOf(".");
    if (index != -1) {
        return s.substring(index + 1, s.length());
    }
    return s;
    }
}
```

为了更直观地看到生命周期方法的执行情况，启动 Log 日志输出，从命令行输入：

```
adb logcat ContactsActivity:E *:S
```

然后运行 chapter3_1 项目，从日志控制台可以看到如下的输出信息：

```
E/ContactsActivity(    832): ContactsActivity@43a00d18 onCreate is called 1
E/ContactsActivity(    832): ContactsActivity@43a00d18 onStart is called 2
E/ContactsActivity(    832): ContactsActivity@43a00d18 onResume is called 3
```

onResume()方法执行结束后，ContactsActivity 已经显示在模拟器屏幕上，进入了可视化阶段。我们向模拟器发送一个电话呼入事件，当电话呼入时，电话应用程序会启动，如图 3-9 所示，电话的界面会覆盖 ContactsActivity，因此 ContactsActivity 进入到停止状态。启动命令行终端，执行：

```
telnet localhost 5554
gsm call 13810000086
```

模拟器会弹出电话应用程序，挂断电话后，ContactsActivity 再次显示到前台。从控制台查看日志输出，可以看到电话呼入时 onPause()和 onStop()方法被依次调用了；而电话结束后，onRestart()、onStart()和 onResume()方法又被调用了。可以得出结论：如果应用程序需要处理电话呼入类似的事件，则应该在 onPause()方法中保存某些状态，并在 onResume()方法中读取状态并恢复。

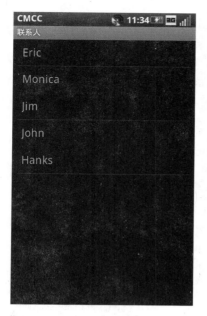

图 3-9　电话呼入

```
E/ContactsActivity(    832): ContactsActivity@43a00d18 onCreate is called 1
E/ContactsActivity(    832): ContactsActivity@43a00d18 onStart is called 2
E/ContactsActivity(    832): ContactsActivity@43a00d18 onResume is called 3
E/ContactsActivity(    832): ContactsActivity@43a00d18 onPause is called 4
E/ContactsActivity(    832): ContactsActivity@43a00d18 onStop is called 5
E/ContactsActivity(    832): ContactsActivity@43a00d18 onRestart is called 6
E/ContactsActivity(    832): ContactsActivity@43a00d18 onStart is called 7
E/ContactsActivity(    832): ContactsActivity@43a00d18 onResume is called 8
```

单击屏幕右上角的【返回】按钮，退出 ContactsActivity，可以从日志的控制台看到 onStop()
和 onDestroy()方法被依次调用了，Activity 进入到销毁状态。

```
E/ContactsActivity(    832): ContactsActivity@43a00d18 onCreate is called 1
E/ContactsActivity(    832): ContactsActivity@43a00d18 onStart is called 2
E/ContactsActivity(    832): ContactsActivity@43a00d18 onResume is called 3
E/ContactsActivity(    832): ContactsActivity@43a00d18 onPause is called 4
E/ContactsActivity(    832): ContactsActivity@43a00d18 onStop is called 5
E/ContactsActivity(    832): ContactsActivity@43a00d18 onRestart is called 6
E/ContactsActivity(    832): ContactsActivity@43a00d18 onStart is called 7
E/ContactsActivity(    832): ContactsActivity@43a00d18 onResume is called 8
E/ContactsActivity(    832): ContactsActivity@43a00d18 onPause is called 9
E/ContactsActivity(    832): ContactsActivity@43a00d18 onStop is called 10
```

E/ContactsActivity(832): ContactsActivity@43a00d18 onDestroy is called 11

用户使用手机过程中，可能通过按 Home 键直接从 ContactsActivity 进入到启动面板中，这时候会发生什么情况呢？从 Home 运行"联系人"应用程序，ContactsActivity 启动后，单击模拟器上的 Home 键，进入到手机的启动面板，然后再次从启动面板选择"联系人"应用程序运行，如图 3-10 所示。

图 3-10　从启动面板再次进入 Contacts 应用程序

从日志的输出可以看到，当 Home 键按下时，onPause() 和 onStop() 被依次调用了。ContactsActivity 进入到停止状态，当从启动面板再次进入到 ContactsActivity 时，onRestart()、onStart() 和 onResume() 被依次调用。通过此例，再次印证了前面关于 Activity 生命周期的介绍。

3.2.3　启动 Activity

在一个 Activity 中启动一个新的 Activity，需要调用 Context.startActivity(Intent intent) 方法，新启动的 Activity 将被放在堆栈的顶部。Intent 作为 Activity 之间的纽带起着重要的作用，事实上它不仅用于启动 Activity，还可以用来启动 Service 和绑定 Service 等工作。

1．Intent 的定义

Intent 是对某一操作的抽象描述，除此之外，还可以在 Intent 中附带数据。Intent 主要包含如下的信息：

- Action，执行的动作，比如 ACTION_VIEW、ACTION_MAIN 等。
- Data，操作的数据，通常是以 Uri 的形式表现。

- Category，执行动作的分类，例如，CATEGORY_LAUNCHER 代表 Activity 应该出现在启动面板中。
- Type，指定 Data 的 MIME 类型。
- Component，指定 Intent 指向的组件名称。通常情况下，系统会根据 Intent 包含的信息来决定哪个组件处理这个 Intent。但是，当 Intent 的这个属性被设置时，其他的属性就认为是可选的了。
- Extras，存放 Intent 附带的额外信息。在 Intent 的定义中，信息是存放在 Bundle 类中的，如果想在 Activity 之间传递一些数据，可以将其放置在 Extras 中。

每启动一个 Activity 就像通过鼠标点击了一个 HTML 页面，浏览器组装了符合 HTTP 协议的数据发送给另外一个 URL，另外一个页面接收到数据之后，渲染界面并显示到用户面前。前面一个页面则被浏览器存放在历史记录中，通过工具栏的【返回】按钮还可以返回；而 Intent 就用在 Activity 之间的切换工作中，指明下一个 Activity 的地址，附带需要在两个 Activity 之间传递的数据。

OPhone 系统已经在 Intent 类中定义了一系列的标准 Action 和 Category，应用程序可以直接使用。当然，应用程序也可以自己定义 Action，需要确保每个 Action 必须是唯一的，形式应该遵循 Java 编码的样式，例如定义 "com.ophone.action.VIEW_CONTACTS"。

2．解析 Intent

当 ACTION_MAIN 和 CATEGORY_HOME 联合使用时，就可以启动手机的主屏。示例代码如下：

```
Intent intent = new Intent();
intent.setAction(Intent.ACTION_MAIN);
intent.addCategory(Intent.CATEGORY_HOME);
startActivity(intent);
```

上述代码中出现的 Intent 并没有指定 component 的值，因此系统通过 Intent 中的 action、type 和 category 信息来决定由哪个 Activity 来处理到来的 Intent。这一工作是由 PackageManager 来完成的，PackageManager 根据 AndroidManifest.xml 中定义的<intent-filter>标签来对应用程序中包含的 Activity 进行匹配。这种情况我们称之为"隐性解析"。

与"隐性解析"对应的称作"显性解析"。顾名思义，Intent 对象已经通过调用 setComponent()或者 setClass()方法指定了 component 属性，这时候系统不再需要其他的信息来判断由哪个 Activity 来处理到来的 Intent 了。

在实际开发中，两种方式都经常用到。下面扩展一下 chapter3_1 项目，增加一个 DetailActivity，当用户点击列表的某一行时，从 ContactsActivity 启动 DetailActivity。为了响应用户点击 ContactsActivity 列表事件，需要在 ContactsActivity 中覆盖 onListItemClick()

方法，如下所示：

```
@Override
protected void onListItemClick(ListView l, View v, int position, long id) {
    super.onListItemClick(l, v, position, id);
    Intent intent = new Intent(this, DetailActivity.class);
    intent.putExtra("name", peoples[position]);
    startActivity(intent);
}
```

这里把用户点击的联系人名字放到 Extras 中一起发送给 DetailActivity。DetailActivity 在 onCreate()方法中，调用 getIntent()即可获得 Intent 对象，并从 Extras 中读取联系人的名字显示在屏幕上。DetailActivity 的代码如下所示：

```
package com.ophone.chapter3_1;

import android.app.Activity;
import android.content.Intent;
import android.os.Bundle;
import android.widget.TextView;

public class DetailActivity extends Activity {

    @Override
    protected void onCreate(Bundle savedInstanceState) {
        super.onCreate(savedInstanceState);
        //获得 Intent 并从中读取附带的数据
        Intent intent = getIntent();
        String name = intent.getStringExtra("name");
        TextView view = new TextView(this);
        view.setText("您选择了"+name);
        setContentView(view);
    }
}
```

不要忘记，将 DetailActivity 注册到 AndroidManifest.xml 中，以便可以通过 startActivity() 将其启动。

```
<activity android:name=".DetailActivity" android:label="@string/information">
    <intent-filter>
```

```
        <action android:name="android.intent.action.VIEW" />
        <category android:name="android.intent.category.DEFAULT" />
    </intent-filter>
</activity>
```

运行 chapter3_1，如图 3-11 所示。

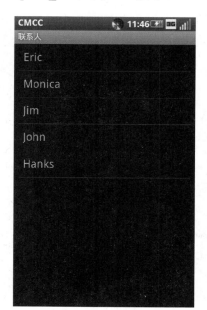

图 3-11　从一个 Activity 启动另一个 Activity

3.2.4　Activity 和 Task

　　Activity 不仅可以启动定义在本应用程序之内的 Activity，还可以启动定义在其他应用程序中的 Activity。这一特性极大地丰富了组件复用的程度，也提高了用户体验。对用户而言，他们并不关心展现在眼前的界面定义在哪个应用程序之中，而是在乎系统是否提供了流畅、友好的操作界面。对于 OPhone 系统而言，用户看到的这些 Activity 会被放到一个堆栈之内，称之为"Task"。这个堆栈最底层的 Activity 就是启动这个 Task 的 Activity，通常来说，就是排列在启动面板上的 Activity。当有新的 Activity 启动时，前一个 Activity 进入暂停状态；当用户按返回键时，当前的 Activity 从堆栈弹出，而前一个 Activity 的 onResume() 方法被调用，重新进入到运行状态。

　　一个 Task 里的所有 Activity 组成一个单元，整个 Task（整个 Activity 堆栈）可以在前台，也可以在后台（应用程序的切换就是 Task 的前后台的切换）。假设当前的 Task 有 4 个 Activity 在堆栈里，当用户按下 Home 键，去开启另一个应用（实际上是一个新的 Task）时，那么当前的 Task 就退到后台继续运行，新开启的 Root Activity 此时就显示出来了，然后，过了一段时间，用户回到主界面，又重新选择了以前的那个应用（先前的那个 Task），那么先前的那个 Task 此时也回到了前台，当用户按下 Back 键时，屏幕不是显示刚刚关闭的那个应用，而是移除回到前台的这个 Task 堆栈栈顶 Activity，将下一个 Activity 显示出来。

刚才描述的情况是 Activity 和 Task 默认的行为，但是有很多的方法来对这些行为进行修改，如 Activity 和 Task 的联系。Task 里 Activity 的行为，是受启动它的 Intent 对象的 flag 和在 manifest 文件中的 Activity 的属性集合共同影响的。

前面介绍了 Intent 的 action、data 和 type 等属性。其实，在 Intent 中还定义了 flag 属性和如下 4 个常量：

- FLAG_ACTIVITY_NEW_TASK
- FLAG_ACTIVITY_CLEAR_TOP
- FLAG_ACTIVITY_RESET_TASK_IF_NEEDED
- FLAG_ACTIVITY_SINGLE_TOP

在<activity>标签中，可以使用如下 6 个属性，系统将根据属性值调整 Task 内 Activity 的执行方式。

- taskAffinity
- launchMode
- allowTaskReparenting
- clearTaskOnLaunch
- alwaysRetainTaskState
- finishOnTaskLaunch

1．Task 与 Activity 的亲属关系

在默认情况下，一个应用程序内的所有 Activity 都有亲属关系，它们属于同一个 Task。但这不是绝对的，通过设置<activity>标签的 taskAffinity 属性可以修改 Task 和 Activity 的关系。在一个应用程序内的 Activity 可以有不同的 affinity，在不同应用程序内的 Activity 也可以共享一个 affinity。亲属关系只有在 Intent 中包含了 FLAG_ACTIVITY_NEW_TASK 标识或者<activity>的 allowTaskReparenting 设置为"true"时才会起作用。

（1）FLAG_ACTIVITY_NEW_TASK

通常，Activity 会与调用 startActivity()的调用者处在一个 Task 之内。但是，如果 Intent 中包含了 FLAG_ACTIVITY_NEW_TASK 标识，那么系统会查找其他的 Task 来存放这个 Activity；如果已经有与 Activity 的亲属关系相同的 Task，就复用这个 Task，将 Activity 放在 Task 的顶部；如果不存在，系统会创建一个新的 Task。

（2）allowTaskReparenting

如果<activity>的 allowTaskReparenting 属性设置为"true"，这表明这个 Activity 可以从

启动它的那个 Task 移动到与它有相同亲属关系的 Task，当然是在与它有相同亲属关系的 Task 重新回到前台时。举例来讲，某个应用程序 A 包含了 B Activity，且 B 的 allowTaskReparenting 属性设置为 "true"，那么当应用程序 C 通过 startActivity 调用 B 时，B 被放置在了 C 的 Task 中。但是，当 A 重新回到前台时，B 可以重新回到 A 的 Task 之中。

2．启动模式

在<activity>标签中定义了 4 种 launchMode 的属性值，分别为 "standard"、"singleTop"、"singleTask" 和 "singleInstance"。通过设置不同的启动模式，可以更改 Activity 在 Task 中的创建方式，以及如何响应 Intent 等行为。

为了更好地理解这 4 种属性，可以把它们分为两组："standard" 和 "singleTop" 一组，"singleTask" 和 "singleInstance" 一组。

具有 "standard" 或者 "singleTop" 启动模式的 Activity 可以实例化很多次。这些实例可以属于任何 Task 并且可以位于 Activity stack 的任何位置。相反的，具有 "singleTask" 或者 "singleInstance" 启动模式的 Activity 只能有一个实例，它们总是位于 Activity stack 的底部。

"standard" 和 "singleTop" 模式只在一种情况下有差别：每次有一个新的启动，"standard" Activity 的 Intent 就会创建一个新的实例来响应这个 Intent，每个实例处理一个 Intent。但是对于一个 "singleTop" 的 Activity 来说，如果目标 Task 已经有一个存在的 "singleTop" 的 Activity 实例并且位于 stack 的顶部，那么这个实例就会接收到这个新的 Intent（调用 onNewIntent()），而不会创建新的实例。在其他情况下——例如，如果存在的 "singleTop" 的 Activity 实例在目标 Task 中，但不是在 stack 的顶部，或者它在一个 stack 的顶部，但不是在目标 Task 中，那么新的实例都会被创建并压入 stack 中。

"singleTask" 和 "singleInstance" 模式也只在一种情况下有差别："singleTask" 的 Activity 允许其他 Activity 成为它的 Task 的一部分。"singleTask" 的 Activity 位于 Activity stack 的底部，其他 Activity（必须是 "standard" 和 "singleTop" 的 Activity）可以启动加入到相同的 Task 中。"singleInstance" 的 Activity 不允许其他 Activity 成为它的 Task 的一部分。"singleInstance" 的 Activity 是 Task 中唯一的 Activity。如果它启动其他的 Activity，这个被启动的 Activity 会被放置到另一个 Task 中——好像 Intent 中包含了 FLAG_ACTIVITY_NEW_TASK 标志。这个差异还导致他们在处理新来的 Intent(在 Activity 实例已经存在的情况下，新来的 Intent) 时的方式不同：一个具有 singleInstance 属性的 Activity 总在栈顶（因为 Task 里就只有一个 Activity），所以它会处理所有的 Intent（onNewIntent()被调用）。但是一个具有 singleTask 属性的 Activity 不能确定它是否在栈顶（它的上面是否还有其他的 Activity），如果具有 singleTask 属性的 Activity 位于栈顶，这时有一个 Intent 来启动它，它将处理这个 Intent（onNewIntent()被调用）。否则，这个 Intent 将会被丢掉（即使是这个 Intent 被丢掉，它还

是会导致这个 Task 回到前台）。

当创建一个类（Activity）的实例来处理一个新的 Intent 时，用户可以按下 Back 键回到上一个 Activity，但是如果是用已经存在的栈顶的 Activity 来处理 Intent（onNewIntent()被调用），按下 Back 键是不能回到以前的状态的（在没处理这个 Intent 之前）。

（1）standard（默认启动模式）

"standard"启动模式说明 Activity 放在调用 startActivity()方法的 Activity 的 Task 之中，此类 Activity 允许有多个实例存在，也可以属于不同的 Task；在它所处的 Task 中允许存在其他的 Activity。当 Intent 到来时，系统总是创建一个新的 Activity 实例来处理。

（2）singleTop

"singleTop"启动模式与"standard"启动模式相类似，不同之处在于，当 Intent 到来时，如果已经有一个 Activity 的实例存在，并且位于目标 Task 堆栈的顶部，系统会复用此 Activity 来响应 Intent，而不是重新创建一个实例。

（3）singleTask

"singleTask"启动模式说明 Activity 永远是处在新创建的 Task 中，并且它们总是位于 Task 的底部。此类的 Activity 不允许存在多个实例，运行时总是以单例形式存在；在它所处的 Task 中允许存在其他的 Activity。当 Intent 到来时，系统会根据 Activity 的位置来处理 Intent，当 Activity 处于堆栈的顶部时，则由其处理 Intent，否则直接丢弃 Intent。

（4）singleInstance

"singleInstance"启动模式与"singleTask"有些类似，不同之处在于它所在的 Task 不允许存在其他的 Activity，它永远是 Task 中的唯一 Activity。当 Intent 到来时，系统总是由这唯一的实例来处理 Intent。

3．清除堆栈

在默认情况下，如果用户离开一个应用程序较长一段时间，系统会自动清除除了根 Activity 之外的所有 Activity，也就是只保留了初始的 Activity。背后的思想就是，当用户长期离开应用之后再次回来，他们希望放弃以前做的事情并重新开始这个应用。当然，开发者可以通过设置 Task 内的根 Activity 的某些属性来改变这种行为。

（1）alwaysRetainTaskState

顾名思义，系统会保留 Task 的状态，即便经过了很长时间也不会主动清除堆栈。

（2）clearTaskOnLaunch

一旦用户离开应用程序再次返回时，系统会清除除根 Activity 之外的所有 Activity。

（3）finishOnTaskLaunch

与上面 clearTaskOnLaunch 属性类似，但是这个属性是可以用在所有的 Activity 上的，而不局限于根 Activity。当 finishOnTaskLaunch 设置为"true"时，一旦用户离开 Task，那么 Activity 就不存在了。

　　除了设置 Activity 的属性之外，还可以通过设置 Intent 的 FLAG_ACTIVITY_
CLEAR_TOP 来删除 Task 内的 Activity。当含有 FLAG_ACTIVITY_CLEAR_TOP 标识的
Intent 到来，并且在 Task 内已经存在了处理 Intent 的 Activity 时，目标 Activity 上面的所有
Activity 都会被删除。如果目标 Activity 的启动模式为 standard，目标 Activity 也会被先删除，
然后再创建一个新的 Activity 来处理到来的 Intent。

3.3　Content Provider

　　OPhone 平台提供了 4 种数据持久化存储方案，分别是文件、Preference、数据库和 Content
Provider。和另外 3 种不同，Content Provider 存储的数据允许应用程序之间共享。在 OPhone
系统中已经预置了几种 Content Provider，向开发者提供音频、视频、图片、联系人和呼叫
记录等数据。很明显，如果这些数据使用数据库接口来存储，那么将无法提供给其他的应
用程序使用。当然，如果数据只是想在应用程序内部使用，就不应该使用 Content Provider，
而使用数据库或者文件等可以获得更高效的读/写操作。

　　Content Provider 的接口是抽象的，通过这些接口可以很容易地从 Content Provider 中查
询数据，向 Content Provider 中写入数据。而底层数据的存储形式对调用者是透明的，它们
可能是以文件形式存储的，也可能存储在数据库里。关于 Content Provider 的接口使用将在
本书的第 6 章中详细介绍。

　　在 android.provider 包内定义了一些类和接口，它们主要描述了内置的几个 Content
Provider 的数据结构。例如，MediaStore.Audio 定义了音频数据的信息，CallLog.Calls 则定
义了通话记录的信息。具体内容可以查看 OPhone 的开发文档。

　　本节，通过一个例子说明一下如何查询 OPhone 平台上的多媒体存储信息。由于需要挂
载 SD 卡，所以首先创建一个 SD 卡，并向 SD 卡上传输一些 MP3 歌曲。随后，使用-sdcard
选项启动模拟器，模拟器启动时，系统会对 SD 卡进行扫描，并更新平台上的多媒体存储数
据，事实上，这些数据是存储在数据库之内的。

　　chapter3_2 项目中的 MusicActivity 演示了如何从 Content Provider 中读取数据，
MusicActivity 的源代码如下所示：

```
package com.ophone.chapter3_2;


import android.app.ListActivity;
import android.content.ContentResolver;
```

```
import android.database.Cursor;
import android.os.Bundle;
import android.provider.MediaStore;
import android.widget.SimpleCursorAdapter;

public class MusicActivity extends ListActivity {

    private Cursor cursor;

    @Override
    public void onCreate(Bundle savedInstanceState) {
        super.onCreate(savedInstanceState);
        //设置界面布局
        setContentView(R.layout.songs);
        ContentResolver resolver = getContentResolver();
        //从 Content Provider 中获得 SD 卡上的音乐列表
        cursor =resolver.query(MediaStore.Audio.Media.EXTERNAL_CONTENT_URI,
            null, null, null, MediaStore.Audio.Media.DEFAULT_SORT_ORDER);
        String[] cols = new String[] { MediaStore.Audio.Media.TITLE,
            MediaStore.Audio.Media.ARTIST, };
        int[] ids = new int[] { R.id.track_name, R.id.artist };
        if (cursor != null)
            startManagingCursor(cursor);
        //创建 Adapter 并绑定到 ListView
        SimpleCursorAdapter adapter = new SimpleCursorAdapter(this,
            R.layout.songs_list, cursor, cols, ids);
        setListAdapter(adapter);
    }
}
```

读取 Content Provider 的内容之前，必须首先获得 ContentResolver 的实例，获得实例后，通过 ContentResolver 的接口即可与后端的 Content Provider 进行交互操作。

```
ContentResolver cr = getContentResolver();
```

ContentResolver 的接口方法返回的参数都是 Cursor，因此使用 SimpleCursorAdapter 将 Cursor 中的列映射到 XML 文件中定义的 TextView、ImageView 等视图上。本例中使用 SimpleCursor Adapter 的构造器将 MediaStore.Audio.Media.TITLE 和 MediaStore.Audio.Media. ARTIST 映射到定

义在/res/layout/songs_list.xml 中的 TextView 上。songs_list.xml 的内容如下所示：

```xml
<?xml version="1.0" encoding="utf-8"?>
<RelativeLayout
xmlns:android="http://schemas.android.com/apk/res/android"
        android:layout_width="fill_parent"
        android:layout_height="?android:attr/listPreferredItemHeight"
        android:paddingLeft="5dip"
        android:paddingRight="7dip"
        android:paddingTop="3dip"
>
        <TextView android:id="@+id/track_name"
                android:layout_width="270dip"
                android:layout_height="wrap_content"
                android:includeFontPadding="false"
                android:background="@null"
                android:singleLine="true"
                android:ellipsize="end"
                android:textSize="20sp"
                android:textColor="#FFFFFF"
                android:textStyle="normal"
                android:textColorHighlight="#FFFF9200"


        />
        <TextView android:id="@+id/artist"
                android:layout_width="200dip"
                android:layout_height="wrap_content"
                android:textSize="14sp"
                android:textColor="#FF565555"
                android:textStyle="normal"
                android:textColorHighlight="#FFFF9200"
                android:includeFontPadding="false"
                android:background="@null"
                android:scrollHorizontally="true"
                android:singleLine="true"
                android:ellipsize="end"
                android:layout_alignParentBottom="true"
```

```
                    android:layout_below="@+id/track_name"
        />


</RelativeLayout>
```

运行 chapter3_2，MusicActivity 界面显示如图 3-12 所示。

图 3-12　MusicActivity 运行界面

事实上，Content Provider 的运行机制是比较复杂的，涉及跨进程调用。本例只是介绍了如何查询 Content Provider 中的内容，更多关于 Content Provider 的知识将在本书第 6 章中详细介绍。

3.4　BroadcastReceiver

应用程序的运行环境不是一成不变的，SD 卡插拔、电池电量低等事件会影响应用程序的运行。为了能够做出正确的响应，应用程序必须能够监听此类事件并做出正确的处理。在 OPhone 系统中，BroadcastReceiver 就是我们需要的那个组件。BroadcastReceiver 没有界面显示，但是它却可以通过 AndroidManifest.xml 或者在代码中进行注册，以监听应用程序感兴趣的事件，这有点类似 Java ME 平台的 Push 注册机制，但是比 Push 注册更简单，功能更加强大。当广播事件到来时，BroadcastReceiver 的 onReceive()方法会被调用。

BroadcastReceiver 是一个抽象类，定义了一个抽象方法 onReceive()。

```
void onReceive(Context curContext, Intent broadcastMsg)
```

在 onReceive()方法的执行过程中，OPhone 系统认为 Receiver 处在活动状态；onReceive() 方法执行结束后，系统就认为 Receiver 已经处在非活动状态，可以在任意时间销毁此 Receiver 实例。因此，BroadcastReceiver 的生命周期就对应 onReceive()方法的执行过程，在 实现 onReceive()方法时需要注意，避免在 onReceive()方法中进行异步调用，因为调用结果 返回之前，BroadcastReceiver 的实例可能已经被系统销毁了。显示 Dialog、绑定 Service 等 动作属于异步调用范畴，因此不适合在 onReceive()方法中调用。

下面通过扩展 chapter3_2，演示如何在应用程序中注册 BroadcastReceiver。有些时候， 我们希望手机启动后就自动运行某应用程序，为了实现此功能，可以在 AndroidManifest.xml 中注册 BroadcastReceiver 并监听 android.intent.action.BOOT_COMPLETED 动作。首先创建 一个 BroadcastReceiver 的子类 BootReceiver，并在 onReceive()方法中启动 MusicActivity。 代码如下所示：

```
package com.ophone.chapter3_3;

import android.content.BroadcastReceiver;
import android.content.Context;
import android.content.Intent;

public class BootReceiver extends BroadcastReceiver {

    @Override
    public void onReceive(Context arg0, Intent arg1) {
        if (arg1.getAction().equals(Intent.ACTION_BOOT_COMPLETED)) {
            Intent intent = new Intent(arg0, com.ophone.chapter3_3.MusicActivity.class);
            //在 Activity 之外调用 startActivity()
            intent.addFlags(Intent.FLAG_ACTIVITY_NEW_TASK);
            arg0.startActivity(intent);
        }
    }
}
```

OPhone 系统启动后，会广播 Intent.ACTION_BOOT_COMPLETED 事件，BootReceiver 收到 Intent 之后启动 MusicActivity。需要注意的一点是，由于是在 Activity 之外调用

startActivity 来启动一个 Activity，因此需要在 Intent 中设置 Intent.FLAG_ACTIVITY_ NEW_TASK。那么 OPhone 是如何知道 BootReceiver 正在监听系统启动完成这一事件呢？答案是 BootReceiver 在 AndroidManifest.xml 中完成了注册。下面的代码完成了注册工作。

```
<receiver android:name=".BootReceiver" >
  <intent-filter>
    <action android:name="android.intent.action.BOOT_COMPLETED" />
  </intent-filter>
</receiver>
```

除此之外，还需要在 AndroidManifest.xml 中增加权限声明，如果不声明应用程序所需要的权限，那么在运行时会抛出安全异常。

```
<uses-permission android:name="android.permission.RECEIVE_BOOT_COMPLETED"/>
```

使用 adb install chapter3_3.apk 命令将应用程序安装到模拟器上，然后重新启动模拟器。可以看到，在模拟器启动完成后，MusicActivity 自动运行了。

除了在 AndroidManifest.xml 中注册 BroadcastReceiver 之外，还可以在代码中注册。一般来说，在 Activity 启动过程中注册 BroadcastReceiver，在进入到停止或者销毁状态前注销 BroadcastReceiver。为了减轻系统的负载，注销注册的 BroadcastReceiver 是一个良好的编程习惯。

3.5　Service

Service 是在系统中运行的一段代码，它没有界面显示，也无法和用户交互。但是，当希望 Activity 退出之后某些工作还在后台继续进行的话，例如，用户可以在后台听音乐的同时编写短消息，就必须使用 Service 组件。将在本书第 8 章中详细介绍 Service 相关的开发知识。

3.6　安全与许可

3.6.1　安全架构

OPhone 系统基于 Linux 内核，自然从 Linux 那里继承了部分安全设计。例如，每个 OPhone 应用程序都被赋予了唯一的用户 ID，系统为每个应用程序创建了一个沙箱，以阻止它触及其他应用程序，当然也阻止了其他程序。用户 ID 是在安装过程中由系统指定的，并且在应用程序卸载之前保持不变。

OPhone 系统的安全核心是，在默认情况下，应用程序没有任何特权访问那些可能影响操作系统、其他应用程序或者用户的 API。一般来说，这些 API 都是一些敏感的操作，比如读取或者写入用户的私有数据区、访问网络连接等。如果应用程序希望访问此类的 API，那么必须要在 AndroidManifest.xml 中请求，在安装过程中获得用户的许可后才可以访问。一旦用户同意了这些请求，那么应用程序在执行过程中不会再询问用户。图 3-13 演示了 OPhone 安装过程中询问用户是否允许程序开机后自动启动。

> 　　Java ME 平台与 OPhone 在这点上是不同的，MIDlet 套件在安装过程中并不会询问用户是否允许访问某些敏感 API；而是在程序运行中，当调用敏感 API 时再弹出对话框询问用户。相比之下，OPhone 的安全设计显然获得了更好的用户体验。

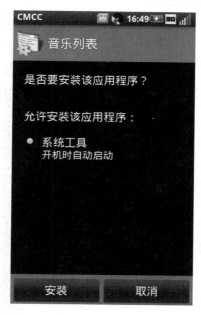

图 3-13　安装过程中向用户询问权限许可

3.6.2　许可

1．使用许可

在默认情况下，OPhone 应用程序没有任何权限使用敏感 API。如果希望赋予应用程序相关的权限，则需要在 AndroidManifest.xml 中使用<uses-permission>标签来声明。例如，如果希望应用程序能够接收短消息，那么应该按照下面的形式在 AndroidManifest.xml 中标明。通常，许可失败将会导致系统抛出 SecurityException 给应用程序。但是，sendBroadcast(Intent intent)是个例外，由于此方法是在调用返回后才检查权限，因此即使许可失败了你也不会得到 SecurityException，失败信息仅仅记录在系统日志中。

```
<manifest xmlns:android="http://schemas.android.com/apk/res/android"
    package="com.ophone.chapter3_2 " >
```

```
        <uses-permission android:name="android.permission.RECEIVE_SMS" />
</manifest>
```

OPhone 系统中已经定义了完备的许可列表，每个许可使用唯一的字符串来标识。这些许可定义在 android.Manifest.permission 类中，也可以借助 adb 工具查询系统中支持的许可列表。在命令行环境下，输入 adb shell pm list permissions，输出如下所示，如果编写程序时不记得某个 Permission 了，那么不妨使用这个命令查看一下。

```
C:\Documents and Settings\eric>adb shell pm list permissions
All Permissions:

permission:android.permission.CLEAR_APP_USER_DATA
permission:android.permission.SHUTDOWN
permission:android.permission.BIND_INPUT_METHOD
permission:android.permission.ACCESS_DRM
permission:android.permission.INTERNAL_SYSTEM_WINDOW
permission:android.permission.SEND_DOWNLOAD_COMPLETED_INTENTS
permission:android.permission.ACCESS_CHECKIN_PROPERTIES
permission:android.permission.READ_INPUT_STATE
permission:android.permission.DEVICE_POWER
permission:android.permission.DELETE_PACKAGES
permission:android.permission.ACCESS_CACHE_FILESYSTEM
permission:android.permission.REBOOT
permission:android.permission.STATUS_BAR
permission:android.permission.ACCESS_DOWNLOAD_MANAGER_ADVANCED
permission:android.permission.STOP_APP_SWITCHES
permission:android.permission.ACCESS_DOWNLOAD_MANAGER
permission:android.permission.CONTROL_LOCATION_UPDATES
permission:android.permission.MANAGE_APP_TOKENS
permission:android.permission.DELETE_CACHE_FILES
permission:android.permission.BATTERY_STATS
permission:android.permission.MASTER_CLEAR
permission:android.permission.BRICK
permission:android.permission.SET_ACTIVITY_WATCHER
permission:android.permission.BACKUP
permission:android.permission.BACKUP_DATA
permission:android.permission.PERFORM_CDMA_PROVISIONING
permission:android.permission.INSTALL_PACKAGES
```

permission:android.permission.INJECT_EVENTS

permission:android.permission.ACCESS_BLUETOOTH_SHARE

permission:android.permission.WRITE_SECURE_SETTINGS

permission:com.android.providers.streaming.permission.WRITE_ONLY

permission:android.permission.INSTALL_LOCATION_PROVIDER

permission:android.permission.PACKAGE_USAGE_STATS

permission:android.permission.ACCESS_SURFACE_FLINGER

permission:com.android.providers.streaming.permission.READ_ONLY

permission:android.permission.CALL_PRIVILEGED

permission:android.permission.CHANGE_COMPONENT_ENABLED_STATE

permission:android.permission.WRITE_GSERVICES

permission:android.permission.READ_FRAME_BUFFER

permission:android.permission.UPDATE_DEVICE_STATS

permission:android.permission.FORCE_BACK

permission:android.permission.BIND_WALLPAPER

permission:android.permission.SET_ORIENTATION

permission:android.permission.FACTORY_TEST

permission:android.permission.STATUS_LED

2．声明许可

除了使用系统提供的许可之外，应用程序也可以自己声明许可。声明应用程序的许可是有意义的，利用声明的许可可以控制谁能启动应用程序中的 Activity，提高应用程序的安全性。声明许可需要在 AndroidManifest.xml 中使用<permission>标签，例如，下面的代码声明了一个自定义的许可，其中 android:name 作为 Permission 的主键，以一个唯一的字符串表示。android:protectionLevel 是必须声明的，因为系统根据此项声明来决定如何向用户显示此项权限声明。

```xml
<manifest xmlns:android="http://schemas.android.com/apk/res/android"
    package="com.phone.chapter3_2">
    <permission android:name="com.phone.chapter3_2.MUSIC_ACTIVITY"
        android:label="@string/label"
        android:description="@string/desciption"
        android:permissionGroup="android.permission-group.COST_MONEY"
        android:protectionLevel="dangerous" />
</manifest>
```

如果想控制外部程序对本应用程序组件的访问，可以在相关的组件标签中增加

android:permission 属性，并指定需要的许可。以<activity>为例，如果想强制调用者必须获得 com.phone.chapter3_2.MUSIC_ACTIVITY 许可才可以启动，那么需要设置 android:permission 属性。

```
<activity android:name=".MusicActivity"
    android:label="@string/app_name"
    android:permission="com.phone.chapter3_2.MUSIC_ACTIVITY">
</activity>
```

这样，如果其他 Activity 想调用 MusicActivity 时，必须使用<uses-permission>标签声明 com.phone.chapter3_2.MUSIC_ACTIVITY。对于 Activity，许可检查发生在 Activity.startActivity() 方法和 Activity.startActivityForResult()方法调用过程中。如果调用者没有声明适当的许可，则会抛出 SecurityException。Service、Content Provider 和 BroadcastReceiver 等组件检查许可与 Activity 稍有不同，读者可参考 OPhone 开发文档获得更详细的信息。

3.7 数字签名

只有使用证书进行数字签名之后的应用程序才能安装到 OPhone 平台上，之所以这样做是为了能够追溯应用程序的作者，并且在应用程序之间建立信任。有经验的开发者可能感到了不安，因为申请证书往往需要数个工作日，并且搭上数千元不等的现金。事实上，大可不必担心，因为证书不需要被证书认证机构签名，只是自己生成的证书就可以了。

3.7.1 签名策略

通常来说，开发者可能要开发多款应用程序，此时，OPhone 建议的签名策略是使用一个唯一的证书来为这些应用程序签名。为什么推荐这么做呢？举一个例子，当应用程序需要升级时，你一定希望旧的应用程序能够无缝升级到新版本的应用程序。但是，如果你使用了不同的证书签名新的应用程序，那么你只能给应用程序分配一个重新的包名，也就意味着用户不得不安装一个全新的应用程序。只有当新老版本的应用程序使用相同的证书时，系统才允许应用程序升级安装。

除此之外，还有一些应用程序模块化、密钥的有效期等原因，因此使用一个唯一的证书为公司或者个人的多个应用程序签名是最佳实践策略。

3.7.2 签名步骤

可能有开发者问：我从来没有接触过签名这一步，但是我的应用程序安装和运行都没有问题。那是因为在默认情况下，ODT 使用调试密钥（debug key）为应用程序签名了。如果想最终发布 OPhone 应用程序，那么创建自己的密钥、为应用程序签名是不可或缺的。本节介绍使用 keytool 和 jarsigner 工具签名的步骤，这两个工具是 Java 2 SDK 自带的，请确认电脑上已经安装了 Java 2 SDK。

1．生成 keystore 文件

启动命令行工具，输入下面的命令：

```
C:\Documents and Settings\eric>keytool -genkey -v -keystore mingjava.keystore -a
lias eric -keyalg RSA -validity 10000
```

系统会要求输入 keystore 的密码、单位、所在区域和国家代码等内容。例如：

```
输入 keystore 密码：   ophone@10086
您的名字与姓氏是什么？
    [Unknown]:   mingjava
您的组织单位名称是什么？
    [Unknown]:   china mobile
您的组织名称是什么？
    [Unknown]:   china mobile
您所在的城市或区域名称是什么？
    [Unknown]:   beijing
您所在的州或省份名称是什么？
    [Unknown]:   beijing
该单位的两字母国家代码是什么
    [Unknown]:   CN
CN=mingjava, OU=china mobile, O=china mobile, L=beijing, ST=beijing, C=CN 正确吗?
    [否]:   y
创建 1,024 比特 RSA 键值对及针对 CN=mingjava, OU=china mobile, O=china mobile, L=beijing,
ST=beijing, C=CN 的自我签署的认证 (MD5WithRSA)
        :
输入<eric>的主密码
        （如果和 keystore 密码相同，按回车）:
[正在存储 mingjava.keystore]
```

最后，keytool 工具在当前目录生成了 mingjava.keystore 文件，用来为应用程序签名。keytool 工具的选项含义，请参考 http://java.sun.com/j2se/1.5.0/docs/tooldocs/#security。

2．签名应用程序

生成了 keystore 文件之后，就可以使用它为应用程序签名了。运行下面的命令：

```
F:\>jarsigner -verbose -keystore mingjava.keystore chapter3_2.apk eric
```

然后输入前面设置的密码，即可生成签名后的应用程序。例如：

```
输入密钥库的口令短语：  ophone@10086
    正在添加：  META-INF/MANIFEST.MF
    正在添加：  META-INF/ERIC.SF
    正在添加：  META-INF/ERIC.RSA
    正在签名：  res/drawable/icon.png
    正在签名：  res/layout/songs.xml
    正在签名：  res/layout/songs_list.xml
    正在签名：  AndroidManifest.xml
    正在签名：  resources.arsc
    正在签名：  classes.dex
```

保持密钥的安全性至关重要，建议在使用 keytool 和 jarsigner 时都不要使用-storepass 和-keypass 选项，避免密码存储在 shell 的历史记录中。

3.8 小结

本章主要介绍了 OPhone 应用程序的应用程序模型，以及构成 OPhone 应用程序的 4 个重要组件：Activity、Service、Content Provider 和 BroadcastReceiver。相信读者读完本章，已经对 OPhone 应用程序的组成、OPhone 的安全模型、签名策略等内容有了一定的了解。

下一章将介绍 OPhone 平台的图形用户界面。

第4章
图形用户界面

衡量一个平台优秀与否的条件之一就是图形用户界面的设计。优秀的图形用户界面架构应该可以帮助开发者快速设计出专业、友好、易用的界面。OPhone 平台做到了这一点。

本章重点介绍 OPhone 平台图形用户界面开发的相关知识。从熟悉 OPhone 的图形用户界面的特点入手，包括如何创建 OptionMenu、ContextMenu 菜单，如何响应用户的输入。随后通过实例介绍 OPhone 平台常用的各种 Widget 组件，以及如何实现自定义的 View。最后通过一个完整的游戏案例——俄罗斯方块，复习前面介绍的知识，帮助读者牢固地掌握用户界面开发的技巧。

4.1 用户界面概述

4.1.1 手机软硬件特性的发展

Symbian 推出的 Series 60 平台取得了非常大的成功，那时候的用户习惯于使用左、右软键操作手机，使用的组件也相对简单，比如列表格式。如今，随着互联网的快速发展，手机硬件处理能力的增强，消费者已经不再满足于传统的中小屏幕的手机，而是更倾向于使用屏幕更大、支持触摸的手机，以满足网上冲浪、浏览视频等要求。苹果公司的 iPhone 手机推出后，受到了广大用户的极大欢迎，这也印证了手机硬件特性和用户界面设计的发展方向。

表 4-1 列举了从 2000 年至今有代表性的手机参数变化，从中可以看出手机的屏幕尺寸正在变大，色彩越来越丰富，开放的编程接口越来越强大，操作方式也正在从数字键盘向触摸屏发展。

表 4-1　手机硬件特性的发展

机　　型	屏幕分辨率	屏幕参数	操作方式	开　放　性
西门子 6688	100×80	单色 LCD	数字键盘，左、右软键	支持 Java 开发，有限的 API
诺基亚 N82	240×320	1600 万色 TFT	数字键盘，左、右软键	支持 Java ME 平台和 Symbian 应用程序开发
三星 i9008	800×480	16M 色 TFT	触摸屏	支持 OPhone 和 JILWidet 应用程序开发

4.1.2　如何影响应用程序开发

手机硬件特性的改变，特别是手机屏幕的尺寸、颜色、操作方式的改变，直接影响了用户界面程序设计。手机支持的色彩越来越丰富，使得在应用程序中使用色彩更饱和、更清晰的图片成为可能；手机屏幕尺寸从原来的 100×80，逐渐过渡到 240×320，再到如今的 800×480，让用户界面设计人员有更多的空间可以使用。浏览 HTML 页面，播放视频文件，都慢慢成为现实，而且效果越来越好；操作方式从数字键盘向触摸屏方式转换，这些要求用户界面设计人员重新设计一种新的用户交互方式，提高用户体验，同时也要求开发人员适应新的编程接口。

4.1.3　OPhone 图形引擎

OPhone 平台的 2D 图形引擎由 SGL（Skia Graphics Library）提供。SGL 是一个 2D 向量图形处理引擎，包括字型、坐标变换、位图处理等内容。之所以选择 SGL，是因为手机等手持设备的硬件处理能力相对较差，电源有限，而 SGL 基于 C++实现，设计非常严谨，并且经过了高度的优化，可以满足在受限设备上提供高质量的 2D 渲染的要求。

OPhone 中提供基于 OpenGL ES 的高性能 3D 图形引擎，使您可以开发出更加精彩的 2D 和 3D 应用程序用户界面如图 4-1 所示。OpenGL ES 是桌面版 OpenGL 的精简子集，专为嵌入式系统设计，它创建了软件与图形加速间灵活强大的底层交互接口。OPhone 2.0 平台支持 OpenGL ES 2.0。对于 OpenGL ES 与本地视窗系统的交互，OPhone 中提供了强大易用的 GLSurfaceView 工具类，将 OpenGL ES 与 OPhone 底层平台完美融合，使您可以快速、方便地创建 OpenGL ES 的 Activity。OPhone 中的 OpenGL ES API 与 Java ME 中的 JSR239 非常类似，OpenGL ES 本身强壮的跨平台性也确保了将其他平台的 OpenGL ES 应用程序轻松地移植到 OPhone 中。关于 OpenGL ES 编程，将在本书的第 5 章中详细介绍。

图 4-1　基于 OPhone 2D 和 3D 引擎的用户界面

4.2　用户界面设计

Symbian 和 Windows Mobile 均提供了一套图形用户界面的编程接口，但是它们之间的差异往往比较大。OPhone 也不例外，如果希望快速地熟悉 OPhone 应用程序开发，那么掌握图形用户界面设计无疑是最重要的一环。本节以 chapter3_2 项目为基础，通过增加应用程序退出提示、音乐扫描、删除歌曲等功能，介绍 OPhone 用户界面设计的基础知识。

4.2.1　声明布局文件

布局，顾名思义，就是如何布置当前的界面。在 OPhone 应用程序开发中，可以选择两种布局文件：一种是编写 Java 代码，另一种是编写 XML 文件。无论采用何种方式，目的都是构建 Activity 的界面。由于使用 XML 文件控制界面布局可以实现编程和界面设计分离的效果，XML 文件可读性好，而且可以从 XML 文件的内容快速地了解到界面是如何设计的。因此我们推荐使用 XML 文件。

4.2.2　编写 XML 文件

每一个 XML 文件都必须包含一个根节点，节点可以是 View，也可以是 ViewGroup。编写好的 XML 文件存放在 res/layout 目录下，例如，chapter4_1 的布局文件 songs.xml 内容如下所示：

```
<?xml version="1.0" encoding="UTF-8"?>
<LinearLayout
    android:id="@+id/widget1"
    android:layout_width="fill_parent"
```

```
        android:layout_height="fill_parent"
        xmlns:android="http://schemas.android.com/apk/res/android"
        android:orientation="vertical"
    >
    <ListView android:id="@android:id/list"
        android:layout_width="fill_parent"
        android:layout_height="fill_parent"
    />

    <TextView android:id="@android:id/empty"
        android:layout_width="fill_parent"
        android:layout_height="fill_parent"
        android:textSize="20sp"
        android:text="@string/no_songs"/>
</LinearLayout>
```

布局文件 songs.xml 定义的根节点为 LinearLayout，根节点的 id 为 widget1。LinearLayout 包含两个子节点，分别是 ListView 和 TextView。事实上，这两个节点是相互替换的，在某一时刻只显示其中一个 View。例如，只有当 ListView 中没有任何元素时，系统才会显示 TextView。需要注意的一点是，LinearLayout、ListView 和 TextView 的 android:id 的写法不同。其中，"@+id/widget1" 代表创建一个 id 来标识此 LinearLayout 对象，widget1 将在 R.java 中自动创建；而 "@android:id/list" 和 "@ android:id/empty" 则代表这两个 id 是系统内置的。

为了方便编写，通常，XML 中定义的属性都与对应类的方法有着某种联系。例如，android:orientation="vertical" 表明 LinearLayout 的子元素按照垂直的顺序依次排列，与调用方法 setOrientation(LinearLayout.VERTICAL) 具有相同的效果。

4.2.3　加载 XML 文件

通常，Activity 在 onCreate() 方法中调用 setContentView() 方法加载 XML 文件，代码如下所示：

```
@Override
public void onCreate(Bundle savedInstanceState) {
    super.onCreate(savedInstanceState);
    // 设置界面布局
    setContentView(R.layout.songs);
}
```

加载成功后，XML 中定义的布局将被转换为树状结构，如图 4-2 所示。当界面更新时，根节点将请求所有的子节点按照顺序绘制自己，如果子节点包含其他子节点，则由此父节点负责调用子节点的相关方法重新绘制。

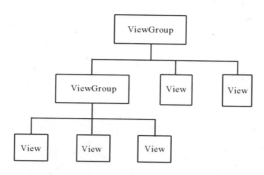

图 4-2　OPhone 界面的 View 结构图

　　在运行时，songs.xml 中定义的<LinearLayout>、<TextView>和<ListView>将被转换成对应的 Java 对象 LinearLayout、TextView 和 ListView。如果希望在程序中获得 songs.xml 中定义的组件，则可以调用 findViewById(int id)方法，传入组件的 id。

4.2.4　将数据绑定到 AdapterView

　　AdapterView 是 ViewGroup 的子类，它的子 View 由 Adapter 决定，常用的 AdapterView 有 ListView、Spinner、GridView 和 Gallery。通常，AdapterView 用于显示存储的数据，这些数据可能来自数组或者数据库。Adapter 是 AdapterView 和数据之间的桥梁，负责生成表示每个数据单元的 View。OPhone 平台提供了 SimpleCursorAdapter 和 ArrayAdapter，它们分别用于桥接存储在数据库和数组中的数据。

　　下面的代码从 Content Provider 中读取存储在 SD 卡上的歌曲列表，通过 SimpleCursor-Adapter 将列表绑定到 ListView。

```
ContentResolver resolver = getContentResolver();
//从 Content Provider 中获得 SD 卡上的音乐列表
cursor = resolver.query(MediaStore.Audio.Media.EXTERNAL_CONTENT_URI,
        null, null, null, MediaStore.Audio.Media.DEFAULT_SORT_ORDER);
String[] cols = new String[] { MediaStore.Audio.Media.TITLE,
        MediaStore.Audio.Media.ARTIST, };
int[] ids = new int[] { R.id.track_name, R.id.artist };
if (cursor != null)
        startManagingCursor(cursor);
//创建 Adapter 并绑定到 ListView
SimpleCursorAdapter adapter = new SimpleCursorAdapter(this,
        R.layout.songs_list, cursor, cols, ids);
getListView().setOnCreateContextMenuListener(this);
setListAdapter(adapter);
```

SimpleCursorAdapter 将 Cursor 中定义的列映射到 XML 文件中定义的 TextView 中。res/layout 目录下的 songs_list.xml 文件定义了列表中每一行数据的布局。在 songs_list.xml 中的组件使用"@+id/track_name"和"@+id/artist"生成新的 id，以便将 Cursor 中包含的 TITLE 和 ARTIST 列映射到上述两个 TextView 中。

运行 chapter4_1，音乐列表界面如图 4-3 所示。

图 4-3   音乐列表界面

4.2.5   创建菜单

OPhone 平台提供了两种菜单设计：OptionMenu 和 ContextMenu。菜单的展现使用的是统一的形式，方便用户操作和记忆。OptionMenu 是 Activity 的主菜单，当用户按"MENU"键时，OptionMenu 展现在用户面前。在 OPhone 的界面设计中，OptionMenu 被置于屏幕的底部，依次排列，如果超过了界面的显示范围，会自动增加一个"更多"选项，将其他 OptionMenu 放在"更多"菜单中。ContextMenu 类似桌面电脑的"右键"操作，当长按某个 View 时，系统会弹出一个漂浮的列表菜单，用户可以选择其中定义的操作，ContextMenu 常与 ListView 一起使用。

本例中为 MusicActivity 创建了两个 OptionMenu，分别是"退出"和"扫描"。当初次创建 OptionMenu 时，OPhone 系统会调用 onCreateOptionsMenu()方法，并传入 Menu 对象。通常，只需要调用 Menu.add()方法即可添加 OptionMenu，代码如下所示：

```
@Override
public boolean onCreateOptionsMenu(Menu menu) {
    //增加"退出"菜单
    menu.add(0, OPTION_ITEM_EXIT, 0, R.string.option_exit);
    //增加"扫描"菜单
```

```
menu.add(0,OPTION_ITEM_SCAN,1,R.string.option_scan);
    return true;
}
```

必须为每个 OPtionMenu 指定一个 int 类型的 id，以便当 OptionMenu 被选中时，可以根据 id 处理用户的请求。onOptionsItemSelected()方法如下所示：

```
@Override
public boolean onOptionsItemSelected(MenuItem item) {
    int itemId = item.getItemId();
    switch(itemId){
    case OPTION_ITEM_EXIT:
        showDialog(SHOW_EXIT_DIALOG);
        break;
    case OPTION_ITEM_SCAN:
        showDialog(SHOW_SCAN_DIALOG);
        break;
    }
    return true;
}
```

运行 chapter4_1，按"MENU"键，弹出的 OptionMenu 如图 4-4（a）所示。

（a）OptionMenu　　　　　　　　　　（b）ContextMenu

图 4-4　OptionMenu 和 ContextMenu 的样式

如果希望为 ListView 创建 ContextMenu，则需要首先覆盖 Activity 的 onCreateContextMenu() 方法，在此方法中构建 ContextMenu 的布局，然后调用 registerForContextMenu (getListView()) 为 ListView 注册 ContextMenu。除了通过 add() 方法添加 ContextMenu 的选项外，还可以定义菜单的 XML 文件，使用 MenuInflater 构建菜单。onCreateContextMenu() 和 context_menu.xml 内容如下所示：

```
@Override
public void onCreateContextMenu(ContextMenu menu, View v,
    ContextMenuInfo menuInfo) {
    MenuInflater menuInflater = getMenuInflater();
    menuInflater.inflate(R.menu.context_menu, menu);
}
Context_menu.xml
    <menu xmlns:android="http://schemas.android.com/apk/res/android">
<item android:id="@+id/ctx_delete" android:orderInCategory="1"
    android:menuCategory="container" android:title="@string/ctx_delete"></item>
<item android:id="@+id/ctx_property" android:orderInCategory="2"
    android:menuCategory="container" android:title="@string/ctx_property"></item>
</menu>
```

当 ContentMenu 被选中时，onContextItemSelected(MenuItem item) 会被调用。可以从 MenuItem 中获得 AdapterContextMenuInfo 对象，进而得到当前选中的条目的 id 或者 position 信息。运行 chapter4_1，长按列表中的某个歌曲，弹出 ContextMenu 如图 4-4（b）所示。

```
@Override
public boolean onContextItemSelected(MenuItem item) {
    AdapterContextMenuInfo info = (AdapterContextMenuInfo) item.getMenuInfo();
    int id = item.getItemId();
    switch(id){
    case R.id.ctx_delete:
        cursor.moveToPosition(info.position);
        showDialog(SHOW_DELETE_DIALOG);
    case R.id.ctx_property:
        break;
    }
    return super.onContextItemSelected(item);
}
```

4.2.6　创建 Dialog

应用程序经常使用 Dialog 提示用户下载的进度，或者询问用户是否要删除某首歌曲。弹出的 Dialog 会获得焦点，准备接收用户的输入，而底下的 Activity 则进入到暂停状态。目前，OPhone 平台提供了 4 种类型的 Dialog：AlertDialog、ProgressDialog、DatePickerDialog 和 TimePickerDialog。

AlertDialog 通常包括标题、消息和若干个按钮，如果有需要还可以在 AlertDialog 中提供列表选项供用户选择。通常，使用 AlertDialog.Builder 的 create()方法来创建 Dialog 对象，当然，在此之前需要设置 Dialog 的上述属性。

事实上，Dialog 认为是 Activity 的一部分。如果需要创建 Dialog，应该覆盖 Activity 的 onCreateDialog(int id)方法并返回 Dialog 对象。当 Dialog 初次创建时，OPhone 系统会调用 onCreateDialog(int id)方法，并认为当前的 Activity 为此 Dialog 的所有人，负责管理 Dialog 的状态。需要显示 Dialog 时，调用 showDialog(int id)方法，id 应该是唯一标识 Dialog 的 int 型变量，且与传入 onCreateDialog(int id)方法的 id 保持一致。当不再需要 Dialog 时，可以调用 Dialog 对象的 dismiss()方法或者 Activity 的 dismissDialog(int id)方法。

在 chapter4_1 中，当用户想删除某首歌曲时，系统会首先弹出 Dialog 请用户确认，界面如图 4-5（a）所示。

```
case SHOW_DELETE_DIALOG:
    return new AlertDialog.Builder(this).setTitle(R.string.delete_message).
        setNegativeButton(R.string.button_cancel, new DialogInterface.OnClickListener(){

            public void onClick(DialogInterface dialog, int which) {
                dismissDialog(SHOW_DELETE_DIALOG);
            }

        }).setPositiveButton(R.string.button_ok, new DialogInterface.OnClickListener(){

            public void onClick(DialogInterface dialog, int which) {
                ContentResolver resolver = getContentResolver();
                int songId = cursor.getInt(cursor.getColumnIndexOrThrow
                    (MediaStore.Audio.Media._ID));
                String path = cursor.getString(cursor.getColumnIndexOrThrow
                    (MediaStore.Audio.Media.DATA));
                //获得指定 id 歌曲的 Uri
```

```
                        Uri ringUri = ContentUris.withAppendedId(
                            MediaStore.Audio.Media.EXTERNAL_CONTENT_URI, songId);
                //删除数据库中的记录
                resolver.delete(ringUri, null, null);
                //删除 SD 卡上的文件
                File file = new File(path);
                if (file.exists())
                    file.delete();
            }
            //通知用户歌曲已经被删除
            Toast.makeText(MusicActivity.this, R.string.file_deleted,
                Toast.LENGTH_SHORT).show();
    }).create();
```

（a）Dialog   （b）Toast

图 4-5　通知用户

4.2.7　通知用户

设计优秀的应用程序应该能够和用户对话，在执行过程中，在不同的时刻提示用户某些重要的信息。OPhone 平台提供了 3 种通知用户的方式：

- Toast——提示用户一小段文本信息，无法和用户交互。
- Notification——在状态栏上提示用户，用户可以和 Notification 交互。例如，当短消息到来时，可以在状态栏上使用 Notification 提示用户。

● Dialog——在当前 Activity 前面弹出的小窗口，代替 Activity 接收用户输入。

在 chapter4_1 中，当成功地从 SD 卡上删除了用户选定的文件时，应该使用 Toast 提示用户"歌曲已经从 SD 卡上删除"，如图 4-5（b）所示，代码如下。关于 Notification 的使用，将在后续章节中进行介绍。

```
//通知用户歌曲已经被删除
Toast.makeText(MusicActivity.this,R.string.file_deleted, Toast.LENGTH_SHORT).show();
```

4.2.8　处理用户输入

OPhone 平台为处理用户输入提供了多种方式，其核心机制是使用 Java 的接口回调（call back）机制。当某一事件触发时，OPhone 系统会向正在监听此事件的组件发送消息，方式是调用监听器的回调方法。View 类中定义了一系列的内嵌监听器类，包括：

● View.OnClickListener——当用户点击 View 时，onClick()方法被调用。

● View.OnLongClickListener——当用户长按 View 时，onLongClick()方法被调用。

● View.OnFocusChangeListener——当焦点进入或者离开 View 时，onFocusChange()方法被调用。

● View.OnKeyListener——当 View 获得焦点，用户点击设备按键时，onKey()方法被调用。

● View.OnTouchListener——当用户在屏幕上发出一个触摸事件，包括按下、释放或者移动时，onTouch()方法被调用。

● View.OnCreateMenuListener——当 ContextMenu 被创建时，onCreateContext Menu()方法被调用。

如果希望监听某一类型的事件，则需要首先为 View 设置监听器，下面的代码为 Button 设置了 OnClickListener。

```
call = (Button) findViewById(R.id.call);
call.setOnClickListener(new View.OnClickListener() {
    public void onClick(View v) {
        //直接发起电话呼叫
        Intent intent = new Intent(Intent.ACTION_CALL, Uri.parse("tel:10086"));
        startActivity(intent);
    }
});
```

对于其他的处理用户输入的方式，本节不一一列举了，在本书后续的介绍中会详细向读者介绍。

4.2.9　样式与主题

OPhone 平台支持用户自定义样式和主题，以达到统一应用程序风格的目的。通常，样式用来定义某个元素的特性，例如，为 TextView 设置字体大小和颜色等属性。而主题的范围更宽广一些，可以用来设置应用程序的所有 Activity 或者单个 Activity 的样式，例如，设置窗口是否包含标题、窗口的背景等。

1．样式

创建一个自定义的样式，需要首先在 res/values 目录下创建 styles.xml，并在文件中添加一个根节点<resources>。<style>是<resources>的子节点，以 name 属性标识，同时还可以使用 parent 属性指定父样式，以便从父样式继承一些属性定义。样式的定义使用<item>标签标识，其中，name 属性代表所定义的属性的名称，例如 android:textColor。

在 chapter4_1 项目中，为 TextView 定义了一个样式 chapter4_1_TextView，内容如下所示：

```xml
<?xml version="1.0" encoding="utf-8"?>
<resources>
    <style name="chapter4_1_TextView">
        <item name="android:textColor">#FF0000</item>
    </style>
</resources>
```

然后在 songs_list.xml 中，修改 id 为 track_name 的 TextView，加入刚才定义的样式。

```xml
style="@style/chapter4_1_TextView"
```

重新运行 chapter4_1，发现歌曲列表的字体已经由白色变成了红色，如图 4-6（a）所示。

2．主题

与定义格式类似，主题也定义在 res/values 目录下，并且使用的标签也类似。chapter4_1 项目中定义了 chapter4_1_Theme 主题，主要设置了背景图片，并且去掉了窗口中的标题框。Themes.xml 文件内容如下所示：

```xml
<?xml version="1.0" encoding="utf-8"?>
<resources>
    <style name="chapter4_1_Theme">
        <item name="android:textColor">#FF0000</item>
        <item name="android:windowNoTitle">true</item>
        <item name="android:windowBackground">@drawable/sea</item>
    </style>
```

```
</resources>
```

将 chapter4_1_Theme 主题应用到整个应用程序，需要修改 AndroidManifest.xml 文件中的<application>标签，如下所示。重新运行 chapter4_1，如图 4-6（b）所示。

```
android:theme="@style/chapter4_1_Theme"
```

（a）样式

（b）主题

图 4-6　样式和主题

掌握 OPhone 图形用户界面设计，除了上述的知识点之外，还应该了解 Layout 对象和自定义 View 实现等内容。如果生硬地把所有知识点揉进 chapter4_1，可能会适得其反，因此，chapter4_1 中未涉及的知识点，会在后续的章节中一一详细介绍。

4.3　常用 Widget

OPhone 平台内置了丰富的用户界面组件，包括 ListView、Spinner、Grid 等。此类组件经过了优秀的设计和高强度的测试，封装了大量 API 控制组件的表现。使用这些组件可以快速地开发出灵活、易用的应用程序。本节重点介绍 OPhone 应用程序开发中常用的组件。

4.3.1　TextView

TextView 是 View 的直接子类。顾名思义，TextView 用来向用户展示一段文字，一般用做应用程序的标签或者邮件正文的显示等。在默认情况下，TextView 是不允许用户编辑的。

如果希望使用可编辑的组件，可以参考 EditText。

1．自定义字体颜色和大小

相比 View 类中定义的 XML 属性，TextView 增加了一些属性用来控制文本的字号、字体颜色等属性，可以在<TextView>标签中直接使用。下面是一段自定义字体颜色和字号的 XML 内容。

```
<TextView
    android:id="@+id/custom"
    android:layout_width="fill_parent"
    android:layout_height="fill_parent"
    android:textColor="#FFBBAA"
    android:textSize="20px"
    android:layout_marginBottom="10px"
    android:text="@string/message"
/>
```

2．单行显示

在默认情况下，TextView 把所有的文本显示在屏幕上。有时，应用程序可能希望文本单行显示，超出的部分将被自动截取掉，这时可以使用 singleLine 属性限制 TextView 单行显示。下面的代码用于限制 TextView 单行显示。

```
<TextView
    android:id="@+id/single"
    android:layout_width="fill_parent"
    android:layout_height="fill_parent"
    android:layout_marginBottom="10px"
    android:singleLine="true"
    android:text="@string/message"
/>
```

3．自动连接

TextView 的文本可能包含电话、网址和邮件地址等内容。应用程序可能希望使用连接的方式显示这些特殊的部分，这样用户可以点击网址打开浏览器，或者点击电话号码发起一个电话呼叫。在默认情况下，TextView 是不对这些特殊内容自动连接的，如果需要可以使用 android:autoLink="all"打开这一特性。下面是一段自动连接 HTML 样式的文本的 XML 文件内容。

```
<TextView xmlns:android="http://schemas.android.com/apk/res/android"
    android:id="@+id/autolink"
    android:layout_width="fill_parent"
    android:layout_height="fill_parent"
    android:autoLink="all"
    android:text="@string/html"
/>
```

如果 TextView 的内容是动态获取的，比如读取网页内容，这时可以在代码中实现自动连接的特性，示例代码如下所示：

```
TextView t3 = (TextView) findViewById(R.id.text3);
t3.setText(
    Html.fromHtml(
        "<b>自动连接:</b>  欢迎访问  " +
        "<a href=\"http://www.ophonesdn.net\">OPhone 开发者社区  </a> "));
t3.setMovementMethod(LinkMovementMethod.getInstance());
```

4．响应用户输入

虽然 TextView 的主要作用是显示文本内容，但是 TextView 同样可以响应用户的输入事件，比如点击 TextView 或者长时间按住 TextView，这是因为 TextView 继承自 View 类。下面的代码演示了如何为 TextView 注册 OnLongClickListener。当 TextView 接收到长按事件时，使用 Toast 给用户提示一段文本信息。当 Toast 组件显示到界面上时，会处于悬浮状态，并获得焦点。

```
TextView view = (TextView) findViewById(R.id.single);
view.setOnLongClickListener(new View.OnLongClickListener() {
    public boolean onLongClick(View v) {
        TextView tv = (TextView) v;
        Toast.makeText(TextViewActivity.this, tv.getText(),
            Toast.LENGTH_SHORT).show();
        return true;
    }
});
```

运行 TextViewActivity，如图 4-7 所示，展示了刚才介绍的 TextView 的特性。

图 4-7　TextView

4.3.2　Button

Button 是应用程序中经常使用的组件，一般用来完成用户指定的某项任务，比如将一个表单提交到服务器端，或者完成一个表达式计算。如果不看 OPhone 的文档或者 OPhone 的源代码，你一定想不到 Button 是继承自 TextView。阅读 OPhone 的源代码可以了解到，Button 只是给 TextView 定义了 buttonStyle 样式的结果。下面的代码演示了如何为 Button 注册一个 OnClickListener。

```
setContentView(R.layout.button);
Button button = (Button)findViewById(R.id.button);
//设置 OnClickListener
button.setOnClickListener(new View.OnClickListener(){
    public void onClick(View v) {
        Toast.makeText(ButtonActivity.this, R.string.submit_msg,
    Toast.LENGTH_SHORT).show();
    }
});
```

ToggleButton 扩展了 Button 类，可以显示 Button 的选中和未选中状态。在默认情况下，ToggleButton 使用"ON"表示选中状态，使用"OFF"表示未选中状态。当然，也可以使用 ToggleButton 新增的 android:textOff 和 android:textOn 属性定义显示的文本。下面的 XML 内容定义了一个 ToggleButton 对象。

```
<ToggleButton android:id="@+id/toggle_button"
    android:textOff="@string/toggle_off"
    android:textOn="@string/toggle_on"
```

```
android:layout_width="wrap_content"
android:layout_height="wrap_content" />
```

运行 ButtonActivity，界面如图 4-8 所示。

图 4-8　Button

4.3.3　ImageView

ImageView 是 View 的直接子类，用于在屏幕上显示一幅图片，图片可以来自资源文件，也可以从数据库或者文件系统读取。如果有需要，可以使用 Bitmap.createScaledBitmap()缩放原始图片。ImageViewActivity 显示了两幅图片，后者是前者的缩放版，代码如下所示：

```
package com.ophone.chapter4_2;

import android.app.Activity;
import android.graphics.Bitmap;
import android.graphics.BitmapFactory;
import android.os.Bundle;
import android.widget.ImageView;

public class ImageViewActivity extends Activity {

    @Override
    protected void onCreate(Bundle savedInstanceState) {
        super.onCreate(savedInstanceState);
        setContentView(R.layout.imageview);
```

```
        ImageView scale = (ImageView)findViewById(R.id.scale);
        //从资源文件获得 Bitmap 对象
        Bitmap pic = BitmapFactory.decodeResource(getResources(), R.drawable.jadde);
        //查询 Bitmap 的高度和宽度
        int w = pic.getWidth();
        int h = pic.getHeight();
        //缩放图片
        Bitmap scaled = Bitmap.createScaledBitmap(pic, 100, 100*h/w, false);
        scale.setImageBitmap(scaled);
    }
}
```

运行 ImageViewActivity，界面如图 4-9 所示。与 TextView 类似，ImageView 有一个子类 ImageButton，既可以显示图片，又可以作为 Button 使用。

图 4-9　缩放图片

4.3.4　ProgressBar

ProgressBar 组件用来提示用户当前任务执行的进度。当应用程序执行一个长时间任务时，提示用户当前执行的百分比，是一个不错的用户体验。但是并非所有任务都可以计算百分比，因此 ProgressBar 也分为 intermediate 和 indeterminate 两种模式。

1．intermediate 模式

intermediate 模式的 ProgressBar 包含两个进度显示，分别是主进度和次进度。当应用程序从网络上播放 MP3 文件时，可以使用主进度表示当前歌曲的播放进度，使用次进度表示歌曲的缓冲进度。调用下面的方法可以用来更新 ProgressBar 的主进度和次进度，对于

indeterminate 模式的 ProgressBar，此方法不做任何处理。

```
public synchronized void setProgress(int progress)
public synchronized void setSecondaryProgress(int secondaryProgress)
```

下面的 XML 内容定义了一个 ProgressBar 对象，最大值为 100，初始进度为 0，次进度为 50。

```
<ProgressBar
    android:id="@+id/progress"
    style="?android:attr/progressBarStyleHorizontal"
    android:layout_width="200dip"
    android:layout_marginBottom="10dip"
    android:layout_height="wrap_content"
    android:max="100"
    android:progress="0"
    android:secondaryProgress="50" />
```

通常，任务在后台线程中执行，而只有在任务所在的线程中才能获取任务执行的百分比。此时，如果想直接更新任务的执行百分比，是不可行的。因为根据 OPhone 的设计要求，只能在创建界面结构的线程中才可以修改结构中的 View 对象，否则会出现异常。一般来讲，界面结构是在主线程中通过 setContentView()方法装载的，如果要从后台线程中更新主线程中创建的 View，则必须使用 Handler。在默认情况下，Handler 创建时将和所在线程和线程中的消息队列绑定到一起，Handler 对象发送的消息或者 Runnable 对象将被放到所在线程的消息队列之中。因此，Handler 是跨线程执行任务的最佳选择，下面的代码在主线程中创建Handler，而在后台线程中借助 Handler 更新 ProgressBar 的进度。

```
private ProgressBar progress;
private int progressCurrent;
private int progressSecond;
private Handler handler = new Handler();

@Override
protected void onCreate(Bundle savedInstanceState) {
    super.onCreate(savedInstanceState);
    //设置在 Title 上显示 Progressbar
    requestWindowFeature(Window.FEATURE_INDETERMINATE_PROGRESS);
    setContentView(R.layout.progressbar);
```

```
        //设置 bar 的可见性
        setProgressBarIndeterminateVisibility(visible);
        progress = (ProgressBar) findViewById(R.id.progress);
        //启动后台线程更新 progress 的进度
        new Thread(this).start();
    }
    public void run() {
        progressCurrent = progress.getProgress();
        progressSecond = progress.getSecondaryProgress();
        while (progressCurrent < 100) {
            //使用 handler 在单独线程中更新界面
            handler.post(new Runnable() {
                public void run() {
                    //增加 progress 的进度
                    progress.setProgress(++progressCurrent);
                    progress.setSecondaryProgress(++progressSecond);
                }
            });
            try {
                Thread.sleep(500);
            } catch (InterruptedException ex) {
                ex.printStackTrace();
            }
        }
    }
}
```

2．indeterminate 模式

有些任务可能无法计算当前的执行进度，例如，无法从服务器端的 HTTP 响应获得内容的长度，这时无法计算确切的进度。此时，可以使用 indeterminate 模式的 ProgressBar，只是显示某种动画提示任务正在执行中。下面的代码可以在标题栏区域显示动画形式的 ProgressBar。

```
//设置在 Title 上显示 Progressbar
requestWindowFeature(Window.FEATURE_INDETERMINATE_PROGRESS);
setContentView(R.layout.progressbar);
//设置 bar 的可见性
setProgressBarIndeterminateVisibility(visible);
```

运行 ProgressBarActivity，界面中包含了一个 intermediate 模式和一个 indeterminate 模式的 ProgressBar，如图 4-10 所示。

图 4-10　可切换成两种模式的 ProgressBar

4.3.5　DatePicker/TimePicker

OPhone 平台提供了 DatePicker 和 TimePicker 组件，分别用于设置日期和时间。DatePicker 用于设置年、月、日，而 TimePicker 用于设置小时、分。其中，TimePicker 可以设置是否使用 24 小时制显示。需要注意的是，DatePicker 和 TimePicker 都是 View，它们将内嵌在界面中。除此之外，还可以使用 DatePickerDialog 和 TimePickerDialog 来设置日期和时间，此时 Dialog 会悬浮在窗口上。

如果希望监听用户更改日期的事件，则可以为 DatePicker 设置 OnDateChangedListener，代码如下所示：

```
datePicker = (DatePicker)findViewById(R.id.datepicker);
int year = calendar.get(Calendar.YEAR);
int month = calendar.get(Calendar.MONTH);
int day = calendar.get(Calendar.DAY_OF_MONTH);
//设置监听器，当用户修改日期时，onDateChanged()被调用
datePicker.init(year, month, day, new
DatePicker.OnDateChangedListener(){
    public void onDateChanged(DatePicker view, int year,
        int monthOfYear, int dayOfMonth) {

    }
});
```

如果希望监听用户更改时间的事件，则可以为 TimePicker 设置 OnTimeChangedListener，代码如下所示：

```
timePicker = (TimePicker)findViewById(R.id.timepicker);
//设置监听器，当用户修改时间时，onTimeChanged()被调用
timePicker.setOnTimeChangedListener(new TimePicker.OnTimeChangedListener(){
    public void onTimeChanged(TimePicker view, int hourOfDay, int minute) {
    StringBuffer buffer = new StringBuffer();
    buffer.append(hourOfDay<10?"0"+hourOfDay:hourOfDay);
    buffer.append(":").append(minute);
    Toast.makeText(TimePickerActivity.this, buffer.toString(),
    Toast.LENGTH_SHORT).show();
    }
});
```

运行 TimePickerActivity，如图 4-11 所示。

图 4-11　设置日期和时间

4.3.6　GridView

在"用户界面设计"一节中，已经介绍了 ListView 的基本内容。GridView 和 ListView 非常类似，它们都继承自 AbsListView，只是表现形式不同。ListView 是以列表的形式表示的，而 GridView 则是以网格的形式表示的。GridView 同样通过 ListAdapter 访问后台的数据，因此必须调用 setAdapter()方法将 GridView 和数据绑定。

网络上曾经流行一款小游戏叫克隆。玩法是通过点击，从众多图片中找到两个一样的

图片，直到所有图片都被翻开，所用时间越短，成绩越高。使用 GridView 实现克隆游戏的界面非常方便，首先使用 XML 文件定义一个 GridView 对象。

```
<GridView
    android:id="@+id/myGrid"
    android:layout_width="fill_parent"
    android:layout_height="wrap_content"
    android:padding="10dp"
    android:verticalSpacing="10dp"
    android:horizontalSpacing="10dp"
    android:numColumns="auto_fit"
    android:columnWidth="60dp"
    android:stretchMode="columnWidth"
    android:gravity="center" />
```

由于 GridView 和数据通过 ListAdapter 绑定，因此定义一个 ImageAdapter 类将资源图片和 GridView 绑定到一起。ImageAdapter 扩展自 BaseAdapter，实现了 ListAdapter 接口。ImageAdapter 的 getView()方法是绑定数据的关键，根据参数 position 指定的位置返回一个 ImageView。使用 convertView 之前，应该首先检查其是否为空，如果为空则可以创建一个新的 ImageView。

```
public View getView(int position, View convertView, ViewGroup parent){
    ImageView imageView;
    if (convertView == null) {
    imageView = new ImageView(mContext);
    imageView.setLayoutParams(new GridView.LayoutParams(80, 50));
    imageView.setAdjustViewBounds(false);
    imageView.setScaleType(ImageView.ScaleType.CENTER_CROP);
    imageView.setPadding(8, 8, 8, 8);
    } else {
    imageView = (ImageView) convertView;
    }
    imageView.setImageResource(target[position]);
    return imageView;
}
```

GridViewActivity 类中定义了两个 int 类型的数组，target 数组用于存储当前图片在 R 类中的 id，初始化时 target 统一设置为 R.drawable.hide；map 数组用于存储打乱后的图片的 id。

游戏开始之前，需要调用 initMap()方法。

```
private void initMap() {
//初始化 target，默认为 R.drawable.hide
for (int i = 0; i < target.length; i++) {
    target[i] = R.drawable.hide;
}
int[] temp = new int[mThumbIds.length];
System.arraycopy(mThumbIds,0,temp,0,temp.length);
int max = temp.length;
Random r = new Random();
//随机算法，打乱图片位置
for (int i = 0; i < map.length; i++) {
    int index = (r.nextInt() >>> 1) % max;
    map[i] = temp[index];
    int t = temp[index];
    temp[index] = temp[max - 1];
    temp[max - 1] = t;
    max--;
    }
}
```

运行 GridViewActivity，界面如图 4-12 所示。有兴趣的话，读者可以自行完善这个简单的克隆游戏。

图 4-12　克隆游戏界面

4.3.7　Spinner

Spinner 用于显示下拉列表，供用户从列表中选择数据。由于 Spinner 是 AdapterView 的子类，因此 Spinner 中的数据是由 Adapter 提供的。下面的 XML 定义了一个 Spinner 对象。

```
<Spinner android:id="@+id/spinner"
    android:layout_width="fill_parent"
    android:layout_height="wrap_content"
    android:drawSelectorOnTop="true"
    android:prompt="@string/city_message"
/>
```

在显示 Spinner 之前，必须构建一个 Adapter，用来桥接后台的数据和 Spinner 的显示。例如，下面的代码创建了一个 ArrayAdapter，用户可以从 Spinner 中选择城市。如果希望监视用户选择列表数据的事件，则可以为 Spinner 注册一个 OnItemSelectedListener。

```
//从数组创建 ArrayAdapter
ArrayAdapter<String> adapter = new ArrayAdapter<String>(this,
    android.R.layout.simple_spinner_item, CITY);
adapter.setDropDownViewResource(android.R.layout.simple_spinner_dropdown_item);
spinner.setAdapter(adapter);
```

运行 SpinnerActivity，如图 4-13 所示。

图 4-13　Spinner

4.3.8　Gallery

Gallery 和前面介绍的 Spinner 均继承自 AbsSpinner 类，由于同属于 AdapterView 的范畴，因此 Gallery 同样通过 Adapter 和后台的数据绑定在一起。Gallery 用于显示水平滚动的列表数据，其中心是固定不动的。例如，展示一组图片数据。下面的 XML 内容创建了一个 Gallery 对象。

```
<Gallery
    android:id="@+id/gallery"
    android:layout_width="fill_parent"
    android:layout_height="wrap_content"
    android:spacing="5px"
    android:unselectedAlpha="1.2"
/>
```

可以为 Gallery 设置 OnItemClickListener，当 Gallery 的条目被点击时，可以获得点击事件。也可以为 Gallery 的条目设置 ContextMenu，当用户长按时，可以弹出 ContextMenu。这一点和 ListView 类似，其实 Spinner、Gallery、ListView 和 GridView 有很多相似之处，可以看作同一后台数据、不同的前台展示。下面的代码创建了 Gallery，并为其设置 OnItemClickListener。

```
@Override
protected void onCreate(Bundle savedInstanceState) {
super.onCreate(savedInstanceState);
setContentView(R.layout.gallery);
gallery = (Gallery)findViewById(R.id.gallery);
gallery.setAdapter(new ImageAdapter(this));
//显示被选中的图片
selected = (ImageView)findViewById(R.id.selected);
gallery.setOnItemClickListener(new AdapterView.OnItemClickListener(){
    public void onItemClick(AdapterView<?> arg0, View arg1, int arg2, long arg3) {
    selected.setImageResource(IMAGES[arg2]);
    }
  });
}
```

运行 GalleryActivity，如图 4-14 所示。

图 4-14　Gallery

4.3.9　TabHost

Tab 格式的窗口视图在手机应用程序中广泛使用，用户只需要点击标签就可以在不同的内容中切换，用户体验非常好。OPhone 中定义了 TabHost 作为标签式的视图的容器类。TabHost 包含两个子元素：一组标签和一个 FrameLayout 对象，用户可以选择指定的标签，标签对应的内容显示在 FrameLayout 中。

TabActivity 扩展了 ActivityGroup，可以在其中包含多个 Activity 或者 View 对象。使用 TabHost 最便捷的办法就是创建一个 Activity 并扩展 TabActivity。由于 TabActivity 中已经包含了一个 TabHost 对象，可以通过 TabActivity 对象的 getTabHost()方法获得一个 TabHost 对象。可以为 TabHost 对象设置一个 OnTabChangedListener，当用户切换标签时，OnTabChangedListener 的 onTabChanged()方法会被调用。TabSampleActivity 的代码如下所示：

```
package com.ophone.chapter4_2;

import android.app.TabActivity;
import android.content.Intent;
import android.os.Bundle;
import android.view.View;
import android.widget.TabHost;
import android.widget.TextView;
import android.widget.Toast;
import android.widget.TabHost.OnTabChangeListener;


public class TabSampleActivity extends TabActivity implements
```

```
OnTabChangeListener {

private TabHost tabHost;
private static final String GALLERY = "gallery";
private static final String IMAGE = "image";
private static final String TEXT = "text";

@Override
protected void onCreate(Bundle savedInstanceState) {
super.onCreate(savedInstanceState);
//使用系统的 layout 文件初始化界面结构
setContentView(android.R.layout.tab_content);
//获得 TabHost 对象
tabHost = getTabHost();
//设置 OnTabChangeListener，当用户切换 Tab 的时候被调用
tabHost.setOnTabChangedListener(this);
}
//切换 Tab 的时候，此方法被调用
public void onTabChanged(String tabId) {
Toast.makeText(this, tabId, Toast.LENGTH_SHORT).show();
}
}
```

获得 TabHost 对象之后，可以调用 addTab(TabHost.TabSpec tabSpec)方法向容器添加 TabSpec 对象。每个 TabSpec 由标记、指示器和内容组成。其中标记是一个 String 对象，用于唯一标识此 TabSpec 对象；指示器一般由字符串和图标组成；TabSpec 的内容可以由三种方式创建，可以指定 Intent 来启动一个 Activity 作为内容，也可以使用由 id 表示的 View 作为内容，如果内容需要根据需要创建，则可以借助 TabContentFactory 接口。

TabSampleActivity 中包含了三个 TabSpec 对象，前两个的内容是 Intent 类型，分别指向 GalleryActivity 和 ImageViewActivity，第三个 TabSpec 使用 TabContentFactory 创建一个 TextView 作为内容。创建 TabSpec 的代码如下所示：

```
//创建一个 TabSpec，包含 Indicator 和 content 两部分
TabHost.TabSpec gallery = tabHost.newTabSpec(GALLERY);
gallery.setIndicator(GALLERY, null);
//content 设置为 Intent，则会启动一个 Activity 作为内容
Intent g_intent = new Intent(this, GalleryActivity.class);
gallery.setContent(g_intent);
```

```
//将 gallery 加入到 TabHost 对象中
tabHost.addTab(gallery);

TabHost.TabSpec image = tabHost.newTabSpec(IMAGE);
image.setIndicator(IMAGE, null);
Intent i_intent = new Intent(this, ImageViewActivity.class);
image.setContent(i_intent);
tabHost.addTab(image);

TabHost.TabSpec text = tabHost.newTabSpec(TEXT);
text.setIndicator(TEXT, null);
//此处根据需要创建 TabSpec 的 content，不是 View 的 id，也不是一个 Intent
text.setContent(new TabHost.TabContentFactory() {
    public View createTabContent(String tag) {
    //返回一个 TextView
    TextView view = new TextView(TabSampleActivity.this);
    view.setText(tag);
    return view;
    }
});
tabHost.addTab(text);
tabHost.setCurrentTab(0);
```

运行 TabSampleActivity，界面如图 4-15 所示。

图 4-15 TabHost

4.4 高级图形用户界面技术

4.4.1 图形系统类结构

在 OPhone 图形系统中，一切用来显示的组件，包括布局组件 LinearLayout、FrameLayout 等，都是 View 的子类，也就是说，所有显示的图形组件类都继承自 View 类。在 OPhone 的图形体系中，图形组件分成两类：一类组件会在界面上显示具体的内容，提供响应事件 等，如 Button、TextView，这种组件叫做 Widget；另一类组件不会显示具体的内容，而是 其他组件的集合，主要起到布局的作用，或者将单一的组件组合成一个新的组件，如 LinearLayout（线性布局组件）。Layout 组件都继承自 ViewGroup 类。

1．View

首先了解一下 View 类的结构。

```
public class View implements Drawable.Callback, KeyEvent.Callback{
    //View 的构造函数。
    public View(Context context, AttributeSet attrs, int defStyle) {
        //进行组件的初始化操作，主要为属性和风格的读取及设置、布局的调整等
    }
    ...
    //设置 View 点击后的监听器，当该 View 被点击后会执行该监听器实现点击操作
    public void setOnClickListener(OnClickListener l) {

        ...

    }
    //该方法规定了本 View 组件实际显示的宽和高
    protected void onMeasure(int widthMeasureSpec, int heightMeasureSpec) {
        setMeasuredDimension(getDefaultSize(getSuggestedMinimumWidth(),
            widthMeasureSpec),getDefaultSize(getSuggestedMinimumHeight(),
            heightMeasureSpec));
    }
    //绘制组件方法，该方法绘制出组件的具体表现样子
    public void draw(Canvas canvas){

        ...

        // 调用 onDraw 方法，该方法用来让 View 的子类绘制自己的组件图形

        onDraw(canvas);

        // 绘制子 View 组件
```

```
        dispatchDraw(canvas);
        ...

    }
}
```

View 类中关键的方法列表如下：

● onFinishInflate()

当该 View 及其所有子 View 组件全部从 XML 文件 inflated 完毕时调用。

● onMeasure(int, int)

该方法用来指定 View 的宽和高。

● onLayout(boolean, int, int, int, int)

该方法用来布局自己的子组件，主要指定各子组件的位置和大小。

● onSizeChanged(int, int, int, int)

当组件的尺寸发生变化时调用该方法。

● onDraw(Canvas)

当需要绘制组件时调用该方法。

● onKeyDown(int, KeyEvent)

当有一个按键按下时调用该方法。

● onKeyUp(int, KeyEvent)

当有一个按键抬起时调用该方法。

● onTouchEvent(MotionEvent)

当有触摸事件发生时调用该方法。

● onFocusChanged(boolean, int, Rect)

当有焦点变化时调用该方法。

● onWindowFocusChanged(boolean)

当窗口的焦点发生变化时调用该方法。

● onAttachedToWindow()

当组件完全显示于窗口中时调用该方法，主要用来初始化一些组件的属性或者注册 IntentReceiver。

● onDetachedFromWindow()

当组件从窗口中被删除时调用该方法，主要用来销毁一些属性或取消注册 IntentReceiver。

● onWindowVisibilityChanged(int)

当窗口的可见性发生变化时调用该方法。

可以看到 View 类提供了大量钩子方法，其子类可以对这些方法进行覆盖（Override）以实现具体的组件效果，之前讲解的各种图形组件都继承自 View 类。在实际开发中，会制作很多自定义组件用以显示特殊的效果或执行特殊的功能，后续的章节中会通过制作一个自定义时钟组件的实例来讲解如何实现自定义组件。

2．ViewGroup

之前已经提到，ViewGroup 主要提供了对其子组件的管理功能，包括布局、动画等处理，子组件可以是一个 View 也可以是一个 ViewGroup。图 4-16 描述了上述概念的继承关系。OPhone 系统提供了一些常用的 ViewGroup 布局类，下节将会讲述各布局类的使用方法。

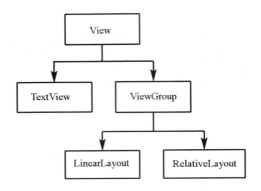

图 4-16　View 与子类的继承关系

4.4.2　常用布局类

1．FrameLayout

FrameLayout 是最简单的布局对象，所有的组件都会固定在屏幕的左上角，不能指定位置。一般要制作一个复合型的新组件都是基于该类来实现的。下面的代码在 XML 文件中定义了 FrameLayout。

```
<FrameLayout xmlns:android="http://schemas.android.com/apk/res/android"
    android:layout_width="wrap_content"
    android:layout_height="wrap_content">
    <Button android:text="@string/btn_ok_label"
        android:id="@+id/button_ok"
        android:layout_width="wrap_content"
        android:layout_height="wrap_content"
        android:width="150px" android:height="150px"></Button>
    <Button android:text="@string/btn_cancel_label"
        android:id="@+id/button_cancel"
```

```
        android:layout_width="wrap_content"
        android:layout_height="wrap_content"></Button>
</FrameLayout>
```

FrameLayout 的布局效果如图 4-17 所示。

图 4-17　FrameLayout 的布局效果

2．LinearLayout

顾名思义，LinearLayout 以单一方向对其中的组件进行线性排列显示。比如以垂直排列显示，则各组件将在垂直方向上排列显示；以水平排列显示，则各组件将在水平方向上排列显示。同时，它还可以对个别的显示对象设置显示比例。

```
<LinearLayout android:layout_width="fill_parent" android:layout_height="wrap_content">
    <Button android:text="@string/btn_ok_label"
            android:id="@+id/button_ok"
            android:layout_width="wrap_content"
            android:layout_height="wrap_content"
            ></Button>
    <Button android:text="@string/btn_cancel_label"
            android:id="@+id/button_cancel"
            android:layout_width="wrap_content"
            android:layout_height="wrap_content"></Button>
</LinearLayout>
```

LinearLayout 的布局效果如图 4-18 所示。

图 4-18　LinearLayout 的布局效果

3．TableLayout

以拥有任意行列的表格对显示对象进行布局，每个显示对象被分配到各自的单元格之中。在 TableLayout 中，使用 TableRow 代表一行，每行可以包含一个或多个 Cell，或者为空，每个 Cell 代表一个 View 组件。与 HTML 中的 Table 类似，Cell 也可以跨列显示；与 HTML 的 Table 不同的是，TableLayout 不会绘制表格边框。

TabelLayout 的子组件不能设置 layout_width 属性，该属性会永远为 FILL_PARENT。如果子组件为 TableRow，其 layout_height 属性也不能设置，而是永远为 WRAP_CONTENT。我们知道各个组件是处于一行及一列中的，每一列的宽度会根据该列中各组件的大小计算得出。TableLayout 可以将指定的列设置为 shrinkable、stretchable 或 collapsible（通过 TableLayout 的属性方法或者在 XML 中定义）。

- 设置为 stretchable 的列会尽可能多地使用可用空间来显示列。例如，将第一列设置为 stretchable 后，当所有列加在一起也不能填满 parent 时，第一列就加大自己的宽度以填满 parent。
- 当表格的空间不够时，设置为 shrinkable 的列会缩小自己的宽度来调整表格总宽度。
- 设置为 collapsed 的列为不可见列，这列的空间会被其他列使用。
- 设置以上属性时，使用从 0 开始的列编号即可。在 XML 中定义 TableLayout 的实例代码如下：

```
<TableLayout xmlns:android="http://schemas.android.com/apk/res/android"
    android:layout_width="fill_parent"
    android:layout_height="fill_parent"
    android:shrinkColumns="0"
    > '
```

```
<TableRow>
    <TextView
        android:text="@string/chapter1"
        android:padding="3dip" />
    <TextView
        android:text="@string/chapter2"
        android:padding="3dip" />
    <TextView
        android:text="@string/chapter3"
        android:padding="3dip" />
</TableRow>
<TableRow>
    <TextView
        android:text="@string/chapter4"
        android:padding="3dip" />
    <TextView
        android:text="@string/chapter5"
        android:padding="3dip" />
    <TextView
        android:text="@string/chapter6"
        android:padding="3dip" />
</TableRow>
</TableLayout>
```

TableLayout 的布局效果如图 4-19 所示。

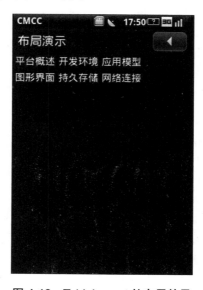

图 4-19 TableLayout 的布局效果

在默认情况下，TableLayout 是不能滚动的，超出手机屏幕的部分无法显示。在 TableLayout 的外层增加一个 ScrollView 可以解决此问题，无须修改代码。

4．AbsoluteLayout

AbsoluteLayout 允许以坐标的方式指定显示对象的具体位置。左上角的坐标为(0,0)，使用属性 layout_x 和 layout_y 来指定组件的具体坐标。这种布局管理器由于显示对象的位置固定了，所以在不同的设备上有可能会出现最终的显示效果不一致。示例代码如下：

```
<AbsoluteLayout xmlns:android="http://schemas.android.com/apk/res/android"
    android:layout_width="wrap_content" android:layout_height="wrap_content">

    <EditText android:id="@+id/edit_msg"
        android:text="@striing/edit_text_label"
        android:layout_x="87dip"
        android:layout_y="49dip"
        android:layout_width="wrap_content"
        android:layout_height="wrap_content"/>
    <Button android:id="@+id/btn_submit"
        android:text="@string/btn_submit_label"
        android:layout_x="93dip"
        android:layout_y="150dip"
        android:layout_width="wrap_content"
        android:layout_height="wrap_content" ></Button>
</AbsoluteLayout>
```

AbsoluteLayout 的布局效果如图 4-20 所示。

图 4-20　AbsoluteLayout 的布局效果

5．RelativeLayout

RelativeLayout 允许通过指定显示对象相对于其他显示对象或父级对象的相对位置来布局。比如一个按钮可以放于另一个按钮的右边，或者放在布局管理器的中央。下例详细讲解了如何使用该布局。

```
<RelativeLayout xmlns:android="http://schemas.android.com/apk/res/android"
    android:layout_width="fill_parent"
    android:layout_height="wrap_content">
    <TextView
        android:id="@+id/label"
        android:layout_width="fill_parent"
        android:layout_height="wrap_content"
        android:text="@striing/hello_label"/>
    <EditText
        android:id="@+id/entry"
        android:layout_width="fill_parent"
        android:layout_height="wrap_content"
        android:layout_below="@id/label"/>
    <Button
        android:id="@+id/ok"
        android:layout_width="wrap_content"
        android:layout_height="wrap_content"
        android:layout_below="@id/entry"
        android:layout_alignParentRight="true"
        android:layout_marginLeft="10dip"
        android:text="@string/btn_ok_label "/>
    <Button
        android:id="@+id/cancel"
        android:layout_width="wrap_content"
        android:layout_height="wrap_content"
        android:layout_toLeftOf="@id/ok"
        android:layout_alignTop="@id/ok"
        android:text="@string/btn_cancel_label "/>
</RelativeLayout>
```

在该例中，文本框 label 没有设置任何参数，默认显示在左上角；编辑框 entry 设置了 layout_below 属性，表示将该组件放置于文本框 label 的下方，与之对应的属性还有：

- layout_top：置于指定组件之上；
- layout_toLeftOf：置于指定组件的左边；
- layout_toRightOf：置于指定组件的右边。

"确定"按钮置于编辑框之下，同时 layout_alignParentRight 表示与父组件右侧对齐。与之对应的属性有：

- layout_alignParentTop：与父组件上对齐；
- layout_alignParentBottom：与父组件下对齐；
- layout_alignParentLeft：与父组件左对齐。

"取消"按钮置于"确定"按钮的左侧，同时与"确定"按钮上对齐。layout_alignTop 表示与指定组件上对齐，与之对应的属性有：

- layout_alignRight：与指定组件右对齐；
- layout_alignBottom：与指定组件下对齐；
- layout_alignLeft：与指定组件左对齐；
- layout_alignBaseline：与指定组件基线对齐。

RelativeLayout 的布局效果如图 4-21 所示。

图 4-21　RelativeLayout 的布局效果

4.4.3　绘制图形

在上一节中，讲解了 View 及 ViewGroup 的架构体系。最终图形组件会显示成什么样子，很大程度上取决于 View 的绘制过程，也就是 View 中 draw(Canvas canvas) 方法的实现过程。接下来让我们深入了解一下，如何使用 Canvas 对象绘制出各种各样的图形。

首先通过一段简单的代码了解一下使用 Canvas 绘制一个简单图形的过程。

```
Bitmap bg = Bitmap.createBitmap(200, 200, Config.ARGB_8888);
Canvas canvas = new Canvas(bg);
Paint paint = new Paint(Paint.ANTI_ALIAS_FLAG);
String label = "Hello OPhone";
canvas.drawText(label, 10, 10, paint);
```

该代码说明了绘制一个图形必需的 4 个要素：

- Bitmap——即一个位图对象，作为图形的"载体"，绘制的图形最终要体现在该位图对象中。
- Canvas——实现具体绘制操作的对象。在该实例中可以看到，创建 Canvas 时，将之前生成好的位图对象作为参数传入 Canvas 对象中。这样，Canvas 的绘制结果会保存到该位图中，生成图像。
- Paint——画笔对象定义了绘制过程中的样式，例如，绘制线条时，可以规定使用点划线，或者规定是否使用防抖动等绘制参数和颜色。
- 绘制内容——即具体要显示的内容。在该实例中绘制了一个文字，即具体的绘制内容为一个文本对象。在绘制其他类型元素时会要求不同的绘制内容，例如，绘制 Bitmap 时，需要传入 Bitmap 对象。

1．Bitmap

Bitmap 即位图，实际上是一个存储颜色信息的二维数组，二维数组的颜色在屏幕上绘制后会形成图像。可以使用 Bitmap.createBitmap()方法生成 Bitmap 对象，或者使用 BitmapFactory 从文件或输入流中方便地读取或者创建 Bitmap 对象。

2．Canvas

Canvas 是实现绘制最为重要的对象。可以把 Canvas 想象成一个绘制窗口，所有想要绘制在 Bitmap 中的图像都要经过 Canvas 来实现。Canvas 部分主要分成两大块功能：绘制基本图形及 Canvas 变换。

（1）绘制基本图形

使用 Canvas 对象可以方便地绘制出点、线、矩形、位图及文本等基本图形，使用这些基本图形可以绘制出各种复杂的图形界面。使用 Canvas 绘制基本图形的方法如下：

- 点

点是图形中最基本的元素，使用 Canvas 对象的 drawPoints()方法可以方便地绘制多个点。该方法的具体解释如下：

drawPoints(float[] pts, int offset, int count, Paint paint)

> pts 为一个 float 数组，存放所有点的信息。按照 $[x_0\ y_0\ x_1\ y_1\ x_2\ y_2\cdots]$格式存放各个

点的坐标信息；

> ➤ offset、count 可以指定具体绘制 pts 序列中的哪些点；

> ➤ paint 为绘制点时使用的画笔对象。

● 线

绘制线主要是指定线的起始点和结束点，可以使用 Canvas 对象的 3 个方法来绘制线。这 3 个方法的具体解释如下：

```
void drawLine(float startX, float startY, float stopX, float stopY, Paint paint)
```

该方法使用 startX, startY 指定线的起始点坐标，stopX, stopY 指定线的结束点坐标。

```
void drawLines(float[] pts, Paint paint)
void drawLines(float[] pts, int offset, int count, Paint paint)
```

这两个方法类似，可以同时绘制多条线。pts 存放了各条线的起始点和结束点的信息。pts 数组以 4 个数组元素为一个单位，表示一条线的信息，存储的格式为$[x_0, y_0, x_1, y_1]$，其中(x_0, y_0)为起始点，(x_1, y_1)为结束点。如果要绘制多条线，则可以再加入新的坐标信息。

● 矩形

绘制矩形主要需要指定矩形 4 条边的坐标，或者使用 Rect 及 RectF 对象来表述矩形 4 条边的信息。Rect 存放的是整型数，RectF 存放的是浮点数。具体的方法信息如下：

```
void drawRect(float left, float top, float right, float bottom, Paint paint)
void drawRect(Rect r, Paint paint)
void drawRect(RectF rect, Paint paint)
```

● 位图

使用 Canvas 可以方便地将一个 Bitmap 位图绘制到画布上，使用 left 和 top 参数可以指定绘制位图的位置。方法的具体信息如下：

```
void drawBitmap(Bitmap bitmap, float left, float top, Paint paint)
```

最简单的绘制位图方法是将该位图绘制到(left, top)位置。

```
void drawBitmap(Bitmap bitmap, Rect src, Rect dest, Paint paint)
void drawBitmap(Bitmap bitmap, Rect src, RectF dest, Paint paint)
```

这两个方法会将一个位图绘制到一个指定的矩形 dest 中，位图会自动进行平移和缩放等操作。如果 src 参数不为 null，则会裁剪位图的一部分来进行绘制。

● 文本

在 Canvas 中有很多种绘制文本的方法，这些方法最终都是指定一个字符及其绘制的位置信息。最典型的绘制文本的方法如下：

void drawText(String text, float x, float y, Paint paint)

其中，text 为需要绘制的文本内容；x, y 为文本绘制的坐标位置。请注意，这里(x, y)为文本的左下点坐标；paint 为绘制文本使用的画笔。

（2）图形变换

在绘制基本图形元素的基础上，Canvas 也提供了平移、缩放及旋转等画布的变换能力。下面让我们来了解一下如何使用这些方法。

● 画布平移

void translate(float dx, float dy);

将画布在 x 及 y 方向平移 dx 及 dy（单位为像素）的距离。具体用图形表示如下：

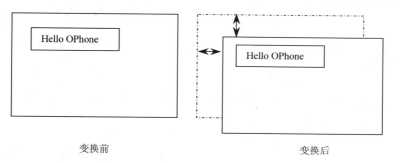

变换前　　　　　　　　　　　　　　变换后

从上图可以看出，translate()方法可以将画布移动到指定的位置，之后在画布上绘制的图形会产生相应的位移。其实可以把画布当成一个窗口，初始化时窗口位于 Bitmap 的原点 (0,0)，当窗口发生位移或其他变换时，从窗口绘制的图形自然会产生相应的变换效果。

● 画布缩放

void scale(float sx, float sy);

将画布在 x 轴及 y 轴上缩放 sx 及 sy 倍。当 sx 或 sy 大于 1 时，产生放大效果；小于 1 时为缩小效果。需要注意的是，缩放的原点为画布的原点(0,0)，而不是 Bitmap 的原点或者 View 的原点。

具体的图形变换表示如下：

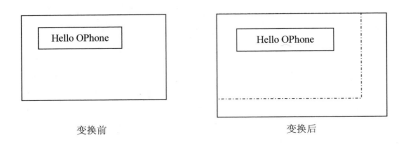

可以看到，缩放是以画布的顶点(0,0)为缩放原点的。有时希望能够以特定的点为缩放原点，例如，希望位于画布中心的文字能够以 x 轴的中心点为缩放原点，达到对称缩放的效果。图示如下：

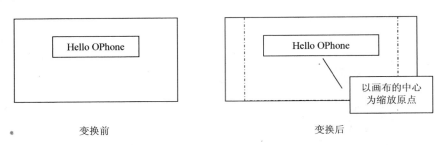

我们可以按照以下步骤来实现，首先使用 translate()方法将画布移动到目标原点，即想要缩放的原点。

```
canvas.translate(dx, 0);
```

图示如下：

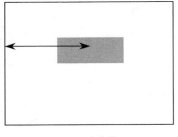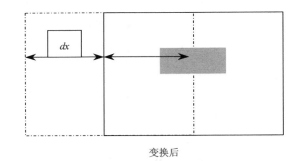

接下来进行缩放操作，代码如下：

```
canvas.scale(2f, 0);
```

图示如下：

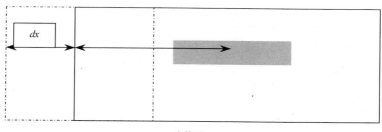

变换后

最后一步尤为关键，即应将放大后的图形平移回期望的原点处，即向原点平移 2*dx*。

```
canvas.translate(-2*dx, 0);
```

但是实际效果却与期待的大相径庭，图形向回平移过大，以至于超出了画面。为什么会这样呢？因为我们忘记了放大的效果对平移操作也是有影响的！当 Canvas 放大两倍后，一切针对 Canvas 的操作也会随之放大，当然平移操作（translate）也会放大相应的倍数。

所以，向回平移的距离不是 2*dx*，而是 *dx*。

```
canvas.translate(-dx, 0);
```

这样，就得到了以(*dx*, 0)为原点的缩放效果。其实 Canvas 已经封装了这个操作，可以直接使用：

```
void scale(float sx, float sy, float px, float py){
    translate(px, py);
    scale(sx, sy);
    translate(-px, -py);
}
```

其中，(*px*, *py*)即为缩放的原点。

● 画布旋转

```
void rotate(float degrees);
```

将画布以(0,0)为原点，顺时针旋转 degrees 角度。图示如下：

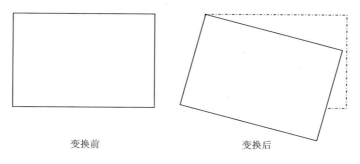

变换前　　　　　　　　　　　　　　变换后

相信有了上面对 scale()方法的讲解，您一定可以猜到如何以一个特定的点为原点进行旋转。在 Canvas 中已经提供了该方法：

```
void rotate(float degrees, float px, float py){
    translate(px, py);
    rotate(degrees);
    translate(-px, -py);
}
```

● 画布倾斜

```
void skew(float sx, float sy);
```

skew()方法实现了画布倾斜，将画布在 x 及 y 方向上倾斜相应的角度，sx 或 sy 即为该倾斜角度的 tan 值。例如，canvas.skew(1, 0); 即为在 x 方向上倾斜 45°（tan(45)=1）。

画布倾斜的图示如下：

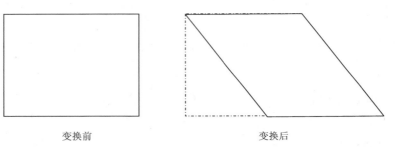

变换前   变换后

至此，我们已经了解了如何使用画布来绘制图形，以及如何变化画布达到不同的效果。Canvas 对象本身还有很多实用的方法，如 save()、restore()，将在后续章节中一点点深入挖掘。

3．Paint

Paint（画笔）在绘图过程中同样起到了极其重要的作用。画笔主要保存了颜色、样式等绘制信息，指定了如何绘制文本及图形。画笔对象有很多设置方法，这些设置方法大体上可以分为两类：一类与图形绘制相关，另一类与绘制文本相关。

（1）图形绘制

● setARGB(int a, int r, int g, int b)

设置绘制的颜色，a 代表透明度，r、g、b 代表颜色值。

● setAlpha(int a)

设置绘制图形的透明度。

● setColor(int color)

设置绘制的颜色，使用颜色值来表示，该颜色值包括透明度和 RGB 颜色。

● setAntiAlias(boolean aa)

设置是否使用抗锯齿功能。抗锯齿会让图形的边缘产生模糊效果，使图像边缘看上去更加平滑。使用该效果后图像绘制速度会变慢，所以通常的操作是在动画等需要大量运算时停用该效果。

● setDither(boolean dither)

设定是否使用图像抖动处理。抖动处理是图形处理中的一个重要方法，经过抖动处理的图像颜色会显得更为平滑和饱满，图像会更加清晰。抖动处理的算法有很多，但都会耗费很长的处理时间。所以在播放动画等需要大量图形计算时建议停止使用抖动处理，缩短绘制时间。

● setFilterBitmap(boolean filter)

如果该项设置为 True，则图像在动画进行中会滤掉对 Bitmap 图像的优化操作，加快显示速度。本设置项依赖于 dither 和 xfermode 的设置。

● setMaskFilter(MaskFilter maskfilter)

设置 MaskFilter，可以用不同的 MaskFilter 实现滤镜的效果，如虚化、立体等。

● setColorFilter(ColorFilter filter)

设置颜色过滤器，可以在绘制颜色时实现不同的颜色变换效果。

● setPathEffect(PathEffect effect)

设置绘制路径的效果，如点划线等。

● setShader(Shader shader)

设置图像效果，使用 Shader 可以绘制出各种渐变的效果。

● setShadowLayer(float radius, float dx, float dy, int color)

在图形下设置阴影层，产生阴影效果。radius 为阴影的角度；dx,dy 为阴影在 x 轴和 y 轴上的距离，color 为阴影颜色。

● setStyle(Paint.Style style)

设置画笔样式，为 FILL、FILL_OR_STROKE 或 STROKE。

● setStrokeCap(Paint.Cap cap)

当画笔样式为 STROKE 或 FILL_OR_STROKE 时，设置笔刷的图形样式，如圆形样式（Cap.ROUND）或方形样式（Cap.SQUARE）。

● setStrokeJoin(Paint.Join join)

设置绘制时各图形的结合方式，如平滑结合等。

● setStrokeWidth(float width)

当画笔样式为 STROKE 或 FILL_OR_STROKE 时，设置笔刷的粗细度。

● setXfermode(Xfermode xfermode)

设置图形重叠时的处理方式，如合并、取交集或并集等，经常用来制作橡皮的擦除效果。

（2）文本绘制

● setFakeBoldText(boolean fakeBoldText)

模拟实现粗体文字。为什么叫 FakeBold？因为文字的粗体本应是字体本身带有的，当使用 textStyle 为 bold 时应该显示字体中的粗体。但有时字体本身没有粗体，设置 fakeBoldText 就可使用图形绘制的效果模式实现"假"的粗体效果。该效果在小字体上效果非常差，请酌情使用。

● setSubpixelText(boolean subpixelText)

设置该项为 True，将有助于文本在 LCD 屏幕上的显示效果。

● setTextAlign(Paint.Align align)

设置绘制文字的对齐方式。

● setTextScaleX(float scaleX)

设置绘制文字 x 轴的缩放比例，可以实现文字拉伸的效果。

● setTextSize(float textSize)

设置文字的字号大小。

● setTextSkewX(float skewX)

设置斜体文字，skewX 为倾斜弧度。

● setTypeface(Typeface typeface)

设置 Typeface 对象，即字体风格。字体风格包括粗体、斜体以及衬线体、非衬线体等，在视觉设计中字体风格往往起到重要的作用。具体的字体风格解释可以查看相关资料。

● setUnderlineText(boolean underlineText)

设置带有下划线的文字效果。

● setStrikeThruText(boolean strikeThruText)

设置带有删除线的效果。

在了解了绘制图形的整个细节后，相信读者已经可以随心所欲地绘制出自己想要的图形了。

回到图形组件的问题上来，之前的章节已经讲到，如果想自定义一个图形组件，首先需要创建一个继承自 View 的组件类，一般需要复写 View 的 onDraw(Canvas canvas)方法。请注意，这时 Canvas 对象已经创建好，也就是说，您不用关心绘制的 Bitmap 在哪里，View 本身已经帮我们实现了。接下来介绍一个完整的自定义组件是如何实现的。

4.4.4　构建自己的组件

在本小节中，将通过一个实例来展示如何实现一个自定义的组件。该实例会综合使用之前讲解的内容，给读者一个知识的回顾。另外，还会对 Canvas 等对象进行更深入的展示和讨论。

本实例实现一个自定义的时钟组件，该组件会模拟一个表盘显示系统时间。最终效果如图 4-22 所示。

图 4-22　自定义时钟组件

1．扩展 View 类

首先，创建一个 MyClockView 类继承自 View，并在构造方法中加载绘制表盘必备的图片资源。

```
public class MyClockView extends View {
    private Time mCalendar;

    //表盘上的各指针图片
    private Drawable mHourHand;
    private Drawable mMinuteHand;
    private Drawable mDial;

    //定义表盘的宽和高
    private int mDialWidth;
    private int mDialHeight;
```

```
private float mMinutes;
private float mHour;
private boolean mChanged;

public MyClockView(Context context) {
    this(context, null);
}
public MyClockView (Context context, AttributeSet attrs) {
    this(context, attrs, 0);
}
public MyClockView (Context context, AttributeSet attrs, int defStyle) {
    super(context, attrs, defStyle);
    Resources r = context.getResources();

    //通过资源加载各图片，用于绘制时钟
    mDial = r.getDrawable(R.drawable.clock_dial);
    mHourHand = r.getDrawable(R.drawable.clock_hour);
    mMinuteHand = r.getDrawable(R.drawable.clock_minute);

    mCalendar = new Time();
    mDialWidth = mDial.getIntrinsicWidth();
    mDialHeight = mDial.getIntrinsicHeight();
}
…
}
```

其中，mDial 等对象为 Drawable 对象。接下来，需要指定该组件的尺寸，复写 View 的 onMeasure(int widthMeasureSpec, int heightMeasureSpec)方法可以指定组件的尺寸。

2．onMeasure()方法

下面通过复写 onMeasure()方法来决定组件的尺寸，具体代码如下：

```
//需要计算该组件的宽和高时调用该方法
@Override
protected void onMeasure(int widthMeasureSpec, int heightMeasureSpec) {
    //取得组件的宽和高，以及指定模式
    int widthMode = MeasureSpec.getMode(widthMeasureSpec);
    int widthSize =   MeasureSpec.getSize(widthMeasureSpec);
```

```
int heightMode = MeasureSpec.getMode(heightMeasureSpec);
int heightSize =    MeasureSpec.getSize(heightMeasureSpec);


float hScale = 1.0f;
float vScale = 1.0f;


if (widthMode != MeasureSpec.UNSPECIFIED && widthSize < mDialWidth) {
    hScale = (float) widthSize / (float) mDialWidth;
}
if (heightMode != MeasureSpec.UNSPECIFIED && heightSize < mDialHeight) {
    vScale = (float )heightSize / (float) mDialHeight;
}
//如果表盘图像的宽和高超出其组件的宽和高，即要进行相应的缩放
float scale = Math.min(hScale, vScale);
setMeasuredDimension(resolveSize((int) (mDialWidth * scale), widthMeasureSpec),
resolveSize((int) (mDialHeight * scale), heightMeasureSpec));

}
```

首先，根据传入的参数 widthMeasureSpec 和 heightMeasureSpec 来取得规定的宽和高及其模式。这里有些复杂，读者不禁会问，这两个参数代表什么？它们又是从哪里来的呢？

在之前的章节中我们已经了解到，任何一个 View 组件都是包含在一个 ViewGroup 容器中的。自然，根据各个容器的布局属性不同（如线性布局或表格布局等），其中的组件显示方式也会有一定的限制。这种限制体现在两个方面：尺寸限制和尺寸模式限制。

容器将尺寸和尺寸模式一起传给组件，告诉组件如何规划自己的尺寸。其中尺寸模式为一个整型参数，有以下几种：

- UNSPECIFIED：说明容器对组件本身的尺寸没有任何限制，组件可以根据自己的需要随意规划自己的尺寸。这种情况下，容器提供的尺寸也没有任何意义了；
- EXACTLY：说明容器严格要求其组件的尺寸必须为给定尺寸，不能自己决定尺寸大小；
- AT_MOST：说明容器提供的尺寸是一个最大值，也就是说，组件可以随意决定自己的尺寸，只要不大于容器指定的尺寸即可。

为了传值方便，OPhone 图形系统将容器提供的尺寸和尺寸模式结合成一个整型表示，并提供了 MeasureSpec 工具类进行辅助操作，主要方法为：

- public static int makeMeasureSpec(int size, int mode)

通过该方法传入尺寸和模式后，会生成一个新的整型，叫做 measureSpec。

- public static int getSize(int measureSpec)
- public static int getMode(int measureSpec)

使用 getSize()或 getMode()方法，可以将 measureSpec 中的尺寸和模式提取出来。

至此，我们可以理解 onMeasure()方法传入的参数的意义了。在 onMeasure()方法中，首先判断容器对组件大小有没有限制，如果尺寸模式不为 UNSPECIFIED，即说明容器限定了组件的大小。这时需要判断表盘的大小是否超出了容器限定的尺寸。如果超出，则计算其需要缩小的比例。最后比较宽和高的缩小比例，取其最小值进行缩放。

方法的最后调用 setMeasuredDimension()计算出符合要求的宽、高尺寸并返回。需要注意的是，在 onMeasure()方法中必须调用 setMeasuredDimension()方法返回宽、高值，否则系统会抛出异常。

3．onDraw()方法

组件尺寸决定后，接下来绘制出整个表的具体图形。通过复写 View 的 onDraw()方法来绘制表的图形，代码如下：

```
//绘制组件的方法，使用 Canvas 对象绘制组件的具体表现
@Override
protected void onDraw(Canvas canvas) {
    super.onDraw(canvas);
    //用 changed 标识来判断是否需要重新绘制
    boolean changed = mChanged;
    if (changed) {
        mChanged = false;
    }
    //获取组件的位置信息
    final int mRight = getRight();
    final int mLeft = getLeft();
    final int mTop = getTop();
    final int mBottom = getBottom();
    //计算实际的宽和高
    int availableWidth = mRight - mLeft;
    int availableHeight = mBottom - mTop;
    //计算时钟的原点
    int x = availableWidth / 2;
    int y = availableHeight / 2;
    //表盘的宽和高
    final Drawable dial = mDial;
```

```
        int w = dial.getIntrinsicWidth();
        int h = dial.getIntrinsicHeight();
        boolean scaled = false;
        //利用实际宽、高和表盘的宽、高，判断是否需要缩放画布
        if (availableWidth < w || availableHeight < h) {
            scaled = true;
            float scale = Math.min((float) availableWidth / (float) w,
                                    (float) availableHeight / (float) h);
            canvas.save();
    //进行画布缩放
            canvas.scale(scale, scale, x, y);
        }
        if (changed) {
            dial.setBounds(x - (w / 2), y - (h / 2), x + (w / 2), y + (h / 2));
        }
        dial.draw(canvas); //绘制表盘
        //绘制时针
        canvas.save();
        canvas.rotate(mHour / 12.0f * 360.0f, x, y);
        final Drawable hourHand = mHourHand;
        if (changed) {
            w = hourHand.getIntrinsicWidth();
            h = hourHand.getIntrinsicHeight();
            hourHand.setBounds(x - (w / 2), y - (h / 2), x + (w / 2), y + (h / 2));
        }
        hourHand.draw(canvas);
        canvas.restore();
        //省略绘制分针的代码
        …
        if (scaled) {
            canvas.restore();
        }
    }
```

可以发现，之前讲解的 Canvas 种种变换在这里都得到了充分的使用。首先根据组件的尺寸和表盘图片的尺寸比较、判断是否需要缩放，如果需要，则使用 scale()方法进行缩放。

绘制时针则使用了 rotate()方法。首先计算出需要转动的角度，然后以表盘中心为原点
(x, y)旋转相应角度，然后绘制时针。

值得注意的是，在每次进行画布变换操作之前，都使用了 canvas.save()方法，在变换之
后又调用了 canvas.restore()方法。当对画布进行各种变换之后，往往需要将这些变换清除。
例如，为了绘制时针，首先需要将画布旋转。接下来绘制分针时则需要将之前旋转的角度
还原，否则会出现错误的效果。canvas.save()方法会保存当前的画布状态。经过画布的各种
变换之后，可以调用 canvas.restore()方法恢复到之前保存的状态。需要注意的是，save()和
restore()必须成对出现，这就好像 VB 中的 IF 和 ENDIF 一样。当然，它们也可以嵌套使用，
其实上面的代码实例中就嵌套使用了该方法。

4．View 刷新

目前，已经实现了时钟的显示，但是这个时钟并不能随着时间的变化而转动时针。为
了实现真正的时钟效果，需要根据时间的变化实时更新 View 的显示。具体思路如下：

（1）创建 BroadcastReceiver 监听时间的变化；

（2）如果时间变化，则更新 mHour 和 mMinutes 变量；

（3）最后，刷新 View 显示，重新调用 onDraw()方法。

首先，创建 BroadcastReceiver，并在 View 加载完成之后即注册该 BroadcastReceiver，
实施监听；在 View 被销毁之前取消监听。代码如下：

```
//在组件绘制到 Window 之前调用，这时组件的相关资源已经读取完毕。一般在该
//方法中进行逻辑上的初始化操作
@Override
protected void onAttachedToWindow() {
    super.onAttachedToWindow();
    onTimeChanged();
    if (!mAttached) {
        mAttached = true;
        IntentFilter filter = new IntentFilter();
        //注册时间改变的 Intent，当时间变动时改变时钟时间
        filter.addAction(Intent.ACTION_TIME_TICK);
        filter.addAction(Intent.ACTION_TIME_CHANGED);
        getContext().registerReceiver(mIntentReceiver, filter, null, mHandler);
    }
}

//当该组件不在 Window 上显示时调用，一般进行一些 BroadcastReceiver 的销毁工作
```

```
@Override
protected void onDetachedFromWindow() {
    super.onDetachedFromWindow();
    if (mAttached) {
        getContext().unregisterReceiver(mIntentReceiver);
        mAttached = false;
    }
}
```

onAttachedToWindow()方法在 View 显示在屏幕之前被调用，这个时候是注册 Intent 监视器的最佳时机。之后，在 onDetachedFromWindow()方法中注销监视器，当 View 从屏幕移除后会调用该方法。mIntentReceiver 实例的创建代码如下，主要实现了在时间改变时更新 View 的时间变量及刷新显示。

```
private final BroadcastReceiver mIntentReceiver = new BroadcastReceiver() {
    @Override
    public void onReceive(Context context, Intent intent) {
        onTimeChanged();
        invalidate();
    }
};
```

onTimeChanged()方法更新了 mHour 和 mMinutes 变量，用于显示表盘时使用，这里就不赘述了。Invalidate()方法非常重要，该方法会刷新 View 的显示。顾名思义，该方法是让 View 显示的内容无效，无效之后自然就需要重新绘制，即重新调用 onDraw()方法。没有参数的 invalidate()方法默认会将整个 View 重新绘制。有时候，View 没有必要整个刷新，仅仅需要部分刷新。例如，在游戏中背景部分往往是不需要刷新的，仅需刷新游戏人物。部分刷新的方法为：

```
public void invalidate(int l, int t, int r, int b)
public void invalidate(Rect dirty)
```

第一个方法的 4 个参数为需要刷新区域的 4 个顶点的坐标；第二个方法的作用同样，只是用 Rect 来表示需要刷新的区域。

经过对一个自定义 View 的实例讲解，相信读者已经可以开发一个简单的自定义 View 组件了。但是在 UI 的设计中，我们经常需要实现一些动画效果，下一节就来讲解在 OPhone 中如何实现动画效果。

4.5 图形动画

任何动画的实现其实都是一系列静态画面的连续展示。每一个静态画面叫做"帧"。在 OPhone 中实现一个简单的动画效果，代码如下：

```
Animation animation = new TranslateAnimation(0, 20f, 0, 20f);
mView.startAnimation(animation);
```

由此可以看到，实现一个动画效果是多么的简单。首先实例化一个 animation 对象，然后调用 View 的 startAnimation()方法，将之前创建好的 animation 对象作为参数传入即可实现动画效果。

4.5.1 Animation

Animation 是一个抽象类，TranslateAnimation 类是 Animation 的继承类，实现了简单的位移动画。除了位移动画外，在 OPhone 系统中还提供了各种各样的动画效果。

1．渐变动画

渐变动画是较常用的一种动画效果，通过修改 View 的 Alpha 值实现从完全显示到透明或是从透明到完全显示的动画效果。在制作渐进渐出的效果时经常使用该动画。使用 Java 来创建及使用渐变动画的代码如下：

```
Animation animation = new AlphaAnimation(1.0f, 0.0f);
mView.startAnimation(animation);
```

该代码实现了组件从完全显示到完全透明的动画效果。可以看到，渐变动画首先要创建一个 AlphaAnimation 的动画实例，该类的构造函数解释如下：

```
AlphaAnimation (float fromAlpha, float toAlpha)
```

渐变透明度动画效果。

● fromAlpha：动画开始时的透明度；

● toAlpha：动画结束时的透明度。

说明：0.0 表示完全透明；1.0 表示完全不透明。

除了在代码中直接创建动画实例外，还可以用 XML 资源来表示动画。在 OPhone 系统中字符串、图片等资源是可以通过 context 获取的，界面 Layout 也是通过 XML 文件设置而后通过 context 获取的，同样动画也可以用 XML 资源来表示，而后在程序中读取动画实例。

首先，在项目根目录下创建目录 res/anim，而后在该目录中创建 XML 文件。渐变动画的 XML 实例如下：

```
<alpha xmlns:android="http://schemas.android.com/apk/res/android"
    android:fromAlpha="0.0" android:toAlpha="1.0"
    android:duration="300" />
```

该 XML 定义了一个从完全透明到完全显示的动画，动画时间为 300 毫秒。

假设保存文件名为 alpha_anim.xml，而后可以使用 AnimationUtil 工具类读取动画实例，代码如下：

```
Animation alphaAnim = AnimationUtils.loadAnimation(context, R.anim.alpha_anim);
```

2．平移动画

平移动画会将一个组件从一个位置移动到另一个指定位置，这是最简单的动画效果，在之前的例子中已经做了简单演示。平移动画需要指定动画的起始点和结束点位置。在 Java 中创建平移动画的代码如下：

```
Animation animation = new TranslateAnimation(0, 20f, 0, 20f);
mView.startAnimation(animation);
```

该实例实现了组件从(0,0)位置移动到(20,20)的动画效果。平移动画 TranslateAnimation 的构造函数如下：

```
TranslateAnimation(float fromXDelta, float toXDelta,
                   float fromYDelta, float toYDelta)
```

画面转换位置移动动画效果。

- fromXDelta：动画起始时 x 坐标上的移动位置；
- toXDelta：动画结束时 x 坐标上的移动位置；
- fromYDelta：动画起始时 y 坐标上的移动位置；
- toYDelta：动画结束时 y 坐标上的移动位置。

同样，也可以在 XML 中定义平移动画。在 XML 资源中定义平移动画的实例如下：

```
<translate xmlns:android="http://schemas.android.com/apk/res/android"
    android:fromXDelta="0" android:toXDelta="50"
    android:fromYDelta="0" android:toYDelta="50" android:duration="1500"/>
```

该实例实现了从(0,0)到(50,50)的平移动画效果。

3．缩放动画

缩放动画可以实现放大或缩小的动画效果，还记得在介绍画布的缩放操作时，特意强调解释了如何以一个指定点为原点进行缩放操作。缩放动画也一样，同样需要指定动画的缩放原点，称之为动画的轴心点（Pivot Point）。首先看一下如何实现一个简单的缩放动画。

```
Animation animation = new ScaleAnimation(1.0f, 2.0f, 1.0f, 2.0f, Animation.ABSOLUTE,
    10f, Animation.ABSOLUTE, 10f);
mView.startAnimation(animation);
```

可以发现，缩放动画的构造函数所需要的参数要比平移和渐变动画的多。下面来看一下缩放动画构造函数的定义，以及各个参数的意义。

```
ScaleAnimation (float fromX, float toX, float fromY, float toY, int pivotXType,
    float pivotXValue, int pivotYType, float pivotYValue)
```

渐变尺寸伸缩动画效果。

- fromX：动画起始时 x 坐标上的伸缩尺寸；
- toX：动画结束时 x 坐标上的伸缩尺寸；
- fromY：动画起始时 y 坐标上的伸缩尺寸；
- toY：动画结束时 y 坐标上的伸缩尺寸；
- pivotXType：轴心点在 x 轴相对于组件的位置类型；
- pivotXValue：轴心点在 x 轴上的位置，该值根据 pivotXType 的不同代表不同的意义；
- pivotXType：轴心点在 y 轴相对于组件的位置类型；
- pivotYValue：轴心点在 y 轴上的位置，该值根据 pivotYType 的不同代表不同的意义。

其中，fromX 及 toX 分别为 x 轴上动画起始时和结束时的缩放倍数，使用浮点数来表示，例如：1.0f 表示原大小，2.0f 表示两倍大小；fromY 和 toY 同理。后 4 个参数指定了动画缩放的轴心点位置，我们可以这样理解：动画轴心点，即在动画过程中不会移动的一个固定点。例如，上例中 "Animation.ABSOLUTE,10f,Animation.ABSOLUTE,10f" 即表示在动画过程中相对组件左上角的(10，10)为动画轴心点，在动画过程中这一点会固定不变。参数 pivotXType 的值可以为 Animation.ABSOLUTE、Animation.RELATIVE_TO_SELF 或 Animation.RELATIVE_TO_PARENT。Animation.ABSOLUTE 代表轴心点的值，使用绝对坐标值来表示，即轴心点相对组件左上角的距离值；Animation.RELATIVE_TO_SELF 在实际应用中非常有用，代表轴心点的值，使用相对组件本身大小的比例值来表示。例如，经常需要实现轴心点为组件中心点的缩放动画，一般情况下，可能需要计算组件的宽和高，然后除以 2，得到中心点坐标，但是在定义动画时往往不知道目标组件的实际大小，也就无法计算宽和高。为了解决

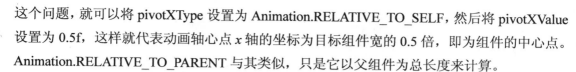

这个问题，就可以将 pivotXType 设置为 Animation.RELATIVE_TO_SELF，然后将 pivotXValue 设置为 0.5f，这样就代表动画轴心点 x 轴的坐标为目标组件宽的 0.5 倍，即为组件的中心点。Animation.RELATIVE_TO_PARENT 与其类似，只是它以父组件为总长度来计算。

同样，使用 XML 资源也可以方便地定义缩放动画。

```xml
<scale xmlns:android="http://schemas.android.com/apk/res/android"
    android:fromXScale="2.0" android:toXScale="1.0"
    android:fromYScale="2.0" android:toYScale="1.0"
    android:pivotX="50%" android:pivotY="50%"
    android:duration="300" />
```

该 XML 资源定义了以组件中心点为轴心点、从两倍大小还原到正常大小的缩放动画。在 XML 中，系统会根据 pivotX 和 pivotY 的值自动计算其 pivotXType 和 pivotYType 类型，当该值为一个浮点数时，pivotXType 类型为 Animation.ABSOLUTE，为百分数时 pivotXType 类型为 Animation.RELATIVE_TO_SELF。例如，上例中的 50%，当在后面加一个 p 字母时，如 50%p，则为 Animation.RELATIVE_TO_PARENT。

4．旋转动画

旋转动画会围绕一个轴心点对组件进行旋转。与缩放动画类似，旋转动画同样需要指定一个旋转的轴心点。使用 Java 实现旋转动画的代码如下：

```java
Animation animation = new RotateAnimation(0f, 350.0f, Animation.ABSOLUTE, 10f,
                Animation.ABSOLUTE, 10f);
mView.startAnimation(animation);
```

该动画效果会以(10,10)为旋转轴心点，将组件从 0° 旋转到 350°。RotateAnimation 的构造函数具体如下：

```java
RotateAnimation (float fromDegrees, float toDegrees, int pivotXType, float pivotXValue,
                int pivotYType, float pivotYValue)
```

画面转移旋转动画效果。

- fromDegrees：动画起始时的旋转角度；
- toDegrees：动画旋转到的角度；
- pivotXType：轴心点在 x 轴相对于组件的位置类型；
- pivotXValue：轴心点在 x 轴上的位置，该值根据 pivotXType 的不同代表不同的意义；
- pivotXType：轴心点在 y 轴相对于组件的位置类型；
- pivotYValue：轴心点在 y 轴上的位置，该值根据 pivotYType 的不同代表不同的意义；

- fromDegrees：动画的起始角度；
- toDegrees：动画结束时的角度。

旋转动画中轴心点的设置与缩放动画一样，这里就不再赘述了。使用 XML 来定义旋转动画的代码如下：

```
<rotate xmlns:android="http://schemas.android.com/apk/res/android"
    android:fromDegrees="0" android:toDegrees="+350"
    android:pivotX="50%" android:pivotY="50%"
    android:duration="3000" />
```

该例以中心为轴心点，顺时针旋转 350°。其中 pivotX 和 pivotY 的设置规则与缩放动画一致。

5．动画属性

动画有很多属性可以设置，用来实现不同的动画效果。利用这些属性可以控制动画的播放时间、播放次数及播放模式等。列出如下：

- setDuration(long durationMillis)

设置动画的播放时间，参数为播放时间，单位为毫秒。注意：参数必须大于或等于 0。

- setRepeatCount(int repeatCount)

设置动画播放的次数。如果想无限次播放，可传入小于 0 的参数，或者使用常量 Amination.INFINITE（该常量值为-1）。

- setRepeatMode(int repeatMode)

设置动画的重复模式。直观地说，就是动画播放完毕后的行为。模式有：

> Amination.RESTART：播放完毕后从头开始播放；
> Amination.REVERSE：播放完毕后，从后向前反过来播放。

用一个简单的例子来说明以上这些属性如何使用。

```
Animation animation = new TranslateAnimation(0, 20f, 0, 20f);
//每次动画播放 20 秒
animation.setDuration(20000);
//不停止地重复播放
animation.setRepeatCount(Animation.INFINITE);
//当动画播放一遍完毕后，反过来重新播放
animation.setRepeatMode(Animation.REVERSE);
```

上例实现了一个不断重复的动画，并且每次动画完毕后都会反过来重新播放。下面是设置播放起始时间和播放偏移时间的属性。

● setStartTime(long startTimeMillis)

设置动画开始播放的时间，该时间是系统的真实时间。若想取得当前系统时间，则可以使用 AnimationUtils 类提供的 currentAnimationTimeMillis()方法。如果想立即播放，则可以将该属性设置为常量 Animation.START_ON_FIRST_FRAME（值为-1），动画会判断传入的值是否小于 0，如果小于 0 则会自动转换成当前时间，即实现了立即播放。

● setStartOffset(long startOffset)

设置播放偏移时间，即在动画开始之前会延时 startOffset 毫秒。

在动画播放的过程中，有两段时间是值得关注的，即动画开始播放之前和动画已经播放完毕之后。开始播放之前很好理解，即当前时间还没有到 startTime 设置的时间或是设置了 startOffset 时间；动画播放之后如何理解呢？我们知道动画其实就是画面不停地切换，那么每一次切换也是有时间间隔的，也就是每一帧的间隔时间。当动画即将播放结束（即将到达规定的 duration 时间）时，这时还没有到达播放结束的时间，但当播放下一帧时，由于每帧之间有时间间隔，所以超出了播放时间。这个时候可以看作动画已经播放结束了，这段超出的时间为播放完毕之后的时间。

那么，在播放之前和播放完毕之后还会进行动画操作吗？这个也是可以设置的，具体的属性如下：

● setFillBefore(boolean fillBefore)

如果设置为 true，那么在动画开始播放之前就会进行动画变换操作。默认为 true。

● setFillAfter(boolean fillAfter)

如果设置为 true，那么在动画结束之后(只有一帧)仍会进行动画变换操作。默认为 false。

● setFillEnabled(boolean fillEnabled)

只有将其设置为 true，上述两个属性才有意义；否则无论开始还是结束时都不会进行动画变换操作。默认为 false。

4.5.2 Interpolator

在实际的动画实现过程中，我们经常遇到这样的情况，即动画的播放不是按时间线性进行的。举例来说，有时需要实现一个具有缓冲效果的平移动画，也就是越到结束时动画的速度越慢。可以使用 Interpolator 来实现这样的效果。Interpolator 是一个接口，主要用来对动画播放的时间进度进行控制。Animation 在播放动画的每一帧时，会计算出当前的播放进度，即当前已经播放的百分比。normalizedTime 参数是一个小于或等于 1 的浮点数，按照常理来说，Animation 会根据该参数计算当前应播放的帧，实现线性的动画效果。但实际上 Animation 会将该值交由 Interpolator 进行一次变换处理，由 Interpolator 来控制播放进度。在 Animation 中相关的代码如下：

```
final float interpolatedTime = mInterpolator.getInterpolation(normalizedTime);
```

这样 Interpolator 就可以方便地控制动画的播放进度，进而达到各种加速或减速的播放效果。系统提供了一些 Interpolator 的实现类以实现各种不同的动画播放效果，列出如下：

- LinearInterpolator：实现动画的线性播放（匀速播放），为默认效果。
- AccelerateInterpolator：实现动画的加速播放，即动画会越来越快；该类有一个参数 factor，为加速因子。当 factor 为 1 时，返回值为 normalizedTime 的平方。当 factor 的值越大加速的效果越明显，即开始时动画更慢，结束时更快。
- DecelerateInterpolator：与 AccelerateInterpolator 相反，实现动画的减速播放。
- AccelerateDecelerateInterpolator：开始和结束时较慢，在动画的中间阶段会先加速后减速。
- CycleInterpolator：实现循环播放的动画效果。

当创建了 Interpolator 实例后，可以通过 Animation 的 setInterpolator(Interpolator i)方法将其设置到动画实例中。举例说明如下：

```
Animation animation = new TranslateAnimation(0, 20f, 0, 20f);
Interpolator i = new AccelerateInterpolator(0.8f);
//在构造函数中设置 factor 值
animation.setInterpolator(i);
```

该实例使用 AccelerateInterpolator 实现了动画播放的加速效果。

经过以上章节的讲解，相信您已经可以创建出具有各种特性的动画效果了。但是单一的动画效果往往不能满足要求，有时需要将各种动画效果整合在一起形成新的动画效果。下一节就来了解一下如何实现动画的组合。

4.5.3　AnimationSet

AnimationSet 类是 Animation 的继承类，在实现了 Animation 基础上，将各种动画效果合并在一起。例如，在平移的同时让 View 组件渐渐透明消失，实现一个渐进渐出的效果。AnimationSet 使用的实例代码如下：

```
AnimationSet animationSet = new AnimationSet(true);
Animation animation1 = new TranslateAnimation(0, 20f, 0, 20f);
Animation animation2 = new AlphaAnimation(1.0f, 0);
animationSet.addAnimation(animation1);
animationSet.addAnimation(animation2);
```

```
mView.startAnimation(animationSet);
```

首先实例化一个 AnimationSet 对象，在其构造方法中需要传入一个参数，该参数说明整合的各种动画是否会使用同样的 Interpolator。

接下来创建想要合并的动画，而后使用 AnimationSet 的 addAnimation 方法将其加入 animationSet 中。最后，就像使用普通的 Animation 一样，使用 View 的 startAnimation 方法播放动画。这样，一个渐出的动画效果就实现了，是不是很简单。

AnimationSet 同样可以在 XML 中定义，利用 XML 的嵌套特性，set 的定义更为简单，代码如下：

```xml
<set xmlns:android="http://schemas.android.com/apk/res/android"
android:interpolator="@android:anim/accelerate_interpolator">
    <alpha
        android:fromAlpha="0.0"
        android:toAlpha="1.0"
        android:duration="300" />
    <scale
        android:fromXScale="2.0" android:toXScale="1.0"
        android:fromYScale="2.0" android:toYScale="1.0"
        android:pivotX="50%" android:pivotY="50%"
        android:duration="300" />
</set>
```

该 AnimationSet 实现了 Alpha 动画和缩放动画同时显示。

4.5.4　自定义动画

尽管 OPhone 已经提供了各种各样的动画，以及动画组合的功能，相信仍不能满足所有动画需求。这时可以创建自己的动画，下面将讲解一个自定义动画的实现过程。

首先创建自定义的动画类。所有自定义的动画类都要继承于 Animation 类，代码如下：

```java
//创建一个自定义动画，实现组件的 3D 翻转效果
public class My3DAnimation extends Animation {

    private final float mFromDegrees;
    private final float mToDegrees;
    private final float mCenterX;
    private final float mCenterY;
    private final float mDepthZ;
```

```
        private final boolean mReverse;
        private Camera mCamera;

public My3DAnimation(float fromDegrees, float toDegrees,
        float centerX, float centerY, float depthZ, boolean reverse){
    mFromDegrees = fromDegrees;
    mToDegrees = toDegrees;
    mCenterX = centerX;
    mCenterY = centerY;
    mDepthZ = depthZ;
    mReverse = reverse;
    }
}
```

在该类的构造函数中，传入必要的属性。这些属性主要有：

- fromDegrees：动画旋转的起始角度；
- toDegrees：动画结束时的角度；
- centerX，centerY：动画旋转的原点；
- depthZ：在动画旋转时，会在 z 轴上有一个来回的效果。depthZ 表示在 z 轴上平移的最大距离；
- reverse：如果为 True，则动画反向旋转。

然后需要复写 applyTransformation()方法，该方法指定了动画每一帧的变换效果。代码如下：

```
@Override
protected void applyTransformation(float interpolatedTime, Transformation t) {
    final float fromDegrees = mFromDegrees;
    float degrees = fromDegrees + ((mToDegrees - fromDegrees) * interpolatedTime);

    final float centerX = mCenterX;
    final float centerY = mCenterY;
    final Camera camera = mCamera;

    final Matrix matrix = t.getMatrix();

    camera.save();
    if (mReverse) {
```

```
                camera.translate(0.0f, 0.0f, mDepthZ * interpolatedTime);
            } else {
                camera.translate(0.0f, 0.0f, mDepthZ * (1.0f - interpolatedTime));
            }
            camera.rotateY(degrees);
            camera.getMatrix(matrix);
            camera.restore();

            matrix.preTranslate(-centerX, -centerY);
            matrix.postTranslate(centerX, centerY);
    }
```

该方法有两个参数，其中 interpolatedTime 代表动画执行的进度，即 Interpolator 计算出的结果，为一个大于等于 0、小于等于 1 的浮点数；参数 Transformation t 为动画变换的载体。

之前的章节已经讲到，动画实际上是每一帧画面的组合，每一帧产生不同的变换，进而产生动画效果。Transformation 即为每一帧变换信息的载体，其主要有两个属性：Alpha 和 Matrix。Alpha 为透明度。这个很好理解，表明这一帧时 View 组件的透明度为多少，AlphaAnimation 的渐进渐出效果即是通过改变每一帧的透明度实现的。接下来详细介绍一下 Matrix。

1．Matrix 介绍

Matrix 是变换矩阵，这是图形系统中极为重要的一个概念。在计算机图形学中，图形的基本操作如缩放、旋转、平移等，都可以用一个 3×3 的矩阵来表示，因此就有了 Matrix 这个类。Matrix 本身的实现机理不在本书的讨论范围内，感兴趣的读者可以参阅计算机图形学的相关资料。下面介绍一下如何使用 Matrix。

在之前的章节中，我们学习了使用 Canvas 本身的方法进行各种变换效果（平移、缩放等）。其实这些变换信息都可以由 Matrix 来表示，而后作用于 Canvas 上。下面的代码简单地利用 Matrix 实现旋转加缩放：

```
Matrix matrix = new Matrix();
matrix.setRotate(45, 50, 50);
matrix.setScale(1.5f, 1.5f);
canvas.concat(matrix);
```

Matrix 可以方便地设置各种图形变换信息，使用 Canvas 的 concat()方法将 Matrix 设置的变换信息作用于 Canvas 上，实现变换效果。Matrix 的主要方法如下：

- setTranslate(float dx, float dy)

设置平移信息，dx 和 dy 为在 x 轴和 y 轴上平移的距离。

- setScale(float sx, float sy, float px, float py)

设置缩放信息，sx 和 sy 为在 x 轴和 y 轴上的缩放倍数，(px, py) 为缩放原点。

- setRotate(float degrees, float px, float py)

设置旋转信息，degrees 为转动的角度，(px, py) 为转动原点。

- setSinCos(float sinValue, float cosValue, float px, float py)

利用 sin 或 cos 的值来标示转动的角度，(px, py) 为转动原点。

- setSkew(float kx, float ky, float px, float py)

设置倾斜信息，kx 和 ky 为在 x 轴和 y 轴上的倾斜度，(px, py) 为倾斜原点。

- setConcat(Matrix a, Matrix b)

将两个矩阵信息合并。

以上方法主要用于设置各种变换的信息。另外，每种变换方法还会对应 pre 和 post 两种方法。例如，setTranslate()会对应 preTranslate()和 postTranslate()两个方法。在 Matrix 中设置各种变换信息是有顺序的，例如，先缩放再平移与先平移后缩放是截然不同的效果（可参见上文 Canvas 缩放部分）。PreTranslate()即是将该平移操作放置最开始执行，postTranslate()即是放置最后执行。其他以 pre 和 post 开头的方法也是如此。

了解了 Matrix 的使用方法之后，回过头来看看之前的 3D 变换动画实例。首先使用当前的动画进度计算出当前应转动的角度。

```
float degrees = fromDegrees + ((mToDegrees - fromDegrees) * interpolatedTime);
```

而后从 Transformation 中取出 Matrix 准备进行变换。但是，在本例中并没有使用 Matrix 的方法设置变换信息，而是使用了 Camera 来进行变换操作。

2．Camera 介绍

Camera 主要实现了三维的平移和旋转，其主要方法有：

- translate(float x, float y, float z)

Camera 的 Translate 方法与 Canvas 的 Translate()方法所不同的是，它可以在 z 轴上进行平移，也就是使画面相对屏幕前后平移，达到三维的效果。

- rotateX(float deg)

以 x 轴为轴心旋转 deg 角度。

- rotateY(float deg)

以 y 轴为轴心旋转 deg 角度。

- rotateZ(float deg)

以 z 轴为轴心旋转 deg 角度。

同样，Camera 也有 save 和 restore 方法，用于保存和恢复变换的状态。当 Camera 变换完毕后，可将其变换值作用于 Matrix 上，使用 Camera.getMatrix()方法。不难看出，Matrix 本身的方法都是针对二维平面的变换，而三维的变换则由 Camera 来帮助实现，最终实现了围绕 Y 轴的旋转效果。

程序的最后，有这样一段代码：

```
matrix.preTranslate(-centerX, -centerY);
matrix.postTranslate(centerX, centerY);
```

之前已经讲解过，pre 和 post 方法会分别将变换效果置于变换最前和变换最后。结合 Canvas 变换中缩放原点的实现原理，不难理解以上操作会将(centerX,centerY)作为图形变换的原点，即该动画会以(centerX,centerY)为原点在 y 轴上产生旋转效果。整个动画的最终效果如图 4-23 所示。

图 4-23　自定义动画的最终效果

本节用一个实例讲解了实现自定义动画的过程。其实，OPhone 系统提供的自定义动画功能远不止如此，结合图形学的知识，相信读者能创造出更酷更炫的动画。

4.6　Resource 介绍

在之前的章节中，多次提到 Resource（资源）的概念。我们可以在项目的 res 目录下定制各种资源文件（XML 文件或图片等），而后 SDK 会自动生成 R 类，并生成与资源对应的

id 变量。最后，利用 context 中的 Resource 对象便可以方便地获取资源。本节将会对 OPhone 系统支持的资源类型做一个简单的汇总。

4.6.1 资源类型

OPhone 系统支持字符串、位图及其他很多种类型的资源，每一种资源的语法、格式以及存放的位置，都会根据其类型的不同而不同。通常，创建的资源一般来自于 3 种文件：XML 文件、位图文件（图像）以及 Raw 文件（如声音文件等）。下面列出每种资源的文件类型列表，详细地描述了每种类型的语法、格式及其包含文件的格式。

● 目录：res/anim/

之前的章节已经进行了详细讲解，其中文件将会被编译成 Animation 对象。

● 目录：res/color/

定义一个 View 在特定状态（如点击、选择等）下的颜色。

● 目录：res/drawable/

可以有两种类型：一种是图片文件，即 png 和 jpg 文件；另一种是 XML 文件。图片文件中如果使用.9.png 结尾，表明该文件为"点 9"图片文件，可以用做背景等特殊用途。XML 文件被系统编译为 Drawable 对象。

● 目录：res/layout/

被系统编译成 Layout 对象，或是 Layout 中的一部分（之前的章节有详细的介绍）。

● 目录：res/menu/

在 Activity 中使用该目录中的文件可以生成菜单（之前的章节有详细的讲解）。

● 目录：res/values/

原则上是可以存有任意名称的 XML 文件，之后会被编译到 R 类，用做系统的变量（如字符串、颜色值等）。虽然可以任意存储 XML 文件，但是系统有一些约定好的文件如下：

  ➢ array.xml：定义数组数据；

  ➢ colors.xml：定义 color drawable 和颜色的字符串值。使用 Resource.getDrawable() 和 Resources.getColor()分别获得这些资源；

  ➢ dimens.xml：定义尺寸值（dimension value）。使用 Resources.getDimension()获得这些资源；

  ➢ strings.xml：定义字符串（string）值（使用 Resources.getString()或者 Resources. getText()获取这些资源。getText()会保留在 UI 字符串上应用的丰富的文本样式）；

  ➢ styles.xml：定义样式（style）对象。

● 目录：res/xml/

任意的 XML 文件，在运行时可以通过调用 Resources.getXML()读取。同样，系统有一些约定好的文件名称或特性的 xml 节点可以实现特性的功能：在 XML 文件中使用 PreferenceScreen 标签可以生成一个应用设置界面，使用 searchable 标签可以定义应用的搜索属性；另外，定义文件名称为 appwidget_provider.xml 可以生成在主屏应用中显示的 AppWidget。总之，xml 目录中的内容往往都有特殊的用途，这里不展开来讲解了，请读者查阅相关的资料。

● 目录：res/raw/

直接复制到设备中的任意文件。它们无须编译，添加到编译应用程序产生的压缩文件中。要使用这些资源，可以调用 Resources.openRawResource()，参数是资源的 ID。

可以在项目的 res 目录下适当的子目录中创建和保存资源文件。OPhone SDK 有专门编译资源的工具，会将资源编译成二进制格式，同时生成 R 类，对应资源的索引。

4.6.2　使用资源

资源定义完成后便可以方便地使用这些资源了，使用资源一般有两种方法：在代码中使用资源或者在资源文件中引用其他资源。

1．在代码中使用资源

之前我们已经了解到，在编译时系统会产生一个名为 R 的类，它包含了程序中所有资源的资源标识符。这个类包含了一些子类，每一个子类针对一种支持的资源类型，或者所提供的一个资源文件。每一个类都包含了已编译资源的一个或多个资源标识符，可以在代码中使用它们来加载资源。下面是一个资源文件实例，包含了字符串、布局和图像等资源。

```
public final class R {
    public static final class drawable {
        public static final int icon=0x7f020003;
    }
    public static final class id {
        public static final int Button01=0x7f070006;
        public static final int Button02=0x7f070007;
    }
    public static final class layout {
        public static final int alarm_detail=0x7f030000;
        public static final int main=0x7f030007;
    }
    public static final class menu {
        public static final int detail_menu=0x7f060000;
    }
    public static final class string {
```

```
        public static final int alarm_cancel=0x7f040000;
        public static final int alarm_name_label=0x7f040003;
    }
    public static final class style {
        public static final int CustomTheme=0x7f050001;
        public static final int FormTitle=0x7f050000;
    }
}
```

了解了这些标识符后就可以在代码中使用它们了。使用 Context.getResource() 的 Resource 对象可以直接取得大部分资源，如 Resource.getString()、Resource.getDrawable() 等，Resource 的方法直观明了，这里就不一一列举了。

一般情况下，可以直接使用这些标识符来代表这些资源的引用而无须 Resource 对象，对于关键方法系统已经做了充分的封装，示例代码如下：

```
msgTextView.setText(R.string.hello_message);              //直接使用标识符代表字符串
this.getWindow().setBackgroundDrawableResource(R.drawable.my_background_image);
//直接使用标识符代表 drawable 对象
```

2．在资源文件中引用资源

在属性（或资源）中提供的值也可以作为资源的引用。这种情况经常出现在布局文件中，用于提供字符串和图像。引用可以是任何资源类型，包括颜色和整数。实例代码如下：

```
<?xml version="1.0" encoding="utf-8"?>
<EditText id="text" xmlns:android="http://schemas.android.com/apk/res/android"
    android:layout_width="fill_parent"
    android:layout_height="fill_parent"
    android:textColor="@color/red"
    android:text="Hello, OPhone!" />
```

这里使用"@"前缀引入对一个资源的引用，其形式为 @[package:]type/name。其中 type 是资源类型，name 是资源名称。在这种情况下，不需要指定 package 名，因为引用的是自己包中的资源。

4.6.3　资源适配

任何手机系统都会面临一个实际的问题——资源适配，也就是根据设备的各种属性匹配相应的资源。在 UI 设计中经常有这样的需求，例如要实现国际化，或是分辨率适配。

OPhone 系统使用非常简便的方法解决了这个问题。我们知道每一个资源都需要保存于不同的子目录中，在 OPhone 系统中，如果想要表示该资源是特定条件下使用的资源（例如，中文环境、HVGA 的分辨率下），只需要将子目录的名字后面加上条件的描述即可。规则是：使用 "-" 分割符将表示条件的字符串加在目录名称后即可。例如，表示中文环境的资源目录为 res/values-zh。系统提供了一系列的条件标识符，如表 4-2 所示。

表 4-2　条件标识符

MCC 和 MNC	MCC=移动国家号码，由 3 位数字组成，唯一地识别移动用户所属的国家。中国为 460 MNC=移动网号，由 2 位数字组成，用于识别移动用户所归属的移动网 如果您的应用需要根据不同的国家或者不同的移动网来显示不同的资源文件，如法律声明等，则会用到这个条件标识符
语言和区域	用两个字母表示的语言标识，可参照 ISO 639-1，以及两个字母标识的区域标识（为了区分，以 r 开头），可参照 ISO 3166-1-alpha-2，如 zh-rCN、en-rUS 注意：这些字母是区分大小写的，语言使用小写，国家使用大写。另外，不能单独使用国家代码，必须配合语言代码；但是可以单独使用语言代码
屏幕大小	可选值为：small、normal、large
屏幕样式	可选值为：long、notlong
屏幕方向	可选值为：port、land 或 square
屏幕像素密度	可选值为：ldpi、mdpi、hdpi 表示一英寸中有多少像素。低像素密度大约是 120dpi，中等像素密度大约是 160dpi，高像素密度大约是 240dpi
触摸屏类型	可选值为：notouch、stylus、finger
设置键盘是否可用	可选值为：keysexposed、keyshidden、keyssoft
输入方式	可选值为：nokeys、qwerty、12key
导航方式	可选值为：nonav、dpad、trackball、wheel
屏幕分辨率	800×480、854×480 等，比较大的值必须在乘号前面

在不同终端上进行用户界面适配工作时，如果布局文件都采用像素(pixel)来表示尺寸大小，则会因为像素密度不一致等原因而不得不使用多套资源。比如，在一个 mdpi（像素密度为 160dpi）的终端上，如果一个按钮的长度是 16 像素，则其实际长度大概是 16pixel/160dpi = 0.1 inch，而在一个 hdpi 的设备中，如果想达到同样的显示效果，则应将该按钮的长度调整为 0.1 inch×240dpi =24pixel。

在 OPhone 2.0 平台中，建议开发者在布局文件中使用与像素密度无关的 dp(density- independent pixel)和 sp(scale-independent pixels)来分别描述布局尺寸大小和字体大小。

对于 mdpi 的设备，一个 dp 相当于一个像素。在 mdpi 像素密度时，用 dp 描述的布局文件，可以直接在其他像素密度的终端上使用。通常情况下，OPhone 终端分辨率和像素密度的匹配关系如表 4-3 所示。

表 4-3　OPhone 终端分辨率和像素密度的匹配关系

像素密度	ldpi	mdpi	hdpi
终端分辨率	WQVGA(240×400)	HVGA(320×480)	WVGA(480×800) FWVGA(480×854)

对于图片资源，OPhone 2.0 平台通常将资源目录划分为 drawable-hdpi、drawable-mdpi 和 drawable-ldpi，按照表 4-3 的匹配关系，分别在其中放置 WVGA/FWVGA，HVGA 和 WQVGA 分辨率下的图片资源。如果 FWVGA 分辨率下的图片资源和 WVGA 分辨率下的不一致，则可以在工程中再建立一个 drawable-hdpi-854×480 的资源目录来放置 FWVGA 分辨率的特殊图片资源。

需要注意的是，当使用条件标识符命名目录名称时，如果有多个条件，要将各条件用"-"连接，并且其顺序要严格按照上表的顺序排列，系统会优先使用符合条件最多的资源。

4.7　俄罗斯方块实例

前面的部分内容已经介绍了 OPhone 平台的图形用户界面框架。本节将在 OPhone 平台上实现一个经典的小游戏——俄罗斯方块。通过这样一个完整的案例，复习一下自定义 View 的渲染、事件处理等知识。运行 chapter4_4，俄罗斯方块的运行界面如图 4-24 所示。

图 4-24　俄罗斯方块运行界面

4.7.1　方块的数据结构

1．方块的设计

俄罗斯方块游戏主要包含如下几种类型的方块，如图 4-25 所示。每种方块都可以变换形状，按照顺时针的方向旋转 90°就可以生成一种新的方块。

那么该如何在程序中表示方块呢？显然，即便是包含了变形后的方块，俄罗斯方块中的方块种类也不过十几种。因此，使用穷举的方式，在程序中将各个方块列举出来并不复杂。另外，方块的最大长和宽为 4 个单位，因此使用一个 4×4 的数组可以表示整个方块，其中数组中为 1 的位置表示有方块，其他为 0 的位置代表为空白。例如，图 4-25 中的方块图用数组表示如图 4-26 所示。

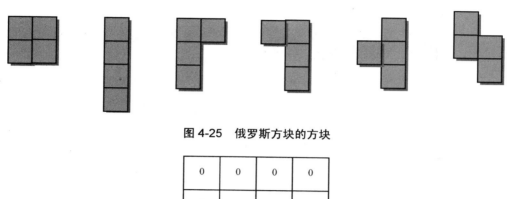

图 4-25　俄罗斯方块的方块

0	0	0	0
0	1	1	0
0	1	1	0
0	0	0	0

图 4-26　用数组表示方块

一旦某个方块用数组的形式表示之后，这个方块与数组四周的边距也就确定了，例如，如图 4-26 所示的方块的 4 个边距分别是 1,1,1,1。边距在方块的移动过程中，用来检测方块与背景和其他方块的碰撞。除了边距之外，还应该给方块定义一个索引属性，这样就可以方便地标识每个方块。有了索引属性之后，就可以定义一个变换数组，数组中可以标识某个索引的方块变形一次后方块的索引。

2．Shape 类

有了上面的分析作为基础，我们可以实现 Shape 类来表示方块的数据结构。Shape 类的成员变量和构造器如下所示。

```
private int index;
//4×4 的二维数组
private int[] data;
//上、下、左、右的 margin
```

```
private int marginTop;
private int marginRight;
private int marginBottom;
private int marginLeft;

private Shape(final int index, final int[] data, int mt, int mr, int mb,int ml) {
    this.index = index;
    this.data = data;
    this.marginTop = mt;
    this.marginRight = mr;
    this.marginBottom = mb;
    this.marginLeft = ml;
}
```

Shape 类中最重要的数据是由若干 Shape 对象组成的数组，这个数组代表了所有可能出现的俄罗斯方块。数组中 Shape 对象的索引值从 0 到 18。Shape[]数组定义如下所示，为了节省篇幅，省略了部分 Shape 对象。

```
//Shape 数组
public static final Shape[] SHAPES = {
    // 0 号方块，下一个是 0 号
    //○○
    //○○
    new Shape(0, new int[] { 0, 0, 0, 0,
                             0, 1, 1, 0,
                             0, 1, 1, 0,
                             0, 0, 0, 0 }, 1, 1, 1, 1),

    // 1 号方块，下一个是 2 号
    //○○○○
    new Shape(1, new int[] { 0, 0, 0, 0,
                             1, 1, 1, 1,
                             0, 0, 0, 0,
                             0, 0, 0, 0 }, 1, 0, 2, 0),

    // 2 号方块，下一个是 1 号
    //○
    //○
```

```
                        //○
                        //○
        new Shape(2, new int[] { 0, 1, 0, 0,
                                 0, 1, 0, 0,
                                 0, 1, 0, 0,
                                 0, 1, 0, 0 }, 0, 2, 0, 1),


        // 3 号方块，下一个是 4 号
                        //○
                        //○
                        //○○
        new Shape(3, new int[] { 0, 1, 0, 0,
                                 0, 1, 0, 0,
                                 0, 1, 1, 0,
                                 0, 0, 0, 0 }, 0, 1, 1, 1),
//省略部分数组定义
};
```

有了 Shape[]数组之后，可以很容易地实现方块变形功能。对于每个方块，经过一次变形后对应的方块是固定的。例如，对于索引号为 0 的方块，变形后仍然是本身；对于索引号为 2 的方块，变形后对应的索引号为 1。可以定义一个一维数组 NEXT[]，用来存放 Shape[]数组中每个方块变形后的索引数。想获得某个方块变形后的方块索引，直接查询 NEXT[]数组即可。索引数组与 next()方法如下所示。

```
//当变换方块形状时，查询此表
private static final int[] NEXT = { 0, 2, 1, 4, 5, 6, 3, 8, 9, 10, 7, 12,13, 14, 11, 16, 15, 18, 17 };


//下一个方块
public Shape next() {
        return SHAPES[NEXT[index]];

}
```

4.7.2　方块渲染

用 Shape 类定义了方块的数据结构之后，下面就要实现方块的定义和渲染了。首先，应该能够确定方块左上角的坐标，其中 x 坐标用 left 表示，y 坐标用 top 表示。由于整个方块用 4×4 的数组表示，因此左上角实际上是 4 维数组的第一个位置的左上角。除此之外，还应该定义方块的长度，这里使用 WIDTH 常量表示。Brick 类的成员变量和构造器如下所示。

```
public class Brick extends View {
    //定义方块的大小
    public static final int WIDTH = 17;
    public static final int PADDING = 1;
    //左顶点(x,y)
    public int left;
    public int top;
    //数据模型
    private Shape shape;
    //屏幕
    private Screen parent;
    private TextPaint paint = new TextPaint();

    public Brick(Context context, AttributeSet attrs) {
        super(context, attrs);
    }

    public Brick(Context context) {
        super(context);
    }

    public Brick(Screen screen) {
        this(screen.getContext());
        parent = screen;
    }
}
```

Brick 类扩展了 View 类，是典型的自定义 View。Brick 的渲染工作是在 onDraw()方法中实现的。绘制方块，需要遍历整个 4×4 的数组，忽略位置为 0 的方块，对于值为 1 的位置进行绘制。为了实现方块带边框的效果，这里使用了一个简单的方法，首先在外围用一种颜色绘制一个正方形，然后用另一种颜色绘制一个长度小于 2 个像素的正方形，两个正方形的重心一致，这样看上去就像是带边框的方块了。当然，也可以使用图片实现。onDraw()方法如下所示。

```
@Override
protected void onDraw(Canvas canvas) {
```

```
super.onDraw(canvas);
int x = left;
int y = top;
int[] data = shape.getData();
for (int i = 0; i < data.length; i++) {
    //如果 data[i]不等于 0，绘制方格
    if (data[i] != 0) {
        int r = i / 4;
        int c = i % 4;
        int l = x + c * WIDTH;
        int t = y + r * WIDTH;
        paint.setColor(Color.parseColor("#f7faf3"));
        //绘制外面大的方格
        canvas.drawRect(l, t, l + WIDTH, t + WIDTH, paint);
        //绘制里面小的方格，看上去像是给小方格增加了一个边框
        paint.setColor(Color.parseColor("#4c8e0b"));
        canvas.drawRect(l + PADDING, t + PADDING, l + WIDTH - PADDING,
                t + WIDTH - PADDING, paint);
    }
}
}
```

在 Brick 类中还定义了向左、向右、向下移动的方法，以及和背景的边框碰撞检测的方法。这些内容将在下一节进行介绍。

4.7.3 游戏区域设计

1．界面布局

俄罗斯方块游戏以模拟器屏幕尺寸为 320×480 像素设计，将游戏区域分为左、右两个部分。左边是游戏区域，方块的移动限制在此区域内；右边是信息显示区域，显示下一个即将落下的方块、得分和游戏状态，如图 4-27 所示。在本例中，游戏运行区域表示为 24 行高、10 列宽的二维数组。每一个小的单元格正好是方块的宽度 WIDTH。方块在移动过程中，需要检测是否与边界碰撞，如果碰撞则不能继续向此方向运动。

2．Screen 初始化

Screen 类扩展了 View，实现了渲染整个游戏区域的功能。创建 Screen 对象时，需要完成如下的初始化工作。

图 4-27   游戏区域设计图

- 确定游戏运行区域的边界 mLeft、mTop、mBottom 和 right。
- 初始化下一个方块 next，并设置其左上角坐标。
- 初始化当前运行的方块 current，并设置其左上角坐标。
- 初始化方块运行区域的数组 bricks。
- 设置当前屏幕的背景图片。

游戏的初始化工作在 Screen 类的 reset()方法中完成，这个方法在 Screen 对象创建，以及游戏结束后会被调用。reset()方法的代码如下所示：

```
//初始化游戏数据
private void reset() {
    //计算方块运行区域的边界
    mLeft = 0;
    mTop = 0;
    mBottom = mTop + ROW * Brick.WIDTH;
    right = Brick.WIDTH * COL + mLeft;
    //初始化下一个方块
    next = new Brick(this);
    next.setShape(Shape.random());
    next.left = right + BORDER;
    next.top = mTop;
    //初始化当前方块
    current = new Brick(this);
    current.setShape(Shape.random());
    current.left = 3 * Brick.WIDTH + mLeft;
```

```
        current.top = mTop;
        int mt = current.getShape().marginTop();
        current.top -= mt * Brick.WIDTH;
        //初始化方块运行区域的数组
        initializeBricks();
        state = READY;
        thread = null;
        this.score = 0;
        //设置屏幕背景图片
        setBackgroundResource(R.drawable.sea);
    }

    private void initializeBricks() {
        for (int i = 0; i < ROW; i++) {
            for (int j = 0; j < COL; j++) {
                bricks[i][j] = 0;
            }
        }
    }
```

3．游戏区域渲染

Screen 类的渲染工作在 onDraw()方法中实现，包括绘制当前正在运行的方块、已经落下的方块、下一个方块、得分和游戏运行状态等信息。onDraw()方法的实现如下所示，请参考注释阅读。

```
@Override
protected void onDraw(Canvas canvas) {
    super.onDraw(canvas);
    paint.setColor(Color.CYAN);
    int _w = ((WindowManager) getContext().getSystemService(
        Context.WINDOW_SERVICE)).getDefaultDisplay().getWidth();
    paint.setColor(Color.BLACK);
    //绘制左、右游戏区域分割线
    canvas.drawLine(right, mTop, right, mTop + getHeight(), paint);
    if (next != null) {
        //画下一个方块
        next.draw(canvas);
    }
    int color = paint.getColor();
```

```
            int m_left = next.left;
            int m_top = next.top + Brick.WIDTH * 6;
            paint.setColor(Color.parseColor("#FFFFFF"));
            paint.setTextSize(20);
            //画得分
            canvas.drawText(score + "", m_left, m_top, paint);
            int s_left = next.left;
            int s_top = m_top + Brick.WIDTH * 2;
            //画游戏方块、暂停、游戏中…
            canvas.drawText(getStateText(state), s_left, s_top, paint);
            if (current != null)
                //画当前的方块
                current.draw(canvas);
            paint.setColor(color);
            color = paint.getColor();
            //画屏幕上的方块
            for (int i = 0; i < ROW; i++) {
                for (int j = 0; j < COL; j++) {
                    if (bricks[i][j] == 1) {
                        int r = i;
                        int c = j;
                        int l = c * Brick.WIDTH;
                        int t = r * Brick.WIDTH;

                        paint.setColor(Color.parseColor("#f7faf3"));
                        canvas.drawRect(l, t, l + Brick.WIDTH, t + Brick.WIDTH, paint);
                        paint.setColor(Color.parseColor("#4c8e0b"));
                        canvas.drawRect(l + 1, t + 1, l + Brick.WIDTH - 1, t
                                + Brick.WIDTH - 1, paint);
                    }
                }
            }
            paint.setColor(color);
}
```

4.7.4　碰撞检测

俄罗斯方块的碰撞检测比较简单，主要由运行的方块和游戏边界的检测，以及运行的方块和已经落下的方块之间的检测组成。在方块的向左、向右和向下移动过程中，都需要检测方块是否与边界发生了碰撞，如果发生了碰撞则停止此方向的移动。

以方块向左移动为例，方块的 left 坐标应该减少 WIDTH。由于方块的左边距可能不为 0，因此 left 与 marginLeft 乘以 WIDTH 的和如果小于左边界的坐标，那么就代表方块与边界碰撞了，应该恢复 left 的坐标。方块左移的代码如下所示：

```java
public void moveLeft() {
    //向左移动，left 减小
    this.left = this.left - WIDTH;
    int w = getMarginLeft();
    //检查是否和背景的最左边碰撞
    if (left + w * WIDTH < parent.getLeftBorder()) {
        this.left = this.left + WIDTH;
        return;
    }
    //检查是否与其他方块碰撞
    if (collide()) {
        this.left = this.left + WIDTH;
        return;
    }
}
```

在方块的移动和变形过程中，不但要检查与边界的碰撞，还要检查是否和已经存在的方块发生了碰撞。方块之间的碰撞，通过检查 Brick 的 4×4 数组和 Screen 的 bricks 数组中为 1 的位置是否有重叠，两个数组合并之后，如果新产生的数组中包含值大于 1 的位置，那么说明方块之间发生了碰撞。图 4-28 描述了两个数组的合并过程。

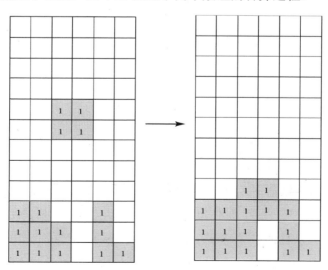

图 4-28　方块的合并过程

Brick.collide()方法实现了方块之间的碰撞检测工作。为了不影响实际 bricks 的值，每次做碰撞检测都是从 Screen 中生成一个 bricks 的副本，然后将 Brick 的 data 数组和 bricks 的位置进行叠加，最后检测叠加后的数组中是否有大于 1 的值。collide()方法的代码如下所示：

```
private boolean collide() {
    boolean collide = false;
    //使用背景的副本做碰撞检测
    int[][] bricks = parent.copyBricks();
    int c = left / Brick.WIDTH;
    int r = top / Brick.WIDTH;
    int[] data = getShape().getData();
    //将方块和背景的值进行叠加
    for (int i = 0; i < data.length; i++) {
        if (data[i] == 1) {
            int _r = i / 4;
            int _c = i % 4;
            if (r + _r < Screen.ROW & c + _c < Screen.COL & c + _c >= 0
                & r + _r >= 0){
                bricks[r + _r][c + _c] = bricks[r + _r][c + _c] + 1;
                if (bricks[r+_r][c+_c]>1)
                //如果合并之后的数组中有大于 1 的值，则代表碰撞了
                return true;
            }
        }
    }
    return collide;
}
```

4.7.5　输入处理

由于当前的 OPhone 模拟器是全触摸屏模式，因此需要处理 onTouchEvent()方法来响应用户的手势输入。在游戏的运行过程中，需要区分用户的向上滑动（代表暂停或者启动游戏）、向下滑动（方块快速落下）、向左滑动和向右滑动事件。除此之外，还需要区分用户的点击屏幕动作（方块变形）。为了区分用户的手势移动方向，需要使用 VelocityTracker 类。每次 onTouchEvent()方法被调用时，参数传入的 MotionEvent 对象都被加入到 VelocityTracker 对象中。当 MotionEvent.ACTION_UP 事件传入时开始计算移动的速度和方向。由于 VelocityTracker 的 getXVelocity()和 getYVelocity()方法返回的是带符号的速度，因此可以根

据速度的正负值判断用户手势的方向。对于在 MotionEvent.ACTION_DOWN 和 MotionEvent. ACTION_UP 之间产生移动距离较小的手势，则认为是点击屏幕的事件，方块需要变换形状。 onTouchEvent()代码如下所示：

```java
@Override
public boolean onTouchEvent(MotionEvent event) {
    if (tracker == null)
        tracker = VelocityTracker.obtain();
    //将 event 加入到 tracker 中以便计算
    tracker.addMovement(event);
    int action = event.getAction();
    switch (action) {
    //ACTION_DOWN 时记录 clickX 和 clickY 的值
    case MotionEvent.ACTION_DOWN:
        clickX = (int) event.getX();
        clickY = (int) event.getY();
        break;
    //ACTION_UP，开始计算
    case MotionEvent.ACTION_UP:
        tracker.computeCurrentVelocity(1000);
        //获得 y 轴方向的速度
        float vy = tracker.getYVelocity();
        //获得 x 轴方向的速度
        float vx = tracker.getXVelocity();
        //最新的 x,y 坐标
        int x = (int) event.getX();
        int y = (int) event.getY();
        if (Math.abs(vy) > ViewConfiguration.getMinimumFlingVelocity()
                & vy < 0 & Math.abs(y - clickY) > UP_LIMIT) {
            //根据上述条件判断为向上滑动
            if (state == READY) {
                start();
            } else {
                pause(false);
            }
            tracker.recycle();
            break;
```

```
            }
            //游戏正在运行中
            if (state == RUNNING) {
                if (Math.abs(x - clickX) < CLICK
                        & Math.abs(y - clickY) <= CLICK) {
                    //判断为屏幕点击动作，变换方块形状
                    next();
                    tracker.recycle();
                    break;
                }
                if (Math.abs(vy) > ViewConfiguration.getMinimumFlingVelocity()
                        & y - clickY > UP_LIMIT & Math.abs(vy) > Math.abs(vx)) {
                    //判断为下滑动作，让方块直接落下
                    fall();
                    tracker.recycle();
                    break;
                }
                if (Math.abs(vx) > Math.abs(vy)) {
                    //判断为左右移动动作
                    if (vx > 0)
                        right();
                    else
                        left();
                }
            }
            tracker.recycle();
            break;
        default:
            break;
        }
        return true;
    }
```

4.7.6　积分排行榜

由于 OPhone 持久化存储要在第 6 章才介绍，因此俄罗斯方块的排行榜功能使用 List 来实现，读者阅读过第 6 章的内容之后，可以修改为使用数据库或者 Content provider 来存储排行榜数据。

游戏结束，GameListener 的 gameOver(int mark)将会被调用。TeterisActivity 实现了 GameListener 接口，在此方法中让用户输入玩家姓名，并将得分插入到 List 中。

```
//当游戏结束时，此方法被回调，输入玩家姓名
public void gameOver(int mark) {
    this.mark = mark;
    showDialog(SHOW_SCORE_INPUT);
}
```

每次显示积分排行榜之前，都需要对 List 中的 Score 对象进行排序，规则是分数高的玩家排在前面。排行榜界面如图 4-29 所示。

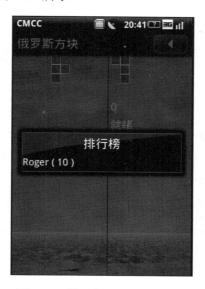

图 4-29　俄罗斯方块排行榜界面

4.8　AppWidget

OPhone 平台为开发者提供了 AppWidget 应用程序框架。基于该框架，开发者可以将特定 View 嵌入到其他应用中。一个最典型的应用场景，就是在 OPhone 及模拟器的主屏上开发外观类似传统桌面 Widget 的小应用，这些小应用可以在主屏上灵活地添加、拖动和删除。负责将特定 View 嵌入到其他应用的组件被称为 AppWidget providers，能够包含这些特定 View 的宿主组件被称为 AppWidget host。

AppWidget 应用框架中，常用的几个类：

● AppWidgetProvider

继承自 BroadcastReceiver 类，在 AppWidget 应用 update、enable、disable 和 deleted 时接受通知。其中，onUpdate 和 onReceive 是最常用到的方法，它们接受更新通知。

● AppWidgetProviderInfo

描述 AppWidget 的大小，更新频率和布局文件等信息。在 XML 资源中使用 <appwidget-provider>标签来定义 AppWidgetProviderInfo 对象，通常该资源存放在工程的 res/xml/目录中。

● RemoteViews

一种可以在其他应用进程中显示的类，是 AppWidget 布局文件的核心。在支持常用布局类的基础上，OPhone 平台的 RemoteViews 还支持自定义的布局类。

● AppWidgetManager

负责管理 AppWidget，以及更新 AppWidget 状态。

本节将以一个监控系统 CPU、内存使用率的小应用来具体讲解 AppWidget 的原理和使用方法。

4.8.1　AppWidgetProvider

如上文所述，AppWidgetProvider 继承自 BroadcastReceiver 类，因此，其本质与 BroadcastReceiver 类一致，都是接收与处理各类通知 Intent，它提供的钩子方法如下：

● onDeleted(Context context, int[] appWidgetIds)

当每个 AppWidget 实例从宿主（AppWidget host）中被删除时，AppWidgetProvider 收到 Action 为 android.appwidget.action.APPWIDGET_DELETED 的 Intent，该方法将被调用。

● onDisabled(Context context)

当最后一个 AppWidget 实例从宿主中被删除时，AppWidgetProvider 收到 Action 为 android.appwidget.action.APPWIDGET_DISABLED 的 Intent，该方法将被调用。开发者可以在该方法中释放使用过的资源，避免内存占用。

● onEnabled(Context context)

当第一个 AppWidget 实例被创建时，AppWidgetProvider 收到 Action 为 android.appwidget. action.APPWIDGET_ENABLED 的 Intent，该方法将被调用。

● onUpdate(Context context, AppWidgetManager appWidgetManager, int[] appWidgetIds)

当每个 AppWidget 实例被添加至宿主，或者在进行定时更新时，AppWidgetProvider 收到 Action 为 android.appwidget.action.APPWIDGET_UPDATE 的 Intent，该方法将被调用。

● onReceive(Context context, Intent intent)

当 AppWidgetProvider 接收到注册的所有类型的 Intent 时，该方法都会被调用。通过获取 Intent 中的 Action 内容，可以分析得到响应事件动作。该方法可用来接收用户自定义执行动作的 Intent。

在 AndroidManifest.xml 文件中，需要声明 AppWidgetProvider 类，其方式和声明 BroadcastReceiver 类一致，在工程 chapter4_5 中，具体内容如下：

```
<receiver android:name=".MyAppWidget" >
    <intent-filter>
        <action android:name="android.appwidget.action.APPWIDGET_UPDATE" />
        <action android:name="oms.action.update_info"/>
    </intent-filter>
    <meta-data android:name="android.appwidget.provider" android:resource="@xml/widget_info" />
</receiver>
```

<receiver>标签的 android:name 属性指定了应用、使用的 AppWidgetProvider，<intent-filter>标签中的<action>标签包含了 AppWidgetProvider 接收的 Intent 的 Action 类型，其中，android.appwidget.action.APPWIDGET_UPDATE 是必须显示声明的类型。因为在工程 chapter4_5 中需要响应用户自定义的操作，因此，自定义的 Action 类型"oms.action.update_info"也必须在此处声明。

<meta-data>元数据标签中指定了 AppWidgetProviderInfo 类的资源，android:name 属性指定了元数据名称，android:resource 属性指定了 AppWidgetProviderInfo 的资源路径。

4.8.2　AppWidgetProviderInfo

如上节所述，AppWidgetProviderInfo 类的资源路径在<meta-data>的 android:resource 中指定为"@xml/widget_info"，这意味着必须要在工程的 res/xml 文件夹中创建 widget_info.xml 文件来具体描述 AppWidgetProviderInfo 的内容，示例如下：

```
<?xml version="1.0" encoding="utf-8"?>
<appwidget-provider
    xmlns:android="http://schemas.android.com/apk/res/android"
    android:minWidth="301dp"
    android:minHeight="79dp"
    android:updatePeriodMillis="0"
    android:initialLayout="@layout/widget_layout">
</appwidget-provider>
```

<appwidget-provider> 标签对应 AppWidgetProviderInfo 对象的内容。其中，android:minWidth 和 android:minHeight 属性分别指定了 AppWidget 的最小宽度和最小高度。在实际开发中，开发者可以自行指定大小。

android:updatePeriodMillis 的属性值指定 AppWidgetProvider 定时更新的周期,单位是毫秒。如果用户设置了大于零的值 T,则 AppWidgetProvider 每间隔 T 毫秒都会收到 Action 为 android.appwidget.action.APPWIDGET_UPDATE 的 Intent 来触发定时更新。考虑到终端本身的功耗问题,不建议频繁地触发定时更新。在本节的例子中,采用的是用户按需触发更新的方式。因此 android:updatePeriodMillis 属性值可以填写为 0。

android:initialLayout 的属性值指定了 AppWidget 的实际布局文件。

4.8.3 RemoteViews

RemoteViews 是一种能在其他应用显示的类,其构造方法如下所示:

```
public RemoteViews (String packageName, int layoutId)
```

参数 packageName 表示包含布局资源文件的包名,参数 layoutId 指定 AppWidget 的布局文件,和上节中< appwidget-provider >标签的 android:initialLayout 属性对应的资源一致。

在工程 chapter4_5 中,RemoteViews 的布局文件 widget_layout.xml 包含有一个 RelativeLayout 布局类,它是由一个 ImageView 和两个 TextView 组成,分别显示应用图标、CPU 使用率和内存消耗。

在普通的 View 中进行设置组件内容操作时,通常先使用 findViewById(int id)方法获得组件,然后再设置对应内容。而在 RemoteViews 中,则是直接利用组件的 id 来设置对应内容。比如:

● setTextViewText(int viewId, CharSequence text)

参数 viewId 为 RemoteViews 中某个 TextView 的 id 值,text 为其对应内容。

● setImageViewResource(int viewId, int srcId)

参数 viewId 为 RemoteViews 中某个 ImageView 的 id 值,srcId 为其资源对应的 id 值。

在 RemoteViews 中没有 OnClickListener 方法,取而代之的是 setOnClickPendingIntent(int viewId, PendingIntent pendingIntent)方法。与 OnClickListener 可以自定义任何方式的响应事件相比,setOnClickPendingIntent 方法只能为指定的组件设置 3 种类型的响应事件——启动一个新的 Activity 或广播 Intent 或启动 Service。

在工程 chapter4_5 中,为 RemoteViews 的 RelativeLayout 组件(资源 id 是 R.id.widget)设置了点击响应事件,广播特定 Action 的 Intent,以实现交互需求,代码如下:

```
Intent intent = new Intent();
intent.setAction(UPDATE_INFO);
pendingIntent = PendingIntent.getBroadcast(context, 0, intent, 0);
rViews.setOnClickPendingIntent(R.id.widget, pendingIntent);
```

如果想设置点击事件为启动一个新的 Activty 或启动 Service，可以参考 PendingIntent 类的 getActivity(Context context, int requestCode, Intent intent, int flags)和 getService(Context context, int requestCode, Intent intent, int flags)方法来获取 PendingIntent 实例，然后在 setOnClickPendingIntent 方法中设定对应的实例内容即可实现。

4.8.4   AppWidgetManager

AppWidgetManager 负责更新 AppWidget 内容，并能获取对应 AppWidget providers 的信息。在 AppWidgetProvider 收到更新内容的通知后，即可生成 AppWidgetManager 的实例，并由该实例调用更新内容的方法。具体的更新方法有如下 3 种：

● public void updateAppWidget (int[] appWidgetIds, RemoteViews views)

将 RemoteViews 的对象 views 更新至 id 属于 appWidgetIds 的所有 AppWidget 中。

● public void updateAppWidget (int appWidgetId, RemoteViews views)

将 RemoteViews 的对象 views 更新至 id 为 appWidgetId 的所有 AppWidget 中。

● public void updateAppWidget (ComponentName provider, RemoteViews views)

将 RemoteViews 的对象 views 更新至对象名称为 provider 的 AppWidget 中。

在工程 chapter4_5 中，使用指定对象名称的方式，来同步更新所有添加的 AppWidget。

```
private static final ComponentName THIS_APPWIDGET = new ComponentName("com.ophone.
chapter4_5", "com.ophone.chapter4_5.MyAppWidget");
gm.updateAppWidget(THIS_APPWIDGET, views);
```

4.8.5   用自定义的类来实现 RemoteViews

工程 chapter4_5 向开发者讲解了 AppWidget 基本的开发方法，细心的读者可能会发现两个特点：一方面，AppWidget 的实际布局文件（如工程 chapter4_5 中的 widget_layout.xml）和常用布局类的布局文件在实现上没有区别；另一方面，通过标准的 RemoteViews 来设置布局组件的内容存在很多限制，不够灵活。

有没有办法像实现常用布局类的对象那样灵活的实现 AppWidget 呢？答案是有的。OPhone 平台扩展了 AppWidget 的能力，不但能够使用 FrameLayout、LinearLayout、RelativeLayout 这些系统提供的常用布局类，还能使用自定义的布局类和图形动画。通过这些功能的提升，OPhone 平台为开发者提供了更强大的 AppWidget 展现能力和更灵活的开发方式。

工程 chapter4_6 向开发者讲解了如何通过自定义布局类的方式，来实现和 chapter4_5 同样效果的 AppWidget。通过这个例子可以了解到自定义类的实现方式和调试技巧。

1．自定义布局类

AppWidget 中的自定义布局类都继承自常用布局类。需要注意的是，因为 AppWidget 只支持 RemoteViews，所以在自定义布局类时，应该加上 "@RemoteView" 的编译标签，比如，自定义继承至 LinearLayout 的 MyWidgetLayout 类为 AppWidget 的布局类：

```
@RemoteView
public class MyWidgetLayout extends LinearLayout {...

}
```

在本章"4.4.1 图形系统类结构"中，已向读者介绍过 onAttachedToWindow 和 onDetached FromWindow 方法，它们分别在组件添加至窗口和从窗口中删除时被调用，用来完成初始化和销毁的相关操作。在自定义布局类中，同样在这两个方法中实现类似操作，比如，在 onAttachedToWindow 中实现添加实际布局类和注册点击事件 IntentReceiver。具体实现方式如下：

```
//添加实际布局类
RelativeLayout v = (RelativeLayout)RelativeLayout.inflate(this.getContext(), R.layout.widget_layout, null);
addView(v);
```

以上实现中的 widget_layout.xml 文件和工程 chapter4_5 中的同名文件完全一致。在获得实际布局对象 v 之后，就可以使用 View 的 findViewById 方法来找到相关组件并进行设置操作。

2．实现 RemoteViews 类

在本章的 "4.8.3 RemoteViews" 中，介绍了 RemoteViews 的构造方法是 public Remote Views (String packageName, int layoutId)。因此，需要得到自定义的布局类的资源 id 来生成 RemoteViews。

在工程的 layout 目录中添加 widget_frame.xml，实现自定义布局类的描述文件，以此得到其资源 id，实现方式如下：

```
<?xml version="1.0" encoding="utf-8"?>
<com.ophone.chapter4_6.MyWidgetLayout
        xmlns:android="http://schemas.android.com/apk/res/android"
        android:orientation="horizontal"
        android:layout_width="301dp"
        android:layout_height="79dp"
/>
```

因此，RemoteViews 的实现方式如下所示：

```
final RemoteViews rViews = new RemoteViews(context.getPackageName(), R.layout.widget_frame);
```

4.8.6　AppWidget 开发调试技巧

通过上面的介绍，开发者了解到了如何使用自定义的布局类来灵活地实现 AppWidget。在工程 chapter4_6 中，触发 AppWidget 进行更新事件是手动点击 AppWidget 触发的广播 Intent。而在其他类型的需求中，比如，根据主客户端音乐播放进度来更新 Widget，这时如果再用广播 Intent 触发更新，则显然效率不高。开发者可以在 AppWidgetProvider 定义一个更新 AppWidget 的方法，在其中直接调用 AppWidgetManager 的 updateAppWidget 方法。然后在主客户端中获得 AppWidgetProvider 的实例，并直接调用在 AppWidgetProvider 中定义好的更新方法，即可实现动态更新操作。

AppWidget 在默认情况下只能添加到主屏中，开发者将最新的工程编译运行到手机或模拟器后，需要手动在主屏中添加 AppWidget。在实际开发时，开发者可能会发现在编译运行后，代码中的最新修改内容并没有在主屏上的 AppWidget 中体现。此时需要将主屏的进程结束，使其重新加载 AppWidget，就可以得到最新的实际内容。比如，在模拟器的 shell 环境中，用 ps 命令查看主屏的进程号，然后使用 kill 指令结束主屏进程：

```
#ps
USER       PID    PPID    VSIZE     RSS       WCHAN     PC          NAME
app_26     898    453     143472    27076     ffffffff   ac064888    R oms.home
...
#kill -9 898
```

总体而言，在主屏上进行 AppWidget 的开发调试还是比较麻烦的。既然 AppWidget 布局类的实现和普通布局文件类的实现相类似，那就可以先将 AppWidget 布局类放在普通 Activity 中进行调试。待其基本功能都实现后，再加载到主屏中进行调试，从而提高开发效率。在工程 chapter4_6 中，添加了一个调试用的文件 Home.java，其仅仅实现了一个简单的 Activity 来加载自定义布局类：

```
public class Home extends Activity{
    @Override
    protected void onResume() {
        super.onResume();
        setContentView(R.layout.widget_frame);
    }
}
```

在工程的 AndroidManifest.xml 中添加对 Home 的描述，并屏蔽掉对于 AppWidgetProvider 的描述后，即可将自定义布局类加载到 Home 中进行调试。

监控系统 CPU 与内存消耗的 AppWidget 运行界面如图 4-30 所示：

图 4-30　AppWidget 运行界面

4.9　小结

　　作为应用开发中最重要的部分之一，用户图形界面的设计往往直接影响应用的最终质量。本章针对 OPhone 系统中用户图形界面的开发方法进行了一一阐述，通过这些方法您可以开发出自己的用户图形界面。开发出好的图形界面需要考虑方方面面的因素，首先要规划出软件操作流程，其次要考虑各个环节的用户体验。

　　下一章将介绍 OPhone 中提供的 3D 引擎——OpenGL ES 编程。

第 5 章
OpenGL ES 编程

本章将深入介绍 OPhone 平台的 OpenGL ES 编程，包括 OpenGL ES 设计准则、3D 空间观察与变换、颜色和光照、纹理贴图、帧缓存操作、反走样以及 EGL 使用等。掌握了 OpenGL ES 的使用之后，可以实现很多有趣的 2D 和 3D 效果。

5.1 OpenGL ES 概述

OPhone 平台提供了基于 OpenGL ES 的高性能 3D 渲染引擎。OpenGL® ES 是免授权费的、跨平台的、功能完善的 2D 和 3D 图形应用程序接口 API，它针对多种嵌入式系统专门设计，包括控制台、移动电话、手持设备、家电设备和汽车。OpenGL ES 由精心定义的桌面 OpenGL 子集组成，创造了软件与图形加速间灵活强大的底层交互接口。OpenGL ES 包含浮点运算和定点运算系统描述，以及 EGL 针对便携设备的本地视窗系统规范。OpenGL ES 1.x 面向功能固定的硬件所设计并提供加速支持、图形质量及性能标准；OpenGL ES 2.x 则提供包括着色器技术在内的全可编程 3D 图形算法。OpenGL ES-SC 是专为有高安全性需求的特殊市场精心打造的。目前 OPhone 2.0 支持 OpenGL ES 2.0 版本，API 类似 Java ME 中的 JSR 239 OpenGL ES API，但更为强大。由于 OpenGL ES 2.0 对硬件显卡有更高的要求，因此本章我们将着重介绍更加普及的 OpenGL ES 1.x。

5.1.1 OpenGL ES 设计准则

在 OpenGL ES 标准制定之初，确立了几个设计准则。首先是要保证 API 尽量精简，这可以使得 OpenGL ES 的纯软件渲染版本保持尽量小的代码容量。实际上，OpenGL ES 1.0 最终的二进制代码容量小于 50K。

设计小组选用 OpenGL 1.3 桌面版作为起点，在此基础上进行功能精简。在图形技术世界里，OpenGL 是一个很强大的标准，但考虑到向后兼容性，OpenGL 逐渐背负了很多额外的负担。新技术的出现，替代了旧有的技术，新的硬件设计也使落伍的设计被孤立起来，结果就出现了使用多种方法来实现同一个效果的现象。例如，由多种不同方式来渲染一个三角形集合。因此，在创建 OpenGL ES 标准时，只采用当前最新的技术和设计，而抛弃了那些过时的。

在移除不必要功能的同时，设计小组也通过其他途径使 OpenGL ES 更为精简。几乎所有 OpenGL 的 API 都可以接受不同的数据类型，如 byte、short、int、float、double 等。最终，设计小组决定只接受 integer（整型）以及 float（单精度浮点数）作为传入参数。一些很少使用或者已经过时的操作，比如颜色索引、选择和反馈模式等均被移除。有些实现代价很大的功能也被抛弃，比如显示列表。并且，那些只是为了增加使用者方便性的功能均被精简，比如求值器，而那些开发者很难在外部模拟实现的功能，比如图形片元操作管线等均被完整保留。

OpenGL ES 和桌面版 OpenGL 的最大区别，就在于避免 OpenGL ES 过于臃肿。设计小组决定只保持有限的向后兼容性，即只保持主版本号之内的兼容。也就是说，OpenGL ES 1.1 会兼容 OpenGL ES 1.0，但 2.0 不会兼容任何 1.x 版本，尽管 OpenGL ES 2.0 与 1.x 有很大相似之处。虽然这样的做法会导致产生多个 OpenGL ES 的支系，但保证了新的主版本可以以一个更优秀的设计从头开始。

图 5-1 描述了 OpenGL ES 1.1 的渲染管线流程，图中的虚线箭头及方框表示 OpenGL ES 1.1 中新增的功能，M 表示模型视图矩阵，T 表示纹理矩阵，P 表示投影矩阵。在 OpenGL ES 渲染管线中，不同的管线组件与其他模块相互关联，渲染数据由应用程序传入，经过各个组件的处理，最终将结果写入帧缓存。但本图只是理论上的标准，对于不同厂商的实现，可以有不同的处理次序，但最终所得到的结果必须要与理论标准相同。

5.1.2　OpenGL ES 与 OpenGL 的不同

下面简单介绍一下 OpenGL ES 与桌面版 OpenGL 的不同之处。

1．浮点数和定点数

OpenGL 本质上是以浮点数为核心的 API，但对大多数移动设备来说，并不支持硬件的浮点数处理单元（FPU）。因此为保证 API 足够精简和高效，OpenGL ES 做出了两大变动：

首先，不支持 double 型双精度浮点数。大多数需要双精度浮点数的函数均由单精度浮点数替代，而余下的比如 glFrustum()，则用一个新的函数 glFrustumf() 来接受单精度浮点数。

其次，引入新的定点数数据类型。定点数由一个 32 位的整型数存储，但其高 16 位表示整数部分，低 16 位表示小数部分。浮点数乘以 2 的 16 次方，就可以转换成定点数；同理，定点数除以 2 的 16 次方，就可以转换成浮点数。一般对于每一个接受浮点数的函数，均有同名函数来接受定点数，比如 glFrustumx()。

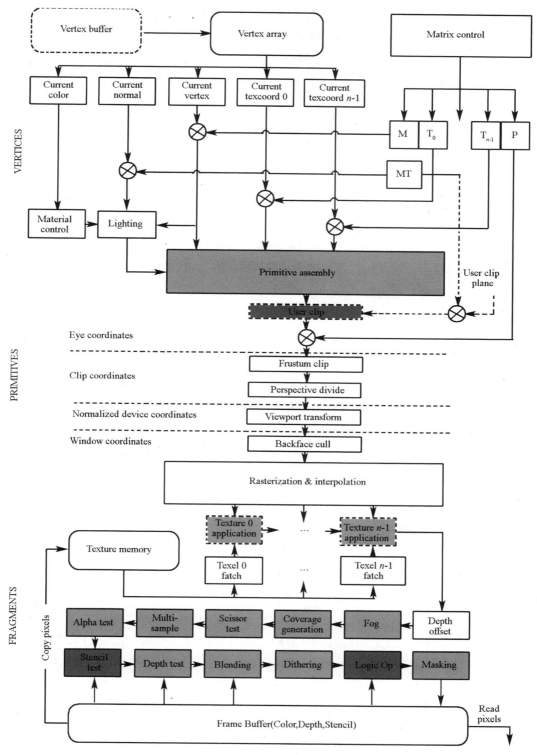

图 5-1 OpenGL ES 1.1 渲染管线流程简图

在 OpenGL 中，浮点数做参数传入引擎底层时，遵循 IEEE 浮点数标准，但在引擎内部，具体的处理方式可以有所不同，只需保证精度为 0.00001 即可。

在实践中，一个高效的纯软件引擎对于浮点数和定点数的效率不会有太大的差异。但有一个例外是顶点数据，除非确认 CPU 和 GPU 有专门处理浮点数的硬件，否则不要传入浮点型顶点数据。

2．顶点数据

在最初的 OpenGL 中定义一系列的图元时，首先以 glBegin()命令表示开始定义，然后设置好各个顶点的位置、法线向量、颜色、纹理坐标，最后以 glEnd()命令表示定义完毕。但这种做法会导致一系列复杂的状态机的变化，不利于底层优化。在目前的 OpenGL 中，顶点数据可以通过顶点数组传入，然后调用 glDrawElements()或者 glDrawArrays()进行渲染。OpenGL ES 采用的是后一种方式，这也是最简单、最有效的方式。

在 OpenGL ES 中，顶点数据可以使用 byte、short、float 或者定点数进行表示，而不支持 int 和 double。同时与桌面版 OpenGL 不同的是，顶点可以用 byte 来表示。雾坐标及多重颜色都不被标准支持。

3．图元

OpenGL ES 仅支持三角形、线和点这 3 种图元，四边形及多边形不被支持。glPolygonMode()在桌面版中用来切换渲染模式，也不被支持。同样，2D 矩形原生渲染也不被支持，但这可以由两个三角形进行外部模拟实现。虚线也不被支持，如果有需要，可以通过纹理进行模拟实现。

4．变换和光照

在 OpenGL ES 中，丢弃了颜色矩阵堆栈，并限定模型视图矩阵堆栈的深度为 16。原生转置矩阵不被支持。纹理坐标自动生成同样也不被支持，但这可以在程序中自行实现。对于颜色，只支持 RGBA 模式，不支持索引色。

对于光照管线基本没有变动，但多重颜色、本地观察者光照模型均不被支持。在颜色材质追踪中，仅支持 GL_AMBIENT_AND_DIFFUSE。双面光照被保留，但双面不可应用不同材质。

5．纹理映射

OpenGL ES 仅支持 2D 纹理映射，但 1D 映射可以用 2D 纹理来模拟。3D 纹理映射由于实现开销巨大而被放弃。无论软件实现还是硬件实现，立方体贴图都因为代价过大而被放弃。纹理边缘、纹理代理、纹理优先级以及纹理箝位也不被支持。纹理格式必须要适配底层内部格式，同时只有 5 种最重要的格式被支持。纹理寻址模式仅支持 GL_CLAMP_TO_EDGE 和 GL_REPEAT。

OpenGL ES 支持调色板纹理，这是一种高效压缩纹理数据的方式。读取纹理数据，比如桌面版的 glGetTexImage()，不被支持。支持多重纹理，但具体实现时不强制要求提供多于 1 个的纹理处理单元。OpenGL ES 1.1 标准中规定多重纹理至少要支持 2 个纹理处理单元。

6．图元处理管线

在图元处理管线中，OpenGL ES 并未做大的改动。模板和深度缓存均被支持，但模板缓存是可选的，而且目前大多数实现中也并未支持。在模板缓存的操作中，不支持 GL_INCR_WRAP 和 GL_DECR_WRAP。

OpenGL ES 中的融合操作主要来自于 OpenGL 1.1，而不像其他 API 一样以 OpenGL 1.3 为蓝本，因此一些始于 OpenGL 1.1 之后的操作，比如 glBlendFuncSeparate()、glBlendEquation() 及 glBlendColor() 均不被支持。

7．帧缓存操作

在 OpenGL ES 中，最大的精简就在帧缓存这一部分。只保留一个渲染缓存，累积缓存被丢弃。所有图像处理相关的子集均被移除。2D 渲染，比如 glDrawPixels() 或者 glBitmap() 也不被支持，但这些操作均可由开发者使用纹理映射一对三角形进行外部模拟。深度和模板缓存不支持被读取，比如 glReadBuffer() 及 glCopyPixels() 均被丢弃。支持 glReadPixels()，但只能以有限的几种像素格式读取。

8．其他

一些实现开销巨大的功能，以及可以在外部程序中自行实现的功能，比如显示列表、求值器，以及选择和反馈模式等均被丢弃。

OpenGL ES 1.0 仅支持查询在创建 EGLContext（即 OpenGL 场景，表示一个 OpenGL 状态机的集合）时确定的值，以及运行过程中不会发生改变的静态状态。这就意味着开发者需要自行跟踪状态改变。一个额外的扩展是 glQueryMatrixxOES()，用于读取当前的矩阵值。

5.1.3　一个简单的 OpenGL ES 程序

开发 OpenGL 程序，第一步是要创建与底层相关的渲染窗口。OPhone 中提供一个方便易用的 android.opengl.GLSurfaceView 辅助类，开发者可以很方便地创建 OpenGL ES 渲染窗口。随书光盘中的 HelloOpenGLES 是使用 GLSurfaceView 的一个简单例子，创建一个渲染窗口，以白色填充。

```java
public class HelloOpenGLES extends Activity {

    //这里是 OpenGL ES 渲染 View
    private GLSurfaceView mGLSurfaceView;
    @Override
    public void onCreate(Bundle savedInstanceState) {
        super.onCreate(savedInstanceState);
```

```
                //初始化 OpenGL ES View
                mGLSurfaceView = new GLSurfaceView(this);
                //设置渲染器为具体实现的渲染器
                mGLSurfaceView.setRenderer(new HelloOpenGLESRenderer());
                setContentView(mGLSurfaceView);
        }


        @Override
        protected void onResume() {
                super.onResume();
                /**
                 * 这里需要同步调用 OpenGL ES View 的 onResume 操作
                 * 通知底层 OpenGL ES 从挂起状态中返回
                 */
                mGLSurfaceView.onResume();
        }


        @Override
        protected void onPause() {
                super.onPause();
                /**
                 * 这里需要同步调用 OpenGL ES View 的 onPause 操作
                 * 通知底层 OpenGL ES 停止后台更新，处于挂起状态
                 */
                mGLSurfaceView.onPause();
        }
}
```

在使用 GLSurfaceView 时，需要在相应的 Activity 中重载 onCreate()、onResume()及 onPause()函数。在 onCreate()中进行 GLSurfaceView 的初始化，设置好具体实现的 GLSurfaceView.Renderer 接口，并将该 View 推入前台。由于 GLSurfaceView 是独立于系统 UI 线程之外运行的，因此在系统 UI 线程挂起或者恢复时，需要显式调用 GLSurfaceView 中的 onPause()或者 onResume()来通知底层 OpenGL ES 模块进行相应处理。

```
public class HelloOpenGLESRenderer implements GLSurfaceView.Renderer{
        @Override
        public void onDrawFrame(GL10 gl) {
                //一般的 OpenGL 程序，首先要做的就是清屏
```

```
        gl.glClear(GL10.GL_COLOR_BUFFER_BIT | GL10.GL_DEPTH_BUFFER_BIT);
        //紧接着设置模型视图矩阵
        gl.glMatrixMode(GL10.GL_MODELVIEW);
        GLU.gluLookAt(gl, 0, 0, 5, 0, 0, 0, 0, 1, 0);
        //接下来渲染物体
    }

    @Override
    public void onSurfaceChanged(GL10 gl, int width, int height) {
        gl.glViewport(0, 0, width, height);
        float ratio = (float) width / height;
        gl.glMatrixMode(GL10.GL_PROJECTION);
        gl.glLoadIdentity();
        gl.glFrustumf(-ratio, ratio, -1, 1, 1, 10);
        gl.glMatrixMode(GL10.GL_MODELVIEW);
    }

    @Override
    public void onSurfaceCreated(GL10 gl, EGLConfig config) {
        gl.glHint(GL10.GL_PERSPECTIVE_CORRECTION_HINT, GL10.GL_FASTEST);
        gl.glClearColor(1, 1, 1, 1);
    }
}
```

在上面的代码中实现了 GLSurfaceView 的渲染器接口，在函数 onSurfaceCreated()中处理窗口创建事件，进行一些全局性、一次性的设置。在函数 onSurfaceChanged()中处理窗口改变事件，这里一般进行 OpenGL 视口设置，如果相机参数是固定的，也可以在这里设置投影矩阵。在每帧渲染时调用函数 onDrawFrame()，所有绘制的操作都应在这里实现。一般 OpenGL 程序的绘制流程是首先清屏，包括清除某些缓存，然后设置投影矩阵及模型视图矩阵，最后进行各个物体的绘制。GLSurfaceView 还提供其他一些功能，比如重载按键响应、设置 EGL 参数、设置渲染模式等，开发者可以根据不同需求进行具体实现。

5.2　3D 观察与变换

OpenGL ES 中的顶点变换流程如图 5-2 所示。首先，顶点坐标及顶点法线会通过模型视图矩阵从模型坐标系变换到视点坐标系。光照及用户自定义裁剪会在视点坐标系中完成。

接下来投影矩阵会继续将顶点变换到剪裁空间，在这里，由若干顶点组成的图元会被视锥进行剪裁。剪裁之后，这些顶点会经过透视除法被变换到标准化设备坐标系，图元会被光栅化，即转化成像素的形式。在光栅化过程中，纹理矩阵会被应用到纹理坐标系中以修正纹理映射。最后，视口变换会根据深度值来决定将光栅化后的片元存储到帧缓存中。

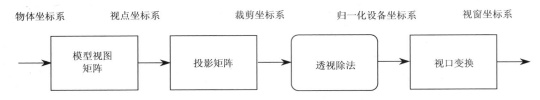

物体坐标系　　　视点坐标系　　　　　　　裁剪坐标系　　　　　归一化设备坐标系　　　　　视窗坐标系

模型视图矩阵　→　投影矩阵　→　透视除法　→　视口变换

图 5-2　OpenGL ES 顶点变换流程

5.2.1　一个简单的例子：绘制立方体

随书光盘中的 SimpleCube 例子绘制了一个经过模型变换后的立方体。视点变换（使用 gluLookAt()）设置相机对于立方体的位置和朝向，另外还指定了投影变换和视口变换。相关代码如下：

```
public class SimpleCubeRenderer implements GLSurfaceView.Renderer{
    private Cube mCube;

    @Override
    public void onDrawFrame(GL10 gl) {
        //一般的 OpenGL 程序，首先要做的就是清屏
        gl.glClear(GL10.GL_COLOR_BUFFER_BIT | GL10.GL_DEPTH_BUFFER_BIT);
        //紧接着设置模型视图矩阵
        gl.glMatrixMode(GL10.GL_MODELVIEW);
        gl.glLoadIdentity();//清空矩阵
        //视点变换，将相机位置设置为(0, 0, 3)，同时指向(0, 0, 0)点，竖直向量为
        //(0, 1, 0)，指向正上方
        GLU.gluLookAt(gl, 0, 0, 3, 0, 0, 0, 0, 1, 0);
        //设置模型位置旋转及缩放信息
        gl.glTranslatef(0.0f, 0.0f, -1.0f);//将模型位置设置为(0, 0, -1)
        float angle = 30.0f;
        gl.glRotatef(angle, 0, 1, 0);//绕模型自身 Y 轴旋转 30°
        gl.glRotatef(angle, 1, 0, 0);//绕模型自身 X 轴旋转 30°
        gl.glScalef(1.2f, 1.2f, 1.2f);//设置三方向的缩放系数
        //设置颜色
        gl.glColor4f(0.0f, 0.0f, 0.0f, 1.0f);
        //渲染立方体
```

```
        //mCube.draw(gl, gl.GL_TRIANGLES);//渲染实体立方体
        mCube.draw(gl, gl.GL_LINES); //渲染线框立方体
    }


    @Override
    public void onSurfaceChanged(GL10 gl, int width, int height) {
        //设置视口
        gl.glViewport(0, 0, width, height);
        float ratio = (float) width / height;
        //设置投影矩阵为透视投影
        gl.glMatrixMode(GL10.GL_PROJECTION);
        gl.glLoadIdentity();
        gl.glFrustumf(-ratio, ratio, -1, 1, 1, 10);
        //gl.glOrthof(-ratio, ratio, -1, 1, 1, 10);//正交投影
    }


    @Override
    public void onSurfaceCreated(GL10 gl, EGLConfig config) {
        gl.glHint(GL10.GL_PERSPECTIVE_CORRECTION_HINT, GL10.GL_FASTEST);
        gl.glClearColor(1, 1, 1, 1);
        gl.glDisable(gl.GL_CULL_FACE);
        gl.glEnable(gl.GL_DEPTH_TEST);
        gl.glLineWidth(4.0f);
        mCube = new Cube();
    }
}
```

本例中的 Cube 是封装好的立方体类，支持以线框模式或者实体模式进行绘制。Cube
类中最重要的是 draw(GL10 gl, int mode)函数，可以根据传入的 mode 值来控制渲染实体立
方体或者线框立方体。具体代码如下：

```
/**
 * 根据传入的模式来分别渲染实体模式立方体及线框模式立方体
 * @param gl - OpenGL ES 渲染对象
 * @param mode - 渲染模式，GL10.GL_TRIANGLES 表示实体模式，
 * GL10.GL_LINES 表示线框模式
 */
public void draw(GL10 gl, int mode) {
        gl.glEnableClientState(GL10.GL_VERTEX_ARRAY);
```

```
if(mode == GL10.GL_TRIANGLES) {
    //如果是实体模式，则启用颜色，给每一个顶点指定一个颜色
    gl.glEnableClientState(GL10.GL_COLOR_ARRAY);
    gl.glVertexPointer(3, GL10.GL_FLOAT, 0, mVertexBuffer);
    gl.glColorPointer(4, GL10.GL_FLOAT, 0, mColorBuffer);
    gl.glDrawElements(GL10.GL_TRIANGLES, 36,
            GL10.GL_UNSIGNED_BYTE, mIndexBuffer);
} else if(mode == GL10.GL_LINES) {
    gl.glVertexPointer(3, GL10.GL_FLOAT, 0, mVertexBuffer);
    gl.glDrawElements(GL10.GL_LINES, 24,
            GL10.GL_UNSIGNED_BYTE, mLineIndexBuffer);
}
}
```

运行效果如图 5-3 所示，（a）图为线框模式，（b）图为实体模式。

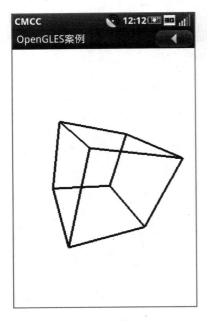

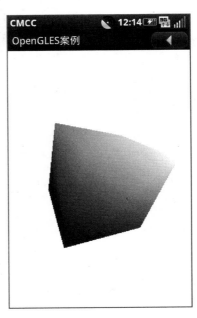

（a）线框模式 （b）实体模式

图 5-3　绘制立方体

下面简要介绍一下 OpenGL ES 中的变换函数。

1．视点变换

视点变换用于设置相机的位置和朝向。在本例中，使用了函数 GLU.gluLookAt() 来指定视点变换，其中的参数分别指定了相机的位置、朝向和竖直方向向量。这里使用的参数是

将相机放置在(0, 0, 3)处，镜头对准(0, 0, 0)，竖直方向向量为(0, 1, 0)。竖直方向向量定义了相机的竖直方向。如果没有调用 GLU.gluLookAt()，相机将使用默认值，此时相机位于原点，镜头指向 Z 轴负方向，竖直方向向量为(0, 1, 0)。

在本例中，设置变换之前，首先调用了函数 glLoadIdentity()将当前矩阵设置为单位矩阵，这是必不可少的。由于 OpenGL 中大多数变换函数是将变换与当前矩阵相乘，然后将结果设置为当前矩阵，因此这个操作会影响所有的后续操作。如果不清除当前矩阵，随着操作的增多，当前矩阵与新操作合并后，得到的结果可能并非我们所预期的，此时清除当前矩阵就是必需的了。但有时候，对某些需求比如层级变换，又要求不要清除当前矩阵，因此需要灵活掌握。

2．模型变换

模型变换用于指定模型的位置和朝向。例如，可以对模型进行旋转（glRotate()）、平移（glTranslate()）和缩放（glScale()），或者执行这些操作的组合。对于 glScale()函数，其中的参数指定了沿 3 个坐标轴方向的缩放系数。如果所有参数均为 1.0，该函数将无任何实际作用。

在本例中，如果不调用 GLU.gluLookAt()，而是替换为模型变换函数 gl.glTranslatef(0.0f, 0.0f, -3.0f)，效果是一样的。这是为什么呢？

可以让相机不动，单独移动立方体；也可以让立方体不动，单独移动相机；甚至可以同时移动立方体和相机。但只要最后相机和立方体的相对位置是一样的，那么最终的渲染结果就是一样的。这就是视点变换和模型变换之间的相对性，必须要同时考虑这两种变换的效果。这也是为什么通常将视点变换和模型变换合二为一称之为模型视图变换（GL_MODELVIEW）的原因。

3．投影变换

指定投影变换，用于确定视野的范围，以及这些物体在视野内的大小等。这可以理解成拍照时选择相机的镜头，可以是广角镜头、标准镜头或者长焦镜头。广角镜头可以拍摄更大的场景，而长焦镜头可以使照片中的物体与实际尺寸比例更相符。

除视野方面之外，投影变换还决定了物体将被如何投影到屏幕上。OpenGL ES 提供两种基本的投影方式：透视投影和正交投影。透视投影是根据人类看东西的方式，得到近大远小的透视效果，例如铁轨在很远处交汇成一点。要制作真实的 3D 场景，需要使用透视投影。而正交投影是将物体直接映射在屏幕上，并不影响它们的相对大小。正交投影常用于建筑应用程序和 CAD 软件中，在这些程序中，最终的图像必须要准确地反映物体的大小。如图 5-4 所示的是分别用透视投影和正交投影进行渲染的立方体。

在设置投影变换之前，需要将当前矩阵模式通过调用 glMatrixMode(GL_PROJECTION)设置为投影矩阵，之后的所有变换操作将只影响当前投影矩阵，直到下次调用 glMatrixMode(GL_MODELVIEW)之后，接下来的变换才影响模型视图矩阵。

下面是设置透视投影矩阵和正交投影矩阵的代码片段。

```
/**
```

```
* 设置投影矩阵
* @param gl
* @param viewportWidth - 视口宽度
* @param viewportHeight - 视口高度
* @param isOrthoMode - 是否使用正交投影
*/
private void setProjection(GL10 gl, int viewportWidth, int viewportHeight,
        boolean isOrthoMode) {
            float ratio = (float) viewportWidth / viewportHeight;
            //设置投影矩阵为透视投影
            gl.glMatrixMode(GL10.GL_PROJECTION);
            gl.glLoadIdentity();
            if(isOrthoMode) {
                //设置正交投影模式
                gl.glOrthof(-ratio, ratio, -1, 1, 1, 10);
            } else {
                //设置透视投影模式
                gl.glFrustumf(-ratio, ratio, -1, 1, 1, 10);
            }
}
```

运行随书光盘中的 Perspective Cube 和 Ortho Cube 程序，可以得到如图 5-4 所示的界面。

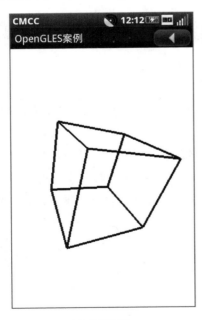

（a）透视投影

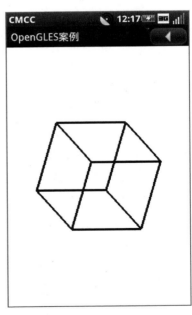

（b）正交投影

图 5-4　透视投影和正交投影

4．视口变换

投影变换和视点变换一起决定了场景将如何被映射到计算机屏幕上。投影变换指定映射方式，而视口变换指定场景将被映射到什么样的屏幕区域中，即指定图像占据屏幕的区域。函数 glViewPort() 的参数用于设置窗口中可用屏幕空间的原点，以及区域的宽度和高度（单位为像素）。如果渲染窗口的大小发生了变换，视口也要相应改变，这就是需要在 onSurfaceChanged() 中调用该函数的原因。

5.2.2　理解变换

在 OpenGL 中，视点变换和模型变换是相互关联的，因此被合并为统一的模型视图变换。初学者面临的最困难的问题之一就是理解三维组合变换。正如前面所说的，可以以两种不同的方式来看待变换：是移动相机还是沿反方向移动物体？不能说哪种方式更好，但在某些情况下，其中一种方式会比另一种方式更合适。找到合适的方式，在编写相应的矩阵操作代码时会更容易。

下面用一个例子来介绍一下 OpenGL 中的变换组合。假设物体最初位于原点，同时定义两种变换操作，其中一种是绕 Z 轴逆时针旋转 $45°$，另一种是沿 X 轴平移。如果先旋转再平移，变换后的物体将位于 X 轴上；但如果先平移再旋转，物体将位于直线 $y=x$ 上，如图 5-5 所示。一般而言，变换顺序至关重要，先执行变换 A 再执行变换 B 的结果总是与先 B 后 A 不同，这是由矩阵乘法的不可交换性所决定的。

图 5-5　先旋转后平移与先平移后旋转的区别

在 OpenGL 中，所有的视点变换和模型变换都是用 4×4 矩阵来表示的。每个 glMultMatrix() 或者其他变换函数都将指定的 4×4 矩阵 M 与当前的模型视图矩阵 C 相乘，由于 OpenGL 采用右手坐标系，因此矩阵乘法时采取右乘的顺序，即结果为 CM。最后，将顶点 v 右乘以当前的模型视图矩阵，这意味着程序最后一次的变换函数被首先应用于顶点：CMv。

如果要实现先旋转再平移，即物体最后处于 X 轴，则代码如下：

```
gl.glMatrixMode(gl.GL_MODELVIEW);
gl.glLoadIdentity();
gl.glMultMatrixf(T); //平移矩阵
gl.glMultMatrixf(R); //旋转矩阵
draw_the_object();
```

在上述代码中，当前矩阵依次为 I、T、TR，其中 I 为单位矩阵，变换后的顶点为 TRv，以右乘的规则分解后即为 $T(Rv)$，即首先将 v 乘以 R，然后将 Rv 右乘 T。从中可以知道，对顶点 v 进行的变换顺序与指定顺序相反。

可以以两种不同的方式来理解矩阵乘法。全局坐标系相当于东南西北永远是固定的；局部坐标系相当于一个人的前后左右，随着人的位置朝向不同而不同，永远是跟人绑定的。如果在全局固定坐标系中考虑此问题，矩阵乘法将影响模型的位置、方向和缩放，这时矩阵乘法将以与代码中指定顺序相反的次序进行，即先旋转自身，然后在全局坐标系中沿 X 轴平移。

另一种看待矩阵乘法的方式是，将要变换的模型所在的全局坐标系抛在一边，设想有一个与所要绘制的物体永远绑定在一起的局部坐标系，所有的变换都将导致该物体坐标系发生变化。采取此种方式看待变换时，代码中的矩阵乘法顺序将是自然顺序。设想先将物体在其自身的局部坐标系中沿 X 轴平移，此时物体及其局部坐标系均到达位于 X 轴的新位置，然后绕平移之后的局部坐标系的 Z 轴旋转，因此物体在原地旋转。总之，不论采取哪种理解方式，最终的代码都是相同的。

运行随书光盘中的 Transformed Triangle 程序，可以得到如图 5-6 所示的最终效果。左侧的（绿色）三角形始终在同一个位置绕自身的中心点进行旋转，而右侧的（红色）三角形会绕着世界坐标系中心原点进行圆周运动。相关代码片段如下：

```
private float mFAngle = 0.0f;
//先旋转再平移红色三角形
private void drawTriangleRed(GL10 gl) {
    gl.glPushMatrix();

    gl.glColor4f(1.0f, 0.0f, 0.0f, 1.0f);
    gl.glRotatef(mFAngle, 0.0f, 0.0f, 1.0f);
    gl.glTranslatef(2.0f, 0.0f, 0.0f);
    mFAngle += 1.0f;
    mTriangle.draw(gl);
    gl.glPopMatrix();
```

```
    }
    //先平移再旋转绿色三角形
    private void drawTriangleGreen(GL10 gl) {
        gl.glPushMatrix();
        gl.glColor4f(0.0f, 1.0f, 0.0f, 1.0f);
        gl.glTranslatef(2.0f, 0.0f, 0.0f);
        gl.glRotatef(mFAngle, 0.0f, 0.0f, 1.0f);
        mFAngle += 1.0f;
        mTriangle.draw(gl);
        gl.glPopMatrix();
    }
```

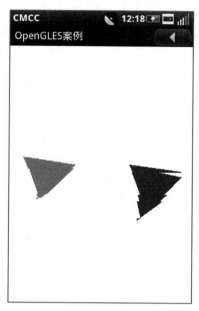

图 5-6　运行例子 Transformed Triangle 截图

　　可以看到，drawTriangleRed()和 drawTriangleGreen()函数的唯一区别就是 glTranslatef()和 glRotatef()执行的次序。下面以物体局部坐标系进行考虑，在初始状态下，物体局部坐标系与世界坐标系重合。在 drawTriangleRed()函数中，首先旋转物体自身的局部坐标系，然后再沿着旋转之后的 X 轴平移 2 个单位，因此最终表现为红色三角形会进行圆周运动；在 drawTriangleGreen()中，首先沿物体初始坐标系 X 轴平移 2 个单位，到达指定位置之后再绕着物体自身进行旋转，因此，绿色三角形的位置始终保持不变，改变的仅仅是自身的旋转状态。

5.2.3　投影变换

　　前面已经介绍过，投影变换旨在定义视景体。视景体决定了物体将被如何投影到屏幕上，即使用透视投影还是正交投影；另外，它还决定了视场的范围，即哪些物体或物体的哪些部分可见。

在透视投影中，视景体是一个棱锥台（用平行底面的平面将棱锥顶部截除）。位于视景体内的物体被投影到角锥的顶点，即相机或视点的位置。离视点越近，物体显得越大，这是因为与棱锥台底部较近的物体相比，它占据的视景体空间比例较大。

定义棱锥台的函数 glFrustum()计算用于完成透视投影的矩阵，并将其与当前透视投影矩阵（通常是单位矩阵）相乘作为新的投影矩阵。位于视景体之外的物体将被裁剪掉，棱锥台的 4 个侧面以及顶面和底面组成视景体的 6 个剪裁面，位于这些剪裁面之外的物体或物体部分将被剪裁掉。

如图 5-7 所示，对于函数 glFrustumf (float left, float right, float bottom, float top, float zNear, float zFar)，其中的参数(left, bottom, -near）和(right, top, -near)定义了近剪裁面左下角和右上角的(x, y, z)坐标，参数 near 和 far 分别是近剪裁面和远剪裁面离视点的距离，它们必须大于 0。

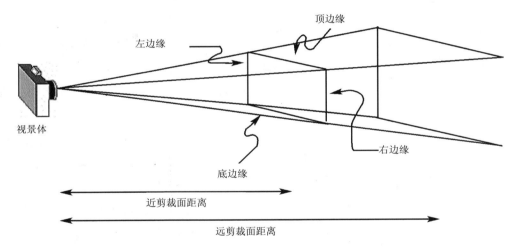

图 5-7　函数 glFrustum()指定的透视视景体

尽管 glFrustum()函数从概念上很容易理解，但用起来却并不直观。开发者可以尝试使用 GLU.gluPerspective (GL10 gl, float fovy, float aspect, float zNear, float zFar)函数，如图 5-8 所示，其功能和 glFrustum()一样，也是创建一个视景体，但指定的方式不同。使用该函数时，需要指定的是 y 方向视野夹角及宽高比，这两个参数足以确定一个沿视线方向的棱锥；为获得一个棱锥台，还需指定视点到近剪裁面和远剪裁面的距离。

在正交投影中，视景体是一个平行六面体。与透视投影不同，正交投影使用的视景体两端大小相同，因此离相机的距离不会影响物体在图像中的大小。这种投影方式常用于绘制建筑图和 CAD 软件中，在这些应用程序中，对物体进行投影时，物体的相对大小和角度必须保持不变。可以使用函数 glOrthof (float left, float right, float bottom, float top, float zNear, float zFar) 来指定正交投影视景体，和 glFrustum()一样，需要指定近剪裁面的对角顶点，以及近剪裁面和远剪裁面离视点的距离，如图 5-9 所示。

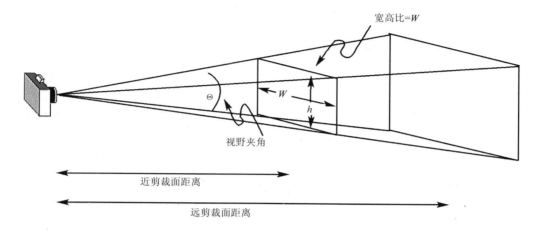

图 5-8　函数 gluPerspective()指定的透视视景体

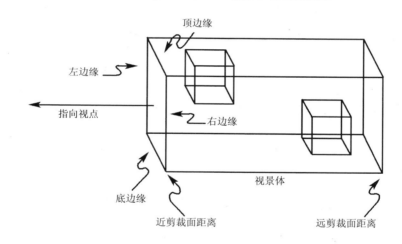

图 5-9　正交投影视景体

5.2.4　视口变换

视口变换相当于选择照片的大小，比如希望相片为钱包大小还是海报大小。在图形学中，视口是指窗口中用于绘制图像的矩形区域。视口使用窗口坐标系来定义，需要分别指定视口的宽高，以及视口左下角的坐标在屏幕上相对于窗口左下角的位置。此时，所有顶点都是使用模型视图矩阵和投影矩阵进行变换后得到的，位于视景体之外的顶点已经被剪裁掉。

我们需要调用 glViewport (int x, int y, int width, int height)来定义视口，参数(x, y)是视口

左下角的坐标，参数 width 和 height 为视口的大小。通常，视口的宽高比应与视景体的宽高比相等；否则，当投影后的图像被映射到视口时将变形。在设置视口之后，如果程序运行过程中窗口的大小发生了变化，此时便需要程序在外部相应地修改视口的设置。

5.2.5　矩阵堆栈

在 OpenGL ES 中，对于每一种类型的矩阵，都提供一个矩阵堆栈，模型视图矩阵堆栈的深度至少为 16，而其他类型矩阵堆栈的深度至少为 2。之前所介绍的矩阵操作，如 glLoadIdentity()、glLoadMatrix()、glMultMatrix() 等函数，都只涉及位于栈顶的矩阵。开发者可以通过矩阵堆栈操作函数来控制哪个矩阵位于栈顶：函数 glPushMatrix() 用于复制当前矩阵，并将其推入到栈顶，栈内所有的矩阵向下压一级；函数 glPopMatrix() 用于弹出栈顶的矩阵，并将其删除，这样之前从栈顶数位于第二位的矩阵将成为栈顶矩阵。换句话说，函数 glPushMatrix() 用于保存现场，函数 glPopMatrix() 用于恢复现场。如果矩阵堆栈已满时继续做入栈操作，或者对空矩阵堆栈做弹出操作，均会导致抛出一个 GL 错误。

5.3　绘制图元

几何图元是由顶点组成的，每个顶点均有自己的属性，比如位置、颜色、法线、纹理坐标以及点尺寸等。OpenGL ES 中支持 3 种图元，分别是点、线和三角形。下面将详细介绍图元的种类、定义及绘制。

5.3.1　图元种类

1．点

点是 OpenGL 中最简单的图元，仅需要一个顶点来描述。它的主要属性是尺寸大小，这可以通过函数 glPointSize() 指定。例如，调用 gl.glPointSize(4.0f) 会将点尺寸设置为 4 像素。

点的尺寸对应的是其渲染之后的实际宽度，以像素表示，默认值为 1。渲染点时，可以通过开关 GL_POINT_SMOOTH 来决定是否开启抗锯齿功能。如果没有开启抗锯齿功能，点会以方形的形状进行渲染，点的尺寸会被四舍五入到最接近的整数。如果开启了抗锯齿功能，点会以圆形形状来渲染，边缘像素的 alpha 值会根据片元对像素的覆盖率进行自动计算。

尽管点的渲染是十分高效的，但实际上，在众多的图形渲染引擎中，点的渲染是使用渲染三角形来模拟实现的。这就意味着在没开启抗锯齿功能的状态下去渲染点，实际上是画两个三角形；而以抗锯齿去画点时，点的尺寸可能只支持为 1 个像素。同样的优化方式也被应用在画线中。

2．线

OpenGL ES 中有 3 种方式可以定义一个线集合。第一种是一系列单独的线段（GL_LINES），即分别指定每一条线段的起始顶点；第二种是线段条带（GL_LINE_STRIP），即每个顶点自动和下一个顶点连成线段；第三种是循环线段（GL_LINE_LOOP），这种方式和线段条带一样，唯一增加的就是自动把最后一个点和第一个点相连接，从而形成一个闭合的线段环。

对于线段的宽度，可以通过调用函数 glLineWidth()指定。同样，可以通过 GL_LINE_SMOOTH 来决定是否开启抗锯齿功能进行线段的渲染。例如，调用 gl.glLineWidth(2.0f)会将线段宽度设置为 2 像素。

3．三角形

OpenGL ES 中唯一支持的多边形只有三角形。有 3 种方式来定义三角形：第一种是指定一系列单独的三角形（GL_TRIANGLES），顶点数组中的头 3 个顶点组成第一个三角形，第二组 3 个顶点构成第二个三角形，依此类推；第二种是指定三角形条带（GL_TRIANGLE_STRIP），顶点数组中的头 3 个顶点组成第一个三角形，但之后的每一个新顶点是由该新顶点和其前面两个顶点组成的；第三种是指定三角形扇（GL_TRIANGLE_FAN），顶点数组中的头 3 个顶点组成第一个三角形，但之后的每一个新顶点都由它之前的一个顶点，以及顶点数组中的第一个顶点组成，因此，这样可以围绕顶点数组的第一个顶点形成一个三角形扇。

运行随书光盘中的 Primitive Type 例子，可以得到如图 5-10 所示的效果，从左至右分别以点、线和三角形模式渲染同一个三角形对象。相关的代码片段如下所示：

```
private void drawTriangle(GL10 gl) {
    //line
    gl.glPushMatrix();
    gl.glColor4f(1.0f, 0.0f, 0.0f, 1.0f);
    mTriangle.draw(gl, GL10.GL_LINE_LOOP);
    gl.glPopMatrix();
    //points
    gl.glPushMatrix();
    gl.glTranslatef(-2.5f, 0.0f, 0.0f);
    gl.glColor4f(0.0f, 0.0f, 0.0f, 1.0f);
    mTriangle.draw(gl, GL10.GL_POINTS);
    gl.glPopMatrix();
    //solid triangle
```

```
        gl.glPushMatrix();
        gl.glTranslatef(2.5f, 0.0f, 0.0f);
        gl.glColor4f(0.0f, 0.0f, 1.0f, 1.0f);
        mTriangle.draw(gl, GL10.GL_TRIANGLES);
        gl.glPopMatrix();
}
//Triangle.draw 函数，mode 表示绘制模式
public void draw(GL10 gl, int mode) {
        gl.glEnableClientState(GL10.GL_VERTEX_ARRAY);

        gl.glVertexPointer(3, GL10.GL_FLOAT, 0, mFVertexBuffer);
        gl.glDrawArrays(mode, 0, VERTS);

}
```

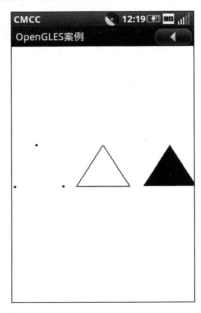

图 5-10　OpenGL ES 支持的图元

在上面代码中，分别以线、点及三角形模式绘制同一个三角形数据，在 Triangle.draw()
函数中，根据传入的模式不同，直接调用 glDrawArrays()进行渲染。我们可以设置点尺寸的
大小、线的宽度，以及图元渲染时的颜色等。

5.3.2　指定顶点数据

传统的 OpenGL 指定顶点数据的方法是通过调用 glBegin()、glEnd()的模式。例如，如
果要通过三角形条带的方式渲染两个三角形，其中两个顶点是红色，两个顶点是绿色，则
需要如下代码：

```
glBegin(GL_TRIANGLE_STRIP);
glColor4f(1.0f, 0.0f, 0.0f, 1.0f);
glVertex3f(0.0f, 1.0f, 0.0f);
glVertex3f(0.0f, 0.0, 0.0f);
glColor4f(0.0f, 1.0f, 0.0f, 1.0f);
glVertex3f(1.0f, 1.0f, 0.0f);
glVertex3f(1.0f, 0.0f, 0.0f);
glEnd();
```

其中，glBegin()指定了图元类型。在指定当前顶点数据时，例如颜色、位置、法线或者纹理坐标，指定的次序是任意的。通过调用 glVertex()来指定顶点的位置，并使用当前值来完成顶点的定义。这种方式会产生非常复杂的底层状态机变换，并且书写方式复杂，底层也会需要调用大量的额外函数，不利于硬件加速。显示列表技术正是为了克服这一问题而提出的，它可以把这些众多的 GL 函数调用以及相应的参数集成到一个列表中，并将这个列表放入图形引擎的缓冲中，在以后的渲染中，只需要一个命令，就可以进行整个列表的渲染。

在桌面版的 OpenGL 1.1 中引入了顶点数组这一概念，从而可以更简单、高效地指定顶点数据。在这种方式中，顶点的属性通过数组传入，具体函数如下：

- glColorPointer (int size, int type, int stride, Buffer pointer)
- glTexCoordPointer (int size, int type, int stride, Buffer pointer)
- glVertexPointer (int size, int type, int stride, Buffer pointer)
- glNormalPointer (int type, int stride, Buffer pointer)

上面这些函数都拥有相似的参数。参数 size 表示数据单元的维度，比如在 glVertexPointer()函数中，size 等于 2 时，表示只指定 x 和 y 的值，而 z 的值会被赋为默认值 0。注意：对于 glNormalPointer()函数，size 参数是被忽略的，因为对于法线来说，始终具有 3 个成员变量。

参数 Buffer 代表 java.nio.Buffer，其可以选择的子类包括 ByteBuffer、ShortBuffer、IntBuffer 或者 FloatBuffer。值得注意的是，这里要传入的 Buffer 对象，必须是在底层直接申请的对象，即不会受到 Java 虚拟机垃圾回收的影响，并且对于多字节的数据类型，必须要将其字节序设置为系统原生字节序。

下面是一段创建三角形顶点位置数组缓存与顶点索引缓存的代码，详细代码请参见随书光盘中的 Triangle.java 文件。

```
private void createDefaultVertexBuffer() {
    //对于每个顶点的位置，由 x,y,z 3 个 float 分量组成，每个 float 占 4 个字节
    //因此申请的总长度为 VERTS * 3 * 4
```

```
        ByteBuffer vbb = ByteBuffer.allocateDirect(VERTS * 3 * 4);
        //必须要使用 allocateDirect
        vbb.order(ByteOrder.nativeOrder());//必须要设置为原生字节序
        mFVertexBuffer = vbb.asFloatBuffer();
        // 一个中点在(0, 0, 0)的等边三角形
        float[] coords = {
                // X, Y, Z
                -0.5f, -0.25f, 0,
                 0.5f, -0.25f, 0,
                 0.0f, 0.559016994f, 0
        };

        for (int i = 0; i < VERTS; i++) {
            for(int j = 0; j < 3; j++) {
                mFVertexBuffer.put(coords[i*3+j] * 2.0f);
            }
        }
        mFVertexBuffer.position(0);
    }


    private void createDefaultIndexBuffer() {
        ByteBuffer ibb = ByteBuffer.allocateDirect(VERTS * 2);
        ibb.order(ByteOrder.nativeOrder());
        mIndexBuffer = ibb.asShortBuffer();
        for(int i = 0; i < VERTS; i++) {
            mIndexBuffer.put((short) i);
        }
        mIndexBuffer.position(0);
    }
```

参数 stride 表示在数组元素中，两个有意义的数据单元之间相隔的字节数。stride 一般用于在交错数组中跳过无效数据。图 5-11 展示了以交错格式存储顶点数据的一个例子。例子中将顶点位置(x, y, z)与纹理(s, t)打包在一起，每 8 个字节表示一个独立的顶点。

当使用该数组指定位置时，指针需要放在数组的起始地址，同时指定 stride 等于 8，也就是这个打包顶点的长度。对于指定纹理坐标时，需要将指针放在数组起始地址之后的 6 个字节处，stride 依然等于 8。这意味着跳过 8 个字节后，会是下一段有效数据。

偏移:

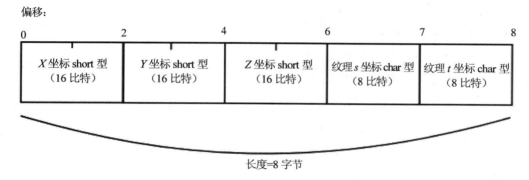

图 5-11　打包顶点数据存储

当 stride 指定为 0 时，表示该数组数据是紧密排列的，没有间隔。例如指定位置数组时，每个坐标用 short 表示，即占用 2 个字节，则(x, y, z)三个坐标共占据 2×3 = 6 个字节，设置 stride 为 0，底层就会以每 6 个字节为一个单元数据进行解析。

需要注意的是，根据不同的实现，顶点数据类型的差异可能会造成较大的性能差异。例如，通过系统总线传输几何数据的总带宽量，直接取决于顶点数据的类型，比如使用 float 或者 integer 型，总带宽会比使用 short 型要高一倍。尤其对于移动设备上纯软件实现的 OpenGL ES 引擎，通常底层缺乏硬件浮点数处理单元，此时使用浮点数作为数据类型，会导致底层进入一个慢得多的模拟浮点数运算的变换和光照管线。即使使用整型数作为数据类型，代价也会比较庞大。总之，使用越紧凑的数据类型，就会给底层提供更大的性能优化空间。一般来说，使用 GL_SHORT 作为基本数据类型已经足够了。

对于顶点数组的启用或者禁用，需要调用下列函数进行设置，其中，可以传入的参数包括 GL_COLOR_ARRAY、GL_NORMAL_ARRAY、GL_TEXTURE_COORD_ARRAY 和 GL_VERTEX_ARRAY。

- glEnableClientState (int array)
- glDisableClientState (int array)

OpenGL ES 允许为法线、颜色及纹理坐标设置默认值。这样，在指定顶点数据时，无须额外指定它们。如果某个数组没有通过调用 glEnableClientState()进行启用，底层就会自动使用默认值。下列操作可以分别设定各自的默认值。

- void glNormal3f (float nx, float ny, float nz)
- void glColor4f (float red, float green, float blue, float alpha)
- void glMultiTexCoord4f (int target, float s, float t, float r, float q)

5.3.3　绘制图元

一旦顶点数据被指定，接下来就可以通过调用下面两个函数进行具体绘制。第一个函数是：

- glDrawArrays (int mode, int first, int count)

该函数用于从 first 索引出绘制连续的图元。参数 mode 用于指定图元类型，可用值包括 GL_POINTS 、 GL_LINES 、 GL_LINE_LOOP 、 GL_LINE_STRIP 、 GL_TRIANGLES 、 GL_TRIANGLE_STRIP、GL_TRIANGLE_FAN。参数 count 指定提交用于渲染的顶点数。

第二个函数是：

- glDrawElements (int mode, int count, int type, Buffer indices)

其中，参数 mode 和 glDrawArrays()中的参数含义相同；参数 type 表示数组 indices 中基础数据类型，可以是 GL_UNSIGNED_BYTE 或 GL_UNSIGNED_SHORT；参数 count 表示实际处理的索引个数。

下面是以两种方式绘制三角形的代码片段，无论采用哪种方式，最终效果都是一样的。

```
//位置顶点数组 Buffer
private FloatBuffer mFVertexBuffer;
//索引顶点数组 Buffer
private ShortBuffer mIndexBuffer;
private void drawArray(GL10 gl) {
    gl.glEnableClientState(GL10.GL_VERTEX_ARRAY);
    gl.glVertexPointer(3, GL10.GL_FLOAT, 0, mFVertexBuffer);
    gl.glDrawArrays(GL10.GL_TRIANGLES, 0, VERTS);
}


private void drawElements(GL10 gl) {
    gl.glEnableClientState(GL10.GL_VERTEX_ARRAY);
    gl.glVertexPointer(3, GL10.GL_FLOAT, 0, mFVertexBuffer);
    gl.glDrawElements(GL10.GL_TRIANGLES, 3, GL10.GL_UNSIGNED_SHORT,
        mIndexBuffer);
}
```

5.4 颜色和光照

从某种意义上来说，OpenGL 实现的各种操作都是为了确定最终显示场景中每个像素的颜色，整个场景被存储在帧缓存中，最后在窗口中绘制每个像素的颜色。对于每个像素的信息，以 RGB 模式存储（有时可能是 RGBA，A 表示 Alpha 透明度）。其中的一些计算依赖于场景中的光照及材质的相互作用，材质决定了场景中物体对光线的反射和吸收情况。

大多数物体在没有光照的情况下，看起来甚至不是三维的。如图 5-12 所示，未启用光照的球体看起来与二维圆无异。

图 5-12　启用光照和未启用光照来渲染球体的效果

5.4.1　设置颜色和材质

前面已经介绍过，设置所有顶点的默认颜色需要调用：

glColor4f (float red, float green, float blue, float alpha)

为每个顶点设置单独的顶点色需要调用：

glColorPointer (int size, int type, int stride, Buffer pointer)

在默认情况下，光照是关闭的，开启光照需要调用 glEnable(FL_LIGHTING)。如果光照没有开启，顶点会保持所赋予的顶点颜色；如果已启用光照，则顶点的颜色取决于光源和材质属性的综合影响。OpenGL ES 中的材质属性包括环境颜色、散射颜色、镜面反射颜色和自发光色，这些属性可以通过调用如下方法进行设置。

- glMaterialf (int face, int pname, float param)
- glMaterialfv (int face, int pname, float[] params, int offset)
- glMaterialfv (int face, int pname, FloatBuffer params)

这里的参数 params 表示颜色的 RGBA 值。参数 pname 表示材质属性，可以选择的值及每种材质属性的默认值如下：

- GL_AMBIENT　　(0.2, 0.2, 0.2, 1.0)
- GL_DIFFUSE　　(0.8, 0.8, 0.8, 1.0)
- GL_SPECULAR　(0.0, 0.0, 0.0, 1.0)
- GL_EMISSIVE　　(0.0, 0.0, 0.0, 1.0)

同样，可以通过使用 GL_AMBIENT_AND_DIFFUSE 参数来设置环境色和散射色为同一种颜色。这里材质的颜色分量不需要强制值域为[0,1]，因为在光照计算之后、光栅化之前，最终颜色的各分量会被自动限定到[0,1]。在桌面版的 OpenGL 中，可以对正面及反面分别设置不同的材质，但 OpenGL ES 进行了简化，只允许正反面使用相同的材质。因此，调用 glMaterial()时，参数 face 要始终设置为 GL_FRONT_AND_BACK。

设置镜面反射的光洁度需要调用：

glMaterialf (GL_FRONT_AND_BACK, GL_SHININESS, float param)

这里的 param 必须在[0,128]范围内，默认值为 0。

OpenGL ES 支持对于不同顶点使用不同的材质。如果调用了 glEnable(GL_COLOR_MATERIAL)，那么通过 glColorPointer()设置的顶点颜色数组，就会被赋值给环境颜色及漫反射颜色；镜面反射颜色及自发光颜色则不会受到影响。

5.4.2 光照

OpenGL ES 支持至少 8 个光源，具体支持光源的数量可以通过查询参数 GL_MAX_LIGHTS 得到。在默认情况下，所有光源都是被禁用的。如果要使用一个光源，应首先启用它，比如调用 glEnable(GL_LIGHT0)。同时，要启用光照，必须要显式调用 glEnable(GL_LIGHTING)。

光源有多个属性，包括颜色、位置和方向。其中，环境色、散射色、镜面反射色都是由 4 个分量组成的，即 RGBA，分别表示颜色的红、绿、蓝色及透明度。对于位置属性，由 4 个分量组成，即(x, y, z, w)，如果最后一个分量为 0，则表示其为平行光，反之为点光源。对于聚光灯来说，还可以设置光线聚集程度，以及圆锥体轴线和母线的夹角等其他属性。对所有类型的光照，均可以设置衰减系数。

指定光源的属性需要调用：

- glLightf (int light, int pname, float param)
- glLightfv (int light, int pname, FloatBuffer params)
- glLightfv (int light, int pname, float[] params, int offset)

对于单一值的属性，参数 pname 可以设置的值及对应的默认值如下：

- GL_SPOT_EXPONENT   0
- GL_SPOT_CUTOFF   180
- GL_CONSTANT_ATTENUATION   1
- GL_LINEAR_ATTENUATION   0
- GL_QUADRATIC_ATTENUATION   0

对于多分量值的属性，参数 pname 可以设置的参数及对应的默认值为：

- GL_AMBIENT　　　　　　　　(0, 0, 0, 1)
- GL_DIFFUSE　　　　　　　　对 LIGHT0 为(1, 1, 1, 1)，其他为(0, 0, 0, 0)
- GL_SPECULAR　　　　　　　对 LIGHT0 为(1, 1, 1, 1)，其他为(0, 0, 0, 0)
- GL_POSITION　　　　　　　(0, 0, 1, 0)
- GL_SPOT_DIRECTION　　　　(0, 0, -1)

对于光源的颜色属性，指定时不必将各分量限定到[0,1]之间，在光照计算的最后阶段，会统一将最终结果颜色限定到[0,1]之间。

光源的默认位置为(0,0,1,0)，即位置在正 Z 轴上的平行光，照向负 Z 轴的方向。OpenGL 中对于光源的处理，与几何图元的处理一样，即使用当前的模型视图矩阵将光源位置和方向变换到视点空间。如果当前模型视图矩阵为单位矩阵，即相机在(0,0,0)原点，且面向负 Z 轴，那么光源的默认位置就是在相机之后，也就是光从相机后照射过来。

如图 5-13 所示，聚光灯的 GL_SPOT_CUTOFF 表示圆锥体轴线与母线夹角的一半。如果设置聚光灯的 GL_SPOT_CUTOFF 属性为 180°，也就意味着这个聚光灯的照射角度范围为 360°，即覆盖所有方向，这时候的聚光灯实际上是一个点光源。除这种情况之外，半夹角值必须要设置到[0,90]之间。例如设置半夹角为 5°，则整个圆锥的夹角为 10°，这就意味着只有沿聚光灯方向夹角 5°的圆锥体范围之内的物体才会进行聚光灯的光照计算。尽管每个光源都可以有自己的环境光分量，但也可以定义一个全局的环境光源，默认的颜色是 (0.2, 0.2, 0.2, 1)，如果要改变这个颜色，则可以调用：

> glLightModelf (GL_LIGHT_MODEL_AMBIENT, param)

在默认情况下，只有图元正面才会进行光照计算。但可以通过调用函数：

> glLightModelf (GL_LIGHT_MODEL_TWO_SIDE, param)

进行单、双面光照的切换。当 param 为 0 或者 GL_FALSE 时，表示仅进行单面光照计算；当 param 为非 0 或者 GL_TRUE 时，则表示启用双面光照，此时计算背面光照时，会将该顶点的法线向量取反，用于光照计算。

顶点的排列顺序决定了正反面。在默认情况下，三角形的逆时针顶点序列为正面。如果需要改变正面的定义，则可以调用：

> glFrontFace (int mode)

这里的 mode 参数为 GL_CW（顺时针）或者 GL_CCW（逆时针）。

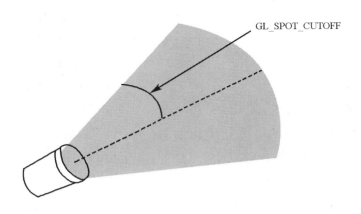

图 5-13　聚光灯的 GL_SPOT_CUTOFF 含义

OpenGL ES 支持两种着色方式，即恒定着色（GL_FLAT）或者平滑着色（即 GL_SMOOTH，高洛德着色）。采用恒定着色时，将使用图元中某个顶点的颜色来渲染整个图元；采用平滑着色时，会根据图元各个顶点的颜色进行插值来得到每个片元的颜色。要指定着色方式，可以使用函数：

glShadeModel (int mode)

这里的 mode 可以是 GL_SMOOTH（默认值）或者 GL_FLAT。

当使用恒定着色时，整个图元的颜色取决于该图元最后一个顶点的颜色。对于点图元，无论采取哪种着色方式，显然效果都是一样的。恒定着色一般很少用，对于一个三角形来说，仅仅使用一个顶点的颜色和法线进行整个三角形的光照计算，效果令人难以接受。如图 5-14 所示，左边球体采用 GL_FLAT 方式进行绘制，右边球体采用 GL_SMOOTH 方式进行绘制，最终视觉效果差异十分明显。

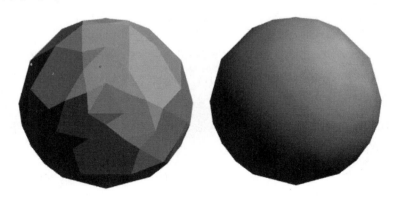

图 5-14　分别采用 GL_FLAT 和 GL_SMOOTH 方式渲染的球体

运行 SimpleLighting 例子，可以得到如图 5-15 所示的效果图。设置光照的代码片段如下：

```
//光照颜色属性
float lightAmbient[] = { 0.4f, 0.4f, 0.4f, 1.0f };
float lightDiffuse[] = { 0.0f, 0.0f, 0.5f, 1.0f };
float lightSpecular[] = { 0.0f, 1.0f, 0.0f, 1.0f };
//材质颜色属性
float matAmbient[] = { 1.0f, 1.0f, 1.0f, 1.0f };
float matDiffuse[] = { 1.0f, 1.0f, 1.0f, 1.0f };
float matSpecular[] = { 1.0f, 1.0f, 1.0f, 1.0f };
//光照位置和朝向
float lightPosition[] = { 30.0f, 30.0f, 30.0f, 0.0f };
float lightDirection[] = { -1.0f, -1.0f, -1.0f };


private void setupLight(GL10 gl) {
    //启用光照
    gl.glEnable(GL10.GL_LIGHTING);
    gl.glEnable(GL10.GL_LIGHT0);
    //设置材质参数
    gl.glMaterialfv(GL10.GL_FRONT_AND_BACK, GL10.GL_AMBIENT, matAmbient, 0);
    gl.glMaterialfv(GL10.GL_FRONT_AND_BACK, GL10.GL_DIFFUSE, matDiffuse, 0);
    gl.glMaterialfv(GL10.GL_FRONT_AND_BACK, GL10.GL_SPECULAR, matSpecular, 0);
    gl.glMaterialf(GL10.GL_FRONT_AND_BACK, GL10.GL_SHININESS, 30.0f);
    //设置光源 0 光照颜色属性
    gl.glLightfv(GL10.GL_LIGHT0, GL10.GL_AMBIENT, lightAmbient, 0);
    gl.glLightfv(GL10.GL_LIGHT0, GL10.GL_DIFFUSE, lightDiffuse, 0);
    gl.glLightfv(GL10.GL_LIGHT0, GL10.GL_SPECULAR, lightSpecular, 0);
    //设置光源 0 位置及聚光灯属性
    gl.glLightfv(GL10.GL_LIGHT0, GL10.GL_POSITION, lightPosition, 0);
    gl.glLightfv(GL10.GL_LIGHT0, GL10.GL_SPOT_DIRECTION, lightDirection, 0);
    gl.glLightf(GL10.GL_LIGHT0, GL10.GL_SPOT_CUTOFF, 15.0f);
    gl.glLightf(GL10.GL_LIGHT0, GL10.GL_SPOT_EXPONENT, 20.0f);
}
//启用光照渲染球体
private void drawSphere(GL10 gl) {
    //启用光照
    gl.glEnable(GL10.GL_LIGHTING);
    gl.glEnable(GL10.GL_LIGHT0);
```

```
//渲染球体
mSphere.drawFlattedColor(gl);
}
```

图 5-15　SimpleLighting 例子运行效果截图

5.5　光栅化和片元处理

本节介绍经过变换和光照之后的管线操作。首先对图元进行剪裁，通过的会被光栅化为片元，每个片元对应于一个像素，包括颜色、深度及纹理坐标等信息。如果启用了纹理映射，则会对每一个片元进行纹理贴图。接下来是雾及反走向操作，以及透明度、深度和模板测试。最后，更新各个缓存，包括颜色缓存、深度缓存和模板缓存。

5.5.1　背面剪裁

背面剪裁用于筛选出背向观察者的三角形并丢弃。这是一个很有效的优化方式，对于一个不透明的闭合模型来说，有大概一半的面是被正面所遮挡的，因此可以全部剪裁掉，处理的面数会直接减少 50%左右。在管线流程的靠前阶段进行剪裁会显著提升性能。是否启用剪裁可以通过 glEnable()和 glDisable()传入参数 GL_CULL_FACE 进行控制。背面剪裁仅适用于三角形，对点和线不起作用。

用户可以通过调用函数 glCullFace (int mode)设置哪个面被剪裁，参数 mode 可以是

GL_FRONT、GL_BACK 或者 GL_FRONG_AND_BACK。最后一个参数会将所有三角形剪裁掉。对于三角形正面的判定前面已经介绍过,是由 glFrontFace()来定义的。

在图形管线设计中,从理论上来说,剪裁是在构建三角形时进行的,即在光栅化为片元之前。但对于具体实现来说,可以在管线的更前面进行这个操作,使被剪裁掉的三角形跳过比如光照计算等步骤,从而获得更好的性能。

在默认情况下,背面剪裁是关闭的。下面的示例代码展示了如何剪裁掉顺时针的面。

```
gl.glEnable(GL10.GL_CULL_FACE);
gl.glFrontFace(GL10.GL_CCW);
gl.glCullFace(GL10.GL_BACK);
```

5.5.2　纹理映射

纹理映射是 OpenGL ES 渲染管线中最基础的部分。尽管 OpenGL ES 中的纹理模型相对桌面版 OpenGL 已经精简了很多,但依然十分强大,可以做出很多有趣的效果。纹理操作理论上是在渲染管线的光栅化阶段进行的,但有些实现可能会把这一步放到深度和模板测试之后进行,以避免提前纹理贴图过的片元在这些测试中被抛弃。可以通过设置 GL_TEXTURE_2D 参数,对当前纹理单元启用或者禁用纹理操作。

下面的代码是由 BMP 图像创建纹理的,返回纹理的 ID,详细代码请参见随书光盘示例中的 TextureFactory.java 文件。

```java
/**
 * 从资源文件中载入纹理贴图
 * @param context
 * @param gl
 * @param resID - 资源 ID
 * @param wrap_s_mode - 纹理 S 方向环绕格式
 * @param wrap_t_mode - 纹理 T 方向环绕格式
 * @param min_filter - 纹理缩小滤波模式
 * @param mag_filter - 纹理放大滤波模式
 * @return
 */
public static int getTexture(Context context, GL10 gl, int resID, int wrap_s_mode,
        int wrap_t_mode, int min_filter, int mag_filter) {
            //向底层申请纹理名字,申请个数为 1,返回到 textures 数组中
            int[] textures = new int[1];
            gl.glGenTextures(1, textures, 0);
```

```
//获得申请到的纹理名字
int textureID = textures[0];
//绑定新纹理，将其设置为当前活跃纹理，下面的所有纹理操作函数均以之为
//操作对象
gl.glBindTexture(GL10.GL_TEXTURE_2D, textureID);

//设置纹理滤波模式
gl.glTexParameterf(GL10.GL_TEXTURE_2D,
        GL10.GL_TEXTURE_MIN_FILTER, min_filter);
gl.glTexParameterf(GL10.GL_TEXTURE_2D,
        GL10.GL_TEXTURE_MAG_FILTER, mag_filter);

//设置纹理环绕模式
gl.glTexParameterf(GL10.GL_TEXTURE_2D, GL10.GL_TEXTURE_WRAP_S,
        wrap_s_mode);
gl.glTexParameterf(GL10.GL_TEXTURE_2D, GL10.GL_TEXTURE_WRAP_T,
        wrap_t_mode);

//设置纹理环境模式
gl.glTexEnvf(GL10.GL_TEXTURE_ENV, GL10.GL_TEXTURE_ENV_MODE,
        GL10.GL_REPLACE);

//载入资源
InputStream is = context.getResources().openRawResource(resID);
Bitmap bitmap;
try {
    bitmap = BitmapFactory.decodeStream(is);
} finally {
    try {
        is.close();
    } catch (IOException e) {
    }
}

//将图像数据赋予纹理，像素数据会从应用程序端复制到底层引擎端
GLUtils.texImage2D(GL10.GL_TEXTURE_2D, 0, bitmap, 0);
//释放应用程序端图像资源
```

```
            bitmap.recycle();


            return textureID;
    }
```

接下来将详细介绍纹理操作的每个部分。

1. 纹理对象

纹理贴图以纹理对象的形式存储。因此开发者需要首先生成一个纹理对象，然后对其各个属性进行设置，比如纹理所关联的位图、滤波模式及混合模式等。最后，在实际渲染图元之前，绑定相关纹理对象。

每个纹理对象都具有一个纹理名称，这个名称同时作为指向纹理数据和状态的句柄。这个名称可以是任何正整数，0 被保留，指向默认纹理。开发者可以通过调用函数：

```
glGenTextures (int n, IntBuffer textures)
glGenTextures (int n, int[] textures, int offset)
```

向引擎底层申请一个未使用名称的列表。这里的 n 表示会返回 n 个名称，存储在数组 textures 中。如果要创建一个纹理对象，或者要重新绑定一个已存在的纹理对象，可以调用：

```
glBindTexture (GL_TEXTURE_2D,int texture)
```

这里的 texture 就是指向目标纹理对象的名称。在桌面版 OpenGL 中，其他的纹理对象参数，比如 1D 或者 3D 都是可用的，但 OpenGL ES 仅支持 2D 的纹理贴图。

当纹理不再使用，需要删除其所占用资源时，通过调用：

```
glDeleteTextures (int n, IntBuffer textures)
glDeleteTextures (int n, int[] textures, int offset)
```

实现，这时会删除数组 textures 中的 n 个纹理。如果这之中有某个纹理处于当前被绑定状态，则纹理单元会使用默认的纹理对象，即 0 号纹理。注意，在多场境的环境中，由于多个场境会共享纹理，因此在调用 glDeleteTextures()之后，只有当任何一个场境中该纹理均未处于绑定状态时，才会被真正释放资源。

2. 指定纹理数据

在 OpenGL ES 中，纹理数据存储在服务器端，这就意味着所有数据需要从客户端复制过来。在这个过程中，图像数据会被转换成最佳适配底层纹理映射的内部格式。由于无论是数据的复制还是转换都比较耗时，因此纹理在创建之后应当被多次使用，确定不再使用后再进行删除。

glTexImage2D (int target, int level, int internalformat, int width, int height, int border,
        int format, int type,Buffer pixels)

该函数用于将纹理图像数据从客户端内存复制到服务器端纹理对象之中。如果不支持 Mipmap，或者这个图像是基层 Mipmap 数据，level 参数应设置为 0。由于 OpenGL ES 不支持纹理边界，因此参数 border 必须要设置为 0。纹理的尺寸是以像素格式传入的，对应参数 width 和 height，并且它们应当是 2 的 N 次方（$N \geqslant 0$），但 width 和 height 不需要相等。对于格式参数 internalformat 和 format，必须要一致，而且要是表 5-1 中可选参数中的某一个。表 5-1 同样列出了对应格式的数据类型。pixels 对应的是实际纹理图像数据。

表 5-1　纹理格式与数据类型对照表

纹理格式	数据类型
GL_LUMINANCE	GL_UNSIGNED_BYTE
GL_ALPHA	GL_UNSIGNED_BYTE
GL_LUMINANCE_ALPHA	GL_UNSIGNED_BYTE
GL_RGB	GL_UNSIGNED_BYTE
	GL_UNSIGNED_SHORT_5_6_5
GL_RGBA	GL_UNSIGNED_BYTE
	GL_UNSIGNED_SHORT_4_4_4_4
	GL_UNSIGNED_SHORT_5_5_5_1

如果传入的 pixels 参数为空，服务器则会根据传入的 width 及 height 申请好内存后进行保留。之后可以通过纹理替换函数：

glTexSubImage2D (int target, int level, int xoffset, int yoffset, int width, int height, int format,
        int type,Buffer pixels)

对已存在纹理的局部或全部进行替换。这里的 level、format、type 及 pixels 参数均与 glTexImage2D()函数中参数具有同样意义，并且 format 要与原始纹理贴图格式相同。所替换的子图像区域的左下角坐标为(xoffset,yoffset)，宽度和高度为 width×height。注意：在 OpenGL 纹理坐标系中，(0, 0)对应于纹理的左下角。

3．从帧缓存中复制数据

OpenGL ES 支持从帧缓存中直接复制纹理数据。由于帧缓存及纹理贴图数据均存储在服务器端，即在图形引擎端，因此进行此操作会比先将颜色缓存读取到客户端，再通过 glTexImage2D()函数将数据复制回服务器端要高效得多。具体函数为：

glCopyTexImage2D (int target, int level, int internalformat, int x, int y, int width, int height,
        int border)

该函数会以颜色缓存中的左下角坐标(x,y)，将 width×height 范围内的像素数据复制到当前绑定的纹理中。这里的 level、internalformat 及 border 的意义与 glTexImage()中的参数相同，并且 internalformat 必须要与表 5-2 中的颜色缓存格式相兼容。

> 注意：glCopyTexImage2D()调用时会强制刷新图形管线完成所有命令，因此在渲染过程中调用该函数可能会对性能造成一定影响。

表 5-2　纹理与颜色缓存兼容格式表

颜色缓存	纹理格式				
	GL_ALPHA	GL_LUMINANCE	GL_LUMINANCE_ALPHA	GL_RGB	GL_RGBA
A	√	—	—	—	—
L	—	√	—	—	—
LA	√	√	√	—	—
RGB	—	√	—	√	—
RGBA	√	√	√	√	√

> **glCopyTexSubImage2D (int target, int level, int xoffset, int yoffset, int x, int y, int width, int height)**

该函数使用帧缓存中的图像数据替换当前纹理的一个子区域。其中，xoffset 和 yoffset 是要替换的子区域左下角相对于当前纹理左下角的位置，(0,0)为纹理左下角。从帧缓存中读取一个与屏幕平行的矩形像素阵列，将其用做替换子图像：其左下角坐标为(x,y)，宽度和高度为 width 和 height。

4．纹理压缩格式

为节省纹理存储所占用的内存，OpenGL ES 支持纹理压缩格式。目前仅支持的格式是调色板纹理，在头部定义一个颜色调色板，接下来根据每个纹理像素（简称为纹素）对应一个颜色索引值。索引可以是 4 比特格式来索引 16 色，或者是 8 比特格式来索引 256 色。调色板中的颜色格式可以是 RGB 颜色，例如 R8G8B8 或者 R5G6B5 格式，也可以是 RGBA 颜色，例如 R8G8B8A8、R4G4B4A4 或者 R5G5B5A1 格式。

> **glCompressedTexImage2D (int target, int level, int internalformat, int width, int height,**
> **int border, int imageSize, Buffer data)**

该函数类似于 glTexImage2D()，这里的 imageSize 表示 data 数据的长度，即客户端压缩后的图像数据。internalformat 表示压缩数据的格式，这里的 level 可以为 0，表示纹理仅有一种分辨率；负数表示纹理中 Mipmap 明细等级的层数。

5．纹理滤波

纹理图像为矩形，但被映射到多边形并被转换为屏幕坐标后，纹理的纹素和屏幕图像的像素很难是一一对应的。根据使用的变换和纹理映射，屏幕上的一个像素可能对应于纹素的一小部分（放大），也可能对应于大量的纹素（缩小）。无论是哪种情况，应使用哪些纹素值，以及如何对它们进行平均或者插值计算都不明确。因此 OpenGL ES 中允许您指定多种滤波方式，用于决定如何完成这些计算。这些滤波方式在速度和图像质量之间进行不同的折中。另外，还可以为放大和缩小指定不同的滤波方式。

OpenGL ES 中基本过滤模式包括点采样与线性插值。点采样模式就是简单地返回最接近的纹素，而线性插值模式则是根据周围若干个纹素及相应的权重进行插值计算。具体设置函数为：

```
glTexParameterf (GL_TEXTURE_2D, int pname, float param)
```

这里的 pname 参数是 GL_TEXTURE_MAG_FILTER 或者 GL_TEXTURE_MIN_FILTER，param 可以选择 GL_NEAREST 或者 GL_LINEAR。前者计算速度快，但后者显示质量更高。

6．Mipmap 多重明细等级标准

假设在极限的情况下，很多个纹素要投影到一个像素上，此时，上述两种滤波方式都会有问题。具体选择哪个纹素，或者哪 4 个纹素用来插值，可能会完全随机，从而导致视觉效果的冲突，以及访问内存模式的低效。Mipmap 多重明细等级就是为了解决这一问题而产生的，它通过指定一系列预先通过滤波生成、分辨率递减的纹理图，根据像素—纹素比例来决定选择哪个进行应用。

要使用 Mipmap 技术，必须提供从最大尺寸到 1×1 的、大小为 2 的幂次的各规格纹理图。例如，如果分辨率最高的纹理为 64×16，则必须提供 32×8、16×4、8×2、4×1、2×1 和 1×1 的纹理，即小图纹理的宽和高分别是之前一个等级纹理图宽和高的一半，除非其宽和高已经为 1。小的纹理图通常是通过对上一级纹理图进行滤波处理得到的，每个纹素的值是前一个纹理图中 4 个相应纹素的平均值。在本例中，分辨率最高的 64×16 的纹理为基础层，即 level 值为 0；接下来的 32×8 的 level 值为 1，依此类推，最后的 1×1 的 level 为 6。

有 3 种方式可以指定 Mipmap：一是手工指定普通纹理每层的 Mipmap；二是通过系统自动生成 Mipmap，但仅在 OpenGL ES 1.1 之后才支持；三是对于压缩纹理，可以一次性指定全部 Mipmap。下面分别介绍这三种方式。

如果是手工逐层指定 Mipmap，则需要通过函数 glTexImage2D()的参数 level 进行指定。如果用这种方式进行指定，必须确保指定所有层次，一直到 1×1 最小分辨率，它们的尺寸必须要正确，纹理格式要全部统一，否则系统会认为 Mipmap 不完整，在应用纹理时会被认定纹理无效，并且不会报错。

　　从 OpenGL ES 1.1 起，系统提供自动生成 Mipmap。下一层次的纹素自动根据上一层次相应的 4 个纹素计算平均值。在默认情况下，自动生成 Mipmap 没有被启用，如果要启用，需要调用：

glTexParameterf (GL_TEXTURE_2D, GL_GENERATE_MIPMAP, GL_TRUE);

　　同样，如果要禁用自动生成 Mipmap，需要调用：

glTexParameterf (GL_TEXTURE_2D, GL_GENERATE_MIPMAP, GL_FALSE);

　　当自动生成纹理被启用时，一旦基础层纹理数据发生变动，系统就会自动计算所有 Mipmap 的内容。

　　对于压缩格式的纹理，需要通过另外一种方式指定 Mipmap。压缩格式的纹理无法自动计算，并且所有 Mipmap 层次需要一次性全部指定，因此必须要在外部处理好。在 glCompressedTexImage2D()函数中，如果 level 参数值为 0，则表示该纹理只有基础层；如果 level 值为一个负整数，则表示 data 数据段中包括了多少个 Mipmap 层次的数据。例如，一个最高分辨率为 64×16 的纹理，传入的 level 值必须要为-6。

　　对于 Mipmap 方式贴图时，另有几种额外的滤波模式可用，需要调用函数：

glTexParameterf (GL_TEXTURE_2D, GL_TEXTURE_MIN_FILTER, GL_X_MIPMAP_Y);

　　这里需要把 GL_X_MIPMAP_Y 中的 X 和 Y 用 NEAREST 或者 LINEAR 进行排列组合替换，共有 4 种模式。如果只想同时使用一个 Mipmap 层次，则可以选择滤波方法 GL_NEAREST_MIPMAP_NEAREST（在当前 Mipmap 层中使用最近纹素）或者 GL_LINEAR_MIPMAP_NEAREST（在当前 Mipmap 层中进行线性插值）。前者速度更快，但质量差。具体使用哪层 Mipmap 取决于缩小量，因此会存在一个从使用一层 Mipmap 到使用下一层 Mipmap 的切换点。为避免这种突变，可使用 GL_NEAREST_MIPMAP_LINEAR 或者 GL_LINEAR_MIPMAP_LINEAR，它们根据两个最合适的 Mipmap 中的纹素值进行线性插值计算。前者是从两层 Mipmap 中分别选择最近的纹素，然后在这两个值之间进行线性插值；后者则是使用线性插值分别计算两层 Mipmap 的纹素值，然后在这两个值之间进行线性插值。GL_LINEAR_MIPMAP_LINEAR 也被称为三次线性插值，得到的质量最好，但计算量最大，因此速度最慢。

　　注意：Mipmap 仅适用于缩小的情况，对于放大来说，会一直使用分辨率最高的 Mipmap 层次。因此对于放大模式来说，即 GL_TEXTURE_MAG_FILTER，可以选用 GL_NEAREST 或 GL_LINEAR 滤波模式。

纹理滤波是一个开销很大的操作，尤其对于纯软件渲染引擎来说更是如此。一般来说，点采样快于线性插值，选取最接近的 Mipmap 层次快于在两个层次之间插值。对于硬件来说，线性插值和点采样几乎一样快，而且访问连续存放的 Mipmap 也有助于降低纹素获取带宽，提高纹理缓存命中率。因此，采用 Mipmap 无论对于性能还是视觉效果来说，都是一个很好的解决方案。

7. 纹理环绕模式

OpenGL ES 支持两种纹理环绕模式：GL_CLAMP_TO_EDGE 和 GL_REPEAT。GL_CLAMP_TO_EDGE 表示总是忽略边框。使用纹理边缘或靠近纹理边缘的纹素被用于纹理计算，但不使用边框上的纹素。对于大于 1.0 的坐标设置为 1.0，对于小于 0.0 的坐标设置为 0.0。这种模式的效果如图 5-16（b）所示。GL_REPEAT 表示总是忽略边框。从对侧选择一个 2×2 纹素阵列来计算加权平均，即对于右边缘的纹素，从左边缘选择纹素用于计算；上、下两边缘也如此。例如，一个大型平面的纹理坐标在两个方向的范围皆为 0.0~10.0，则会平铺 10×10 个纹理贴图。在使用重复模式时，纹理顶部的纹素与底部的纹素需要配合得天衣无缝，左边缘和右边缘也是如此。这种模式的效果如图 5-16（c）所示。

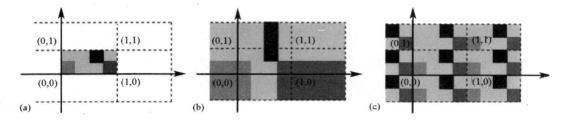

图 5-16 （a）原始贴图，4×2 个纹素（b）采用 GL_CLAMP_TO_EDGE 模式（c）采用 GL_REPEAT 模式

设置环绕模式的代码如下：

```
glTexParameterf (GL_TEXTURE_2D,GL_TEXTURE_WRAP_S, GL_CLAMP_TO_EDGE);
glTexParameterf (GL_TEXTURE_2D, GL_TEXTURE_WRAP_T, GL_REPEAT);
```

8. 基础纹理函数

对于每一个片元，都会拥有一个由顶点颜色插值得到的颜色。这个颜色会与通过滤波之后得到的纹理颜色，以及用户自定义的一个常量颜色相融合。具体的融合方式包括 GL_REPLACE、GL_MODULATE、GL_DECAL、GL_BLEND 和 GL_ADD。设置融合方式的函数调用如下：

```
glTexEnvf (GL_TEXTURE_ENV, GL_TEXTURE_ENV_MODE, GL_MODULATE);
```

设置用户自定义的常量颜色的函数为：

```
glTexEnvfv(GL_TEXTURE_ENV, GL_TEXTURE_ENV_COLOR, float[] params, int offset);
```

其中，params 就是表示 RGBA 颜色的浮点数数组。

9．多重纹理

OpenGL ES 支持多重纹理，有一系列的纹理单元，每个纹理单元执行一个纹理操作，并将结果传递给下一个纹理单元。对于 OpenGL ES 1.0 来说可能只有一个纹理单元，而 1.1 确保了至少有两个纹理处理单元。查询纹理单元的个数可以调用：

```
IntBuffer n_units;
glGetIntegerv(GL_MAX_TEXTURE_UNITS, m_units);
```

前面所介绍的纹理映射函数 glTexImage2D()、glTexSubImage2D()及 glTexParameter()影响的是当前活跃的纹理对象，而函数 glTexEnv()仅影响当前活跃的纹理单元。纹理对象的属性设置会一直影响用到该纹理对象的渲染流程。激活一个纹理单元需要调用 glActiveTexture()，之后可以将纹理对象绑定到此纹理单元，以及修改该纹理单元的纹理矩阵。下列代码为第一个纹理单元设置了一个基础纹理，为第二个纹理单元绑定了一个投影纹理贴图。

```
//为第一个纹理单元绑定纹理
glActiveTexture(GL_TEXTURE0);
glEnable(GL_TEXTURE_2D);
glBindTexture(GL_TEXTURE_2D, base_tex_handle);
glMatrixMode(GL_TEXTURE);
glLoadIdentity();
glTranslatef(0.5f, 0.5f, 0.0f);
glRotatef(time * 20, 0.0f, 0.0f, 1.0f);
glTranslatef(-0.5f, -0.5f, 0.0f);
//设置第二个纹理单元
glActiveTexture(GL_TEXTURE1);
glEnable(GL_TEXTURE_2D);
glBindTexture(GL_TEXTURE_2D, lightmap_handle);
glLoadMatrixf(my_projective_light_matrix);
```

10．示例代码

运行随书光盘中的 TexturedCube 示例，可以得到如图 5-17（a）所示的运行效果，可以看到有一个 6 面纹理的立方体。下面是纹理立方体创建及渲染的相关代码。

```
@Override
```

```
public void onSurfaceCreated(GL10 gl, EGLConfig config) {
    gl.glHint(GL10.GL_PERSPECTIVE_CORRECTION_HINT, GL10.GL_NICEST);
    gl.glClearColor(0.5f, 0.5f, 0.5f, 1);
    gl.glDisable(GL10.GL_CULL_FACE);
    gl.glEnable(GL10.GL_DEPTH_TEST);
    // 创建纹理
    int texID = TextureFactory.getTexture(mContext, gl, R.drawable.ophone,
            GL10.GL_CLAMP_TO_EDGE, GL10.GL_CLAMP_TO_EDGE,
            GL10.GL_LINEAR, GL10.GL_LINEAR);
    //创建纹理立方体
    mCube = new TCube();
    mCube.createDefault();
    mCube.setTexture(texID);
}


/**
 * 立方体渲染函数
 * @param gl
 */
public void draw(GL10 gl) {
    //启用纹理
    gl.glEnable(GL10.GL_TEXTURE_2D);
    gl.glBindTexture(GL10.GL_TEXTURE_2D, mTextureID);//绑定纹理对象
    // 启用顶点、纹理和法线数组
    gl.glEnableClientState(GL10.GL_VERTEX_ARRAY);
    gl.glEnableClientState(GL10.GL_TEXTURE_COORD_ARRAY);
    gl.glEnableClientState(GL10.GL_NORMAL_ARRAY);
    // 绑定顶点、纹理和法线数据
    gl.glVertexPointer(3, GL10.GL_FLOAT, 0, mFVertexBuffer);
    gl.glTexCoordPointer(2, GL10.GL_FLOAT, 0, mTexBuffer);
    gl.glNormalPointer(GL10.GL_FLOAT, 0, mNormalBuffer);
    // 使用三角形列表索引来渲染立方体
    gl.glDrawElements(GL10.GL_TRIANGLES, mIndexBuffer.limit(),
            GL10.GL_UNSIGNED_BYTE, mIndexBuffer);
}
```

运行 TouchEarth 程序，可以得到如图 5-17（b）所示的界面。例子中我们创建了一个带

地球纹理的球体，并添加了触屏控制相关代码，使得用户可以通过触摸屏幕来旋转观察不同位置。

（a）带纹理的立方体　　　　　　　　　（b）带纹理的球体

图 5-17　带纹理的立方体和带纹理的球体

相关代码如下：

```
//创建球体
private void setupSphere(GL10 gl) {
    //载入地表纹理
    //设置纹理环绕模式为 GL_REPEAT
    int texID = TextureFactory
        .getTexture (mContext, gl, R.drawable.earth, GL10.GL_REPEAT,
            GL10.GL_REPEAT, GL10.GL_NEAREST, GL10.GL_LINEAR);

    mSphere = new Sphere();
    mSphere.createDefault();
    mSphere.setTexture(texID);
}

//渲染球体
private void drawSphere(GL10 gl) {
```

```
        gl.glPushMatrix();
            //旋转球体
            gl.glRotatef(mAngleX, 0, 1, 0);
            gl.glRotatef(mAngleY, 1, 0, 0);
            //渲染球体
            mSphere.drawTextured(gl);
        gl.glPopMatrix();
}
```

5.5.3 雾

在 OpenGL ES 渲染管线中，纹理映射之后的下一个步骤就是雾的操作。雾主要用来模拟大气效果，远处的物体会逐渐融入到雾的颜色中。片元的颜色会和雾的颜色进行一次融合操作，而融合因子取决于片元距离观察者的距离，以及当前雾的模式。对于距离的计算，从理论上来说是要在片元处理管线中进行，通常的做法是计算图元每个顶点的雾值，然后对该图元的每个片元进行插值运算。

雾的颜色可以通过函数：

- glFogf (GL_FOG_COLOR, float params)
- glFogfv (GL_FOG_COLOR, FloatBuffer params)
- glFogfv (GL_FOG_COLOR, float[] params, int offset)

进行指定，这里的 params 就是代表雾颜色的 RGBA 值。

同样可以通过函数：

```
glFogf (GL_FOG_MODE, int mode)
```

来设置雾的模式，可选参数包括 GL_EXP（默认值）、GL_LINEAR 及 GL_EXP2。

```
glFogf (GL_FOG_DENSITY, float param)
```

此函数用于指定雾模式为 GL_EXP 或 GL_EXP2 时计算所用到的 density 参数。如果指定的雾模式是 GL_LINEAR 线性模式，则需要指定的属性为 GL_FOG_START, GL_FOG_END，表示该模式下计算雾所用到的起始距离值。

在默认情况下雾效是关闭的，可以通过调用 glEnable(GL_FOG)进行启用。下面是一段使用雾的示例代码。

```
//雾的颜色值，RGBA
private float[] mpFogColor = {0.5f, 0.5f, 0.5f, 1.0f};
```

```
private void drawCube(GL10 gl) {
    //启用雾
    gl.glEnable(GL10.GL_FOG);
    //设置雾模式为线性模式
    gl.glFogf(GL10.GL_FOG_MODE, GL10.GL_LINEAR);
    //指定雾颜色
    gl.glFogfv(GL10.GL_FOG_COLOR, mpFogColor, 0);
    //设置线性模式属性
    gl.glFogf(GL10.GL_FOG_START, 1.0f);
    gl.glFogf(GL10.GL_FOG_END, 4.0f);

    //渲染立方体
    mCube.draw(gl);
}
```

　　运行随书光盘上的 **Fog Cube** 例子，可以得到如图 5-18 所示的界面，可以看到，远处的物体部分逐渐淡入到雾色中。在使用雾效时，一个技巧是将 glClearColor()的屏幕清屏颜色也设置为雾色，这样整体效果就会相对统一。注意：一旦启用雾效之后，几乎每个操作中都会进行雾效计算，即使表面上看不出多少效果（这取决于所设置的雾模式，以及指定的距离、指数等参数），因此会对整个渲染流程造成一定的性能影响。所以，当不必使用雾时，一定不要忘记通过调用 glDisable(GL_FOG)来关闭雾效。

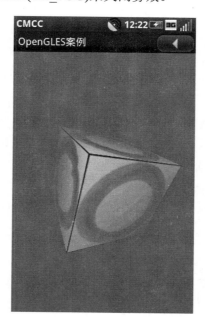

图 5-18　应用雾效果截图

5.5.4　反走样

OpenGL ES 中有两种基本反走样策略：对于点和线，使用边缘反走样；对于所有图元，还可以使用多重采样技术。除此之外，还有一些其他方式用于处理反走样。

1．边缘反走样

OpenGL ES 中的边缘反走样技术是根据片元对像素的覆盖率与该片元 alpha 值的乘积来进行片元与帧缓存的混合操作的。如果要启用边缘反走样，必须要确保启用混合操作。边缘反走样方式的计算量比较小，因此实现效率比其他方式都要高。

边缘反走样技术也存在一些局限。首先，质量得不到保证。由于覆盖比例的计算比较复杂，没有统一的方式，因此无法确切得知反走样底层到底是如何实现的。对于某些引擎来说，甚至是直接忽略反走样请求。其次，更为严重的是，边缘反走样技术依赖于渲染次序。例如，在蓝色背景上绘制一条白线，这时候白线的边缘像素会根据覆盖率去融合白色和蓝色。这时，如果在白线和背景之间绘制一条和白线相交的黄色区域，结果就会失真。正常结果应该是白线边缘和黄色背景融合，然而由于渲染次序的不正确，白线的边缘依然是和蓝色融合的结果，这种失真就无法接受了。正确的方式是对要进行反走样处理的点和线根据深度值进行排序，在渲染完所有其他场景之后，再根据排序结果从后往前进行渲染。

如果在代码中要启用边缘反走样，可以调用：

- glEnable(GL_LINE_SMOOTH);
- glEnable(GL_POINT_SMOOTH);

2．多重采样

多重采样技术是针对每一个像素有多个样本，在帧操作的最后进行合并。这是一个非常昂贵的操作，一般只有硬件实现。启用或者禁用多重采样，可以通过调用 glEnable(GL_MULTISAMPLE)或者 glDisable(GL_MULTISAMPLE)进行设置，在默认情况下是开启的。

多重采样的优点主要是使用方便，无须预先排序物体，无须预先启用混合操作；而缺点主要是实现开销巨大，会占用大量计算资源。反走样的效果也取决于样本的数量，即使在有硬件加速的移动平台中，样本数量也不会太多，一般为 2 个或者 4 个。

在使用该技术之前，请首先确认所在平台配置中支持多重采样。具体方法是查询 GL_SAMPLE_BUFFERS 的值，如果值为 1 则表示支持多重采样，0 表示不支持。查询 GL_SAMPLES 可以得到样本数量。渲染时，不要单独为某个图元开启或者关闭多重采样，应该在全局设置。

多重采样除了用于反走样技术之外，还可以用来做一些简单的混合操作。需要注意的是，对某些实现来说，多重采样的代价可能比真正的混合要高得多，此时用多重采样来做混合就得不偿失了。

多重采样混合技术的原理是：如果某些样本中包含的是物体 A，另外的样本中包含的是物体 B，那么在样本融合平均计算时，我们就得到了近似真实融合物体 A 和 B 的效果。例如，某个平台中支持 4 重样本，如果要实现以 50-50 的比率混合两个物体，传统的做法是渲染所有样本两次，读取帧缓存进行混合操作。然而现在可以对每 2 个样本分别渲染一次，并且无须操作帧缓存或进行混合操作，即可得到同样结果，同时性能可以提升 2 倍。

当多重采样被启用后，对图元的每一个片元都会计算一个片元标志位。这个标志位影响着被这个图元所覆盖的像素数量，并决定该图元影响哪些样本。如果启用了转换 alpha 值为标志位，即 glEnable(GL_SAMPLE_ALPHA_TO_MASK)，则该片元的 alpha 值会用于生成一个临时修改标志位，并与当前片元标志位进行"按位或"操作。这可以理解为一种形式的抖动，一个不完全透明的图元可能在多个样本中覆盖多个位置。

具体的实现方式有两种。一种方式是可以使用 alpha 值来决定生成样本的数量，越低的 alpha 值表示需要更少的样本。这可以通过 glEnable(GL_SAMPLE_ALPHA_TO_MASK)进行启用。大多数情况下可以忽视 alpha 值，因为多重采样机制最后会进行融合操作。除非帧缓存的格式为 RGBA 而非 RGB，或者之前已经启用混合操作。由于采用了更少的样本，因此需要通过调用 glEnable(GL_SAMPLE_ALPHA_TO_ONE)将这些样本的 alpha 值设置为最大值 1.0，然后使用这个值来计算覆盖比例。

另一种方式是不需要使用 alpha 值，而是直接定义样本的覆盖率。这可以通过函数：

```
glEnable(GL_SAMPLE_MASK);
glSampleCoverage(float value, boolean invert);
```

进行设置。这里的 value 参数和 invert 联合作用，用于决定样本的覆盖率。如果 invert 为 false，则 value 定义了片元标志位能通过样本的比率；如果 invert 为 true，则 value 表示不通过样本的比率。下面的代码会以 75%的样本比率来接受物体 A，以 25%的比率接受物体 B，然后对两者进行更快速的混合。

```
glEnable(GL_SAMPLE_MASK);
glSampleCoverage(0.75f, true);
//draw object A
glSampleCoverage(0.75f, false);
//draw object B
glDisable(GL_SAMPLE_MASK);
```

这样可以保证不同的物体用于不同的样本。如果有 4 重样本的话，那么对于物体 A 来说会占用 3 个样本，剩下的那个样本就是物体 B。

3．其他反走样策略

还可以通过特定的 RGBA 纹理贴图实现反走样技术。这种特定的贴图，特别之处在于边缘逐渐融合，越靠近边缘的像素的 Alpha 值越低，超出边缘的 Alpha 值为 0。采用这项技术时也必须要首先启用混合操作。

最好的反走样技术，是在服务器端以一个比最终图像更高的分辨率进行渲染，然后客户端读取结果，并将渲染结果缩小到实际尺寸。这种策略虽然对实时交互程序来说比较缓慢，但对静态图像渲染可以获得高质量的效果。另外，一个折中的方式是以 2 倍的最终分辨率将图像直接渲染到纹理贴图上，然后小心设置纹理坐标，使像素和纹素相对齐。这种技术由于无须将图像从服务器端（即图形处理器 GPU）读取到客户端（即中央处理器 CPU），而且所有过程均在服务器端完成，因此速度比较快。

5.5.5　像素测试

在接近图形管线的最终操作之前，是一系列的测试操作。首先进行的是剪裁测试，以确保只有在一个特定矩形区域内的片元才能通过。接下来是 Alpha、模板及深度测试，这几个测试会根据传入片元的某一分量，例如 Alpha 值、模板值或者深度值，与指定的参照值进行比较。比较模式可以设置为总是通过（GL_ALWAYS）、从不通过（GL_NEVER），或者根据比较结果值进行决定（包括 GL_LESS、GL_LEQUAL、GL_GREATER、GL_GEQUAL、GL_EQUAL 和 GL_NOTEQUAL）。

1．剪裁测试

剪裁测试是指定窗口中的一个矩形区域，并将绘制操作限定在该区域内。可以调用函数：

```
glScissor (int x, int y, int width, int height)
```

来设置剪裁矩形的位置和大小，其中的参数指定了该矩形的左下角坐标(x,y)以及宽度和高度，落在该矩形区域内的片元将通过测试。在默认情况下，剪裁矩形的大小和窗口相同，剪裁测试被禁用。下面是一个使用剪裁测试的例子：

```
glEnable(GL_SCISSOR_TEST);
glScissor(10, 5, 100, 200);
```

上述代码定义了一个起点在(10,5)，宽度为 100、高度为 200 的剪裁框，所有的绘制操作将只影响该区域。值得注意的是，如果在渲染过程中改变剪裁框，可能会引起整个图形管线的强制重绘，因此最好在绘制之前设置好剪裁框，在整个绘制过程中尽量保持不变。

2．Alpha 测试

剪裁测试之后就是 Alpha 测试。该测试通过比较传入片元的 Alpha 值与指定参照值的结果，来决定该片元是否通过测试。即使在软件实现的 OpenGL ES 引擎中，Alpha 测试也是一项代价非常小的操作，如果贴图中包含很多可能会通不过测试的纹素，启用该测试会获得较好的性能。

设定 Alpha 比较功能需要调用函数：

```
glAlphaFunc (int func, float ref)
```

这里的 func 必须要为本节开头所提的诸如 GL_LESS 中的一个，ref 用于设定具体比较参照值，ref 的值需要限定在[0,1]之内，0 表示完全透明，1 表示完全不透明。例如，如果要跳过完全透明的像素，可以调用：

```
glEnable(GL_ALPHA_TEST);
glAlphaFunc(GL_NOTEQUAL, 0.0f);
```

如果场景中有不透明物体，同时也拥有半透明物体，为避免混合时出现问题，正确的做法是将场景渲染两遍，第一遍只渲染不透明物体，第二遍只渲染半透明物体。在第一遍渲染中，需要开启深度值写入（允许更新 Z 缓存），而第二遍渲染时，依然保持开启深度测试，但关闭深度值写入。这样被不透明物体所遮挡的透明物体不会被渲染，而在不透明物体之前的半透明部分，将会与背景正确融合。而为了保证第二遍渲染时半透明物体之间融合的正确性，需要对所有半透明物体按距离视点的远近进行排序，并以从后往前的次序渲染。下面是示例代码片段。

```
glEnable(GL_DEPTH_TEST);//启用深度测试
glDepthFunc(GL_LESS);//使用默认深度函数
glDepthMask(GL_TRUE);//允许深度值写入
glEnable(GL_ALPHA_TEST);//启用 Alpha 测试
glAlphaFunc(GL_GEQUAL, 0.999f);//只渲染不透明物体
myDrawFunc();//渲染场景
glDepthMask(GL_FALSE);//禁用深度值写入
glAlphaFunc(GL_LESS, 0.999f);//只渲染半透明物体
glEnable(GL_BLEND);//启用混合操作
glBlendFunc(GL_SRC_ALPHA
        GL_ONE_MINUS_SRC_ALPHA);//设置混合方式
myDrawFunc();//再次渲染场景
glDisable(GL_ALPHA_TEST);//恢复默认设置
```

```
glDisable(GL_BLEND);//恢复默认设置
glDepthMask(GL_TRUE);//恢复默认设置
```

3．模板测试

模板测试从本质上来说是一种更加宽泛的剪裁测试，剪裁形状不仅仅是矩形框，还可以是任意形状。其原理是：首先将一个任意的 2D 形状绘制到模板缓存中，然后对传入处理的片元，根据其是否落入之前所绘制的 2D 形状中来进行取舍。因此，如果目标模板形状为矩形，那么就无须使用模板测试，而应采用剪裁测试这种更高效的方式。

模板测试除了可以定义任意形状的剪裁形状外，还可以实现更多的高级效果。比如，隐藏线移除画法，在任意多边形上抠洞或者加盖，创建体积光效果及阴影。然而，这个强大功能的背后是高昂的代价，必须要有一块单独的缓存，目前并不是所有的 OpenGL ES 实现都支持该操作。因此在使用之前，需要首先查询 GL_STENCIL_BITS 来确认当前平台是否支持模板测试，通常模板缓存深度为 8 比特，如果返回 0，则表示不支持。

4．深度测试

深度测试是 OpenGL ES 片元管线中的最后一步测试。对于屏幕上的每个像素，深度缓存记录了视点和占据该像素的片元之间的距离，如果片元通过了指定的深度测试，将用新传入片元的深度值替换深度缓存中对应的值，否则该片元会被直接抛弃，不会参与之后的管线流程。通常我们都需要近处物体覆盖远处物体，此时就需要用到深度测试。开启或关闭深度测试可以通过调用 glEnable()或者 glDisable()，传入 GL_DEPTH_TEST 参数实现。设置深度比较模式的函数为：

```
glDepthFunc(int func);
```

这里的 func 是本节开始时所罗列的 8 个参数之一，默认为 GL_LESS。比较模式确定后，会比较新传入片元的深度值与深度缓存中同一个像素位置已存在的深度值，根据结果来进行取舍。

此外，OpenGL ES 中还提供针对三角形设置整体深度偏移。比如，要在一个平滑的墙面上贴上一个弹孔（我们称这种操作为贴花），这个弹孔需要确保在墙面之前，但又不可以离墙面缝隙过大，此时就可以对这个弹孔贴花进行深度偏移设置。具体函数为：

```
glPolygonOffset (float factor, float units)
```

其中的缩放参数 factor 会和 units 共同作用来修改该三角形所有片元的深度值。在默认情况下，两者的值都为 0。

5.5.6 将片元合并到颜色缓存

当一个片元通过了前面所有的测试之后，就会被合并到颜色缓存当中。这时会有 3 种模式：第一种是该片元直接替换颜色缓存中对应位置的像素；第二种是该片元与颜色缓存进行融合操作；第三种是该片元与颜色缓存进行一个定义的逻辑混合操作。

1. 混合

混合的操作目标是两个颜色值，其中一个是传入的片元颜色值，此时它已经经过纹理化及雾化；另一个是颜色缓存中已经存在的对应位置的颜色值。经过混合操作计算后的结果值，会作为该位置的最新值放入颜色缓存中。

混合操作可以通过调用 glEnable()或 glDisable()，传入参数 GL_BLEND 来进行开启或者关闭，在默认情况下是关闭的。当启用混合后，底层将传入的片元颜色 Cs（称为源颜色）乘以源混合系数 Fs 作为一个因子，同时将颜色缓存中已有的颜色 Cd（称为目标颜色）乘以目标混合系数 Fd 作为另一个因子，然后将两个因子颜色的各个分量相加，即 $CsFs+CdFd$，同时限定颜色的 RGBA 各分量值域到[0,1]，并将结果存储到颜色缓存中的对应位置。

设置混合参数需要调用：

```
glBlendFunc (int sfactor, int dfactor)
```

其中，参数 sfactor 和 dfactor 分别表示上面描述的源混合系数 Fs 和目标混合系数 Fd。表 5-3 中详细描述了各个混合模式所对应的混合系数，以及它们是否可用于源系数或者目标系数。

表 5-3 混合模式参数表

参 数	因 子	源 因 子	目标因子
GL_ZERO	$(0,0,0,0)$	√	√
GL_ONE	$(1,1,1,1)$	√	√
GL_SRC_COLOR	(R_s,G_s,B_s,A_s)		√
GL_ONE_MINUS_SRC_COLOR	$(1,1,1,1)-(R_s,G_s,B_s,A_s)$		√
GL_DST_COLOR	(R_d,G_d,B_d,A_d)	√	
GL_ONE_MINUS_DST_COLOR	$(1,1,1,1)-(R_d,G_d,B_d,A_d)$	√	
GL_SRC_ALPHA	(A_s,A_s,A_s,A_s)	√	√
GL_ONE_MINUS_SRC_ALPHA	$(1,1,1,1)-(A_s,A_s,A_s,A_s)$	√	√
GL_DST_ALPHA	(A_d,A_d,A_d,A_d)	√	√
GL_ONE_MINUS_DST_ALPHA	$(1,1,1,1)-(A_d,A_d,A_d,A_d)$	√	√
GL_SRC_ALPHA_SATURATE	$(f,f,f,1),f=\min(A_s,1-A_d)$	√	√

　　如果颜色缓存中不包含 Alpha 通道，那么上述计算中的 A_d 则默认为 1。最常用的混合模式是渲染一个半透明的物体，这时可以调用：

```
glEnable(GL_BLEND);
glBlendFunc(GL_SRC_ALPHA, GL_ONE_MINUS_SRC_ALPHA)
```

　　运行随书光盘中的例子 Alpha Blend Quad，可以看到如图 5-19 所示的界面。我们载入的是一个带透明像素的纹理图，然后分别按照默认设置及启用混合模式进行分别渲染。可以看到，默认设置渲染四边形时，纹理的透明像素呈现黑色；而使用混合模式渲染时，透明色可以被正确处理，从而得到我们想要的效果。相关代码片段如下：

```java
private void drawQuad(GL10 gl) {
    //渲染第一个纹理四边形
    //按照默认设置，不启用混合模式
    gl.glPushMatrix();
        //向下平移 1.5 个单位
        //由于使用了 pushMatrix，所以该操作仅影响新 push 进来的这个矩阵
        gl.glTranslatef(0.0f, -1.5f, 0.0f);
        mQuad.drawTexturedQuad(gl);
        //popMatrix 以恢复现场
    gl.glPopMatrix();

    //渲染第二个纹理四边形，启用混合模式
    gl.glPushMatrix();
        //向上平移 1.5 个单位
        gl.glTranslatef(0.0f, 1.5f, 0.0f);
        //启用混合模式
        gl.glEnable(GL10.GL_BLEND);
        //设置混合模式
        gl.glBlendFunc(GL10.GL_SRC_ALPHA, GL10.GL_ONE_MINUS_SRC_ALPHA);
        //渲染
        mQuad.drawTexturedQuad(gl);
        //渲染完毕后禁用混合模式
        gl.glDisable(GL10.GL_BLEND);
        //恢复矩阵现场
    gl.glPopMatrix();
}
```

图 5-19　不同混合模式渲染四边形

2．抖动和逻辑操作

抖动是一种在颜色位深较少的显示设备上提升视觉效果的机制，属于 OpenGL ES 的可选功能。例如，显示设备对于每个颜色通道只有 5 比特的深度，此时在显示某些平滑颜色渐变时会有明显的失真。应用抖动之后，在将高色彩的 RGB 片元颜色转换到实际显示设备颜色时，会增加一个扰动效果，在相邻像素上抖动 R、G、B 各分量的值，以提升最终的图像质量。例如，只有黑白两种颜色的报纸，可以通过增加黑白点阵来表示灰度，从而可以体现更多的视觉层次。在默认情况下抖动是开启的，可以通过传入参数 GL_DITHER 调用 glEnable()或者 glDisable()来开启或者关闭抖动机制。

逻辑操作是混合操作的替代方式。当启用逻辑操作时，会强制禁用混合操作（无论之前是否开启混合模式），对于源颜色和目标颜色的计算，会以定义的逻辑操作进行位运算。可以通过传入参数 GL_COLOR_LOGIC_OP 调用 glEnable()或 glDisable()来决定是否开启或者关闭逻辑操作，在默认情况下是关闭的。设置逻辑操作模式需要调用：

glLogicOp(int opcode)

这里的 opcode 可选的模式包括 GL_CLEAR、L_SET、GL_COPY、GL_COPY、GL_COPY_INVERTED、GL_NOOP、GL_INVERT、GL_AND、GL_NAND、GL_OR、GL_NOR、GL_XOR、GL_EQUIV、GL_AND_REVERSE、GL_AND_INVERTED、GL_OR_REVERSE 及 GL_OR_INVERTED。

3．屏蔽帧缓存通道

在 OpenGL ES 图形管线的最后，可以选择是否屏蔽某些缓存通道。

glColorMask (boolean red, boolean green, boolean blue, boolean alpha)

该函数用于设置 RGBA 各颜色通道是否可写入，默认是均可被写入。一般情况下，如果禁用某颜色通道写入，会降低性能。

glStencilMask (int mask)

该函数用于定义是否启用某一模板面，默认均开启。如果传入标记的某一位为 0，则表示该位所对应的模板面被禁用。

glDepthMask (boolean flag)

该函数用于设定在经过深度比较之后是否将结果写入到深度缓存，默认是开启的。除非需要处理比如透明物体的绘制时，才需要关闭写入，绝大多数应用都是需要开启的。

以上这些标记函数，会影响所有其他针对相应缓存的操作，如各种渲染函数及 glClear() 函数等。

5.6 帧缓存操作

5.6.1 清空缓存

一般情况下，每帧渲染之前，需要首先清理各种缓存，并初始化为默认值。比如，将颜色缓存清理为背景天空或者地面的纯色，将深度缓存初始化为最大支持深度，将模板缓存设置为 0。虽然初始化缓存可以通过渲染一个覆盖全屏幕的四边形进行设置，但调用 glClear 通常会快很多。

glClear (int mask)

用于一次性清理指定的缓存。传入的参数使用"按位或"操作进行连接，用以表示需要清理的缓存，具体参数包括 GL_COLOR_BUFFER_BIT、GL_DEPTH_BUFFER_BIT 和 GL_STENCIL_BUFFER_BIT。而初始化缓存时所用到的初始值，则需要通过调用函数：

- glClearColor (float red, float green, float blue, float alpha)
- glClearDepthf (float depth)
- glClearStencil (int s)

进行分别设置。对于颜色和深度初始值需要限定在[0,1]之内，而模板初始值需要设置为 2^S

−1，这里的 S 表示模板缓存支持的位数。它们的初始值分别为(0, 0, 0, 0)、1.0 和 0。下面是一个简单地使用 glClear()例子的代码片段。

```
glClearColorf(1.0f, 0.0, 0.0f, 0.0f);
glClearDepthf(1.0f);
glClear(GL_COLOR_BUFFER_BIT | GL_DEPTH_BUFFER_BIT);
```

5.6.2　读取颜色缓存

目前 OpenGL ES 1.x 仅支持读取颜色缓存，而不支持深度或者模板缓存的读取。需要注意的是，即使支持读取颜色缓存，该功能也是一个非常耗时的操作。这是由于调用读取函数时，首先渲染管线会强制刷新执行之前缓存的所有渲染命令，直到这些命令都执行完成之后才会进行读取。现代的图形硬件一般都拥有很深的管线，通常会缓存着成百上千的三角形，某些构架中甚至会缓存若干帧，如果渲染服务器端是位于外部加速芯片的话，那么读取时连接服务器和客户端的总线传输也会相当缓慢。

glReadPixels (int x, int y, int width, int height, int format, int type, Buffer pixels)

该函数用于读取颜色缓存的内容。这里的 x、y、width 和 height 均以像素为单位，定义了屏幕上要读取的矩形区域。参数 format 和 type 必须一致配对，并且只支持 GL_RGBA 和 GL_UNSIGNED_BYTE，以及一种系统原生格式。最后一个参数 pixels 表示要读取的数据在客户端的存储位置。

5.6.3　强制完成绘图指令

前面介绍过，某些指令比如 glReadPixels()，会隐式地对客户端和服务器端进行同步。如果要显式地强制进行同步操作，可以调用：

void glFlush()

该函数会给服务器端发送一个异步信号，告知服务器一段时间内不会有新的指令传入，建议服务器可以开始执行所有缓存的 GL 指令，但我们无法得知最终渲染何时完成，服务器端也不会保证立即执行。如果要强制所有操作立即执行，需要调用：

void glFinish()

该函数会进行同步等待，直到所有渲染结束后才返回。

尽管 glFinish()保证了所有调用立即执行，但对于使用双缓冲的窗口机制来说可能也不会立即得到体现，这时必须要调用 eglSwapBuffers()强制进行缓存切换，事实上执行 eglSwapBuffers()时底层隐式地调用了 glFinish()。

5.7 其他

5.7.1 行为控制函数

在 OpenGL ES 中，许多细节的实现算法有所不同，因此可以调用函数 glHint() 对图像质量和绘制速度之间的权衡做出一些控制。

```
glHint (int target, int mode)
```

这里的参数 mode 可以为 GL_FASTEST（采用最高效率模式）、GL_NICEST（采用最佳质量模式）和 GL_DONT_CARE（由引擎决定），默认参数为 GL_DONT_CARE。

可以选择的 target 参数包括：

- GL_PERSPECTIVE_CORRECTION_HINT，用于控制顶点数据（如纹理坐标或者顶点颜色）的插值方式。可以采用透视投影插值或者屏幕线性插值。前者质量好，但后者速度更快。此设置在渲染离屏幕很近的纹理化大三角形时效果最明显。
- GL_POINT_SMOOTH_HINT 和 GL_LINE_SMOOTH_HINT，用于控制反走样的点和线的渲染质量。
- GL_FOG_HINT，用于控制雾计算的质量。最好的效果为逐像素计算，而最快的方式为仅计算图元中每个顶点的雾值，然后对每个像素进行插值。

下面是使用 glHint() 的一个简单例子。

```
gl.glHint (GL10.GL_PERSPECTIVE_CORRECTION_HINT, GL10.GL_FASTEST);
```

5.7.2 状态查询

OpenGL ES 1.0 中仅支持静态状态查询。静态状态查询是指在一个 OpenGL ES 场景的整个生命周期中查询结果不会改变，例如所支持的纹理处理单元个数，或者所支持的扩展列表等。查询某一状态的函数为：

```
void glGetIntegerv (int pname, int[] params, int offset)
void glGetIntegerv (int pname, IntBuffer params)
```

另外，还有查询名字的函数：

```
String glGetString (int name)
```

此函数可以用来查询 GL_EXTENSIONS（所支持的扩展列表）、GL_RENDERER（渲染器平台）、GL_VENDOR（引擎开发商）、GL_VERSION（OpenGL ES 平台版本号）等。

还有，查询当前错误代码的函数：

```
int glGetError ()
```

5.8 EGL 简介

OpenGL ES 标准中并未包含与底层视窗系统交互的接口。在不同的操作系统中，创建窗口、管理图形设备、资源管理的方式都不同。EGL 是为 OpenGL ES 提供平台独立性而设计的，定义了一系列标准函数，针对不同平台对视窗系统进行关联，其基本系统布局如图 5-20 所示。OPhone 中提供了一个强大的 GLSurfaceView 类，里面已经提供了基本的 EGL 初始化、配置、销毁操作，并可以通过重载初始化、配置函数对 EGL 进行一些特别的设置，在大多数情况下，开发者不需要编写自己的 EGL 创建流程。下面将简要介绍一下 EGL 及其使用方法。

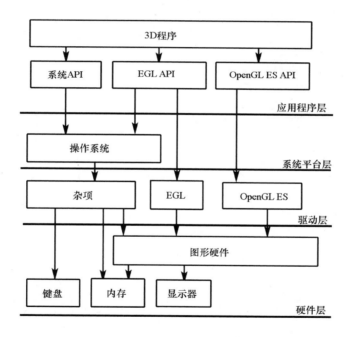

图 5-20 典型的 EGL 系统布局图

下面是 EGL API 使用的代码片段。

```
//初始化 EGL
public void initEGL() {
    //获得 EGL 对象
```

```
        EGL10 egl = (EGL10) EGLContext.getEGL();
        //获得 EGL 显示设备对象
        EGLDisplay dpy = egl.eglGetDisplay(EGL10.EGL_DEFAULT_DISPLAY);
        //获取 EGL 版本号
        int[] version = new int[2];
        egl.eglInitialize(dpy, version);
        //期望配置
        int[] configSpec = { EGL10.EGL_RED_SIZE, 5, EGL10.EGL_GREEN_SIZE, 6,
                EGL10.EGL_BLUE_SIZE, 5, EGL10.EGL_DEPTH_SIZE, 16,
                EGL10.EGL_NONE };
        //获取最佳匹配的 EGL 配置
        EGLConfig[] configs = new EGLConfig[1];
        int[] num_config = new int[1];
        egl.eglChooseConfig(dpy, configSpec, configs, 1, num_config);
        EGLConfig config = configs[0];
        //创建 EGLSurface
        EGLSurface surface = egl.eglCreateWindowSurface(dpy, config, sHolder, null);
        //创建 EGLContext
        EGLContext context = egl.eglCreateContext(dpy, config,
                EGL10.EGL_NO_CONTEXT, null);

        egl.eglMakeCurrent(dpy, surface, surface, context);
        GL10 gl = (GL10) context.getGL();
}


//每次 OpenGL ES 渲染
public void renderOneFrame() {
    //进行 OpenGL ES 的渲染操作
    //最后调用 SwapBuffer
    egl.eglSwapBuffers(dpy, surface);
}
//销毁 EGL
public void terminateEGL() {
    egl.eglMakeCurrent(dpy, EGL10.EGL_NO_SURFACE, EGL10.EGL_NO_SURFACE,
            EGL10.EGL_NO_CONTEXT);
    egl.eglDestroySurface(dpy, surface);
    egl.eglDestroyContext(dpy, context);
```

```
        egl.eglTerminate(dpy);

    }
```

首先我们需要获取一个显示设备对象。某些平台可能会支持多个显示设备，这里仅使用默认显示设备，通过传入参数 EGL_DEFAULT_DISPLAY，调用 EGLDisplay eglGetDisplay()将指定的显示设备与当前的 OpenGL ES 场境相关联。

获得显示设备之后，需要进行 EGL 的初始化：

```
boolean eglInitialize (EGLDisplay display, int[] major_minor)
```

如果初始化成功，会返回 true，并且 int[] major_minor 会被填入 EGL 底层版本号；如果初始化失败，则会返回 false，并且会抛出一个错误标记，这个错误信息可以通过调用下面的方法获取。

```
int eglGetError()
```

当 EGL 初始化完毕之后，需要对 EGL 进行配置，也就是对各种 GL 缓存的属性进行配置。EGL 有众多属性，这些属性决定了各个 GL 缓存的格式和能力，可以通过 eglGetConfigAttrib()来读取所有支持的属性，但不可修改。函数 eglChooseConfig()及 eglGetConfigs()都可用来自动匹配传入的属性列表，并将最佳匹配的配置信息返回。在上面的例子代码中，我们设置 R、G、B 颜色通道至少为 8 比特，深度缓存深度至少为 16 比特。注意：传入的属性列表必须要以 EGL_NONE 结尾。

EGL 配置完毕后，就需要创建 EGLSurface 对象，EGLSurface 表示渲染后像素的最终目的地。例子中通过调用函数 eglCreateWindowSurface()来创建一个 WindowSurface，因此最终所有像素都会被渲染到显示设备的窗口中。除此之外，还可以创建 PixmapSurface 和 PBufferSurface。PixmapSurface 是保存在系统内存中的位图，PBufferSurface 则是保存在显存中的帧。EGLSurface 也有一些属性，可以通过调用 eglQuerySurface()进行获取。

接下来是创建 EGLContext，即 OpenGL ES 的场境。场境中包含了 OpenGL ES 所有的内部状态，可以理解为一个大的状态机。可以为不同的 EGLSurface 指定不同的场境，也可以对多个 EGLSurface 使用同一套场境。通过调用：

```
EGLContext eglCreateContext (EGLDisplay display,  EGLConfig config,
                    EGLContext share_context, int[] attrib_list)
```

来创建一个场境。

当上述的所有初始化操作完成之后，需要调用：

> eglMakeCurrent (EGLDisplay display, EGLSurface draw, EGLSurface read,
>
>   EGLContext context)

将创建的 EGLSurface 和 EGLContext 绑定到当前渲染线程中。当每帧渲染完毕后，需要调用 eglSwapBuffers()将 GL 颜色缓存中的所有像素传输到 EGLSurface 中，进行最终的显示。

最后，渲染程序退出时，需要释放 EGL 资源。首先调用 eglMakeCurrent()将绑定的 EGLSurface 和 EGLContext 解除绑定，然后分别将它们进行释放操作，最后调用：

> eglTerminate (EGLDisplay display)

来释放 EGL 显示相关的所有资源。

5.9　小结

本章介绍了 OPhone 平台中非常重要的组件 OpenGL ES。随着移动设备硬件性能的提升，OpenGL ES 也已经越来越频繁地进入我们的视野。使用 OpenGL ES 可以开发许多很酷的 3D 程序，即使使用 OpenGL ES 进行 2D 渲染，也可以做出一些传统 2D 很难实现的效果。通过本章的学习，开发者应该掌握如何创建 OpenGL ES 渲染窗口，设置变换矩阵，指定渲染数据，创建和配置纹理，使用光照，以及其他的一些帧缓存操作等。随书光盘中附带的例子，可以帮助大家更好地学习领会本章内容。

下一章将介绍 OPhone 平台提供的数据持久化解决方案，可以了解到 SQLite 数据库和 Content Provider 的知识。

第 6 章
数据持久化存储

数据存储是 OPhone 平台上非常重要的功能，各个应用存储的数据或文件是私有的，在默认情况下，只有该应用本身能够访问其存储的数据资源。OPhone 平台向开发者提供的存储方式有文件、SharePreference、SQLite 数据库和 Content Provider 四种类型。本章将逐一介绍这些存储方法。

6.1 文件存储

OPhone 平台采用 java.io.* 库来提供输入/输出（I/O）接口，所有文件都是以流为基础进行读/写的。本节将介绍 OPhone 平台上存储文件的基本方法。

Context 类的 openFileOutput(String name,int mode) 方法用来创建一个文件的输出流（FileOutputStream）对象，当创建失败时会抛出 FileNotFoundException 异常。参数 name 表示文件的名字，并且不能含有路径信息。当文件不存在时，该文件将被创建，文件存储在默认的/data/data/<包名>/files/目录下。参数 mode 表示文件打开或创建的方式。在 OPhone 平台上，mode 的取值有如下几种：

- MODE_PRIVATE：表示该文件只能被本应用访问；
- MODE_APPEND：表示新的内容会添加在原文件内容的后面；
- MODE_WORLD_WRITABLE：表示该文件能被所有应用写入；
- MODE_WORLD_READABLE：表示该文件能被所有应用读取。

如果想在一个应用特定的文件夹下创建文件，可以使用 File 类的构造函数 File（String path），参数 path 表示新创建文件的路径。在获得文件后，可以用 FileOutputStream 来封装 File，创建文件输出流，当创建失败时会抛出 FileNotFoundException 异常。

FileOutputStream 类的 write(byte[] buffer)方法将把 buffer 的数据写入输出流中，完成文件存储操作。需要注意的是，对输入/输出流操作结束后，还应及时将其关闭，以便释放宝贵的 I/O 资源。

在项目 chapter6_1 的 FileStorageActivity.java 文件中，创建了 1 个输入框和 4 个按钮，演示了向默认目录、指定目录和 SD 卡中存储数据，以及从资源文件中获得数据的方法，并介绍了文件的不同打开方式对存储结果的影响。

在 chapter6_1 项目的 res 目录下添加一个 raw 文件夹，在其中添加一个 test.txt 文件，并在该文件中输入内容"欢迎来到 OPhone 开发者世界!"。由于文件中包含中文，为了避免中文乱码问题，必须确保 test.txt 文件使用 UTF-8 编码格式存储。运行 chapter6_1 项目前，应该首先用 OPhone SDK 中的 mksdcard 工具创建 SD 卡文件，然后使用 emulator -avd <name> –sdcard <name>命令来加载 SD 卡。运行 chapter6_1 项目，在输入框中输入"hello OPhone!"，界面如图 6-1 所示。

图 6-1　演示 OPhone 平台的文件存储

6.1.1　存储至默认文件夹

"存储到默认目录"按钮实现了将输入框的内容存储在默认文件夹/data/data/<包名>/files/下的功能。其实现代码如下：

```
// "存储文件到默认目录"
buttonDefault.setOnClickListener(new OnClickListener() {
    public void onClick(View v) {
        int id = 0;
        byte[] buf = input.getText().toString().getBytes();
```

```
        try {
            saveToDefault(buf);
            id = R.string.ok_message;
        } catch (IOException e) {
            e.printStackTrace();
            id = R.string.fail_message;
        }
        Toast
            .makeText(FileStorageActivity.this, id,
                Toast.LENGTH_SHORT).show();
    }
});
// 将文件存储至默认文件夹
private void saveToDefault(byte[] buf) throws IOException {
    FileOutputStream fos_1 = openFileOutput("test_1.txt",
        Context.MODE_APPEND);
    fos_1.write(buf);
    fos_1.close();
}
```

单击"存储到默认目录"按钮，如果存储成功，将弹出 Toast 提示"写入文件成功"。在命令行用 adb shell 命令登录，进入/data/data/com.ophone.chapter6_1/目录，查看根目录下的内容为：

```
# ls
files
lib
#
```

进入 files 目录，其中 test_1.txt 是 openFileOutput 方法在默认文件夹下创建的文件。可以用 cat test_1.txt 命令查看，其中的内容就是输入栏中的字符串。

6.1.2　存储至指定文件夹

"存储到指定目录"按钮实现了将输入框的内容存储在指定文件夹下的功能。其实现代码如下：

```
// "存储文件到指定目录"
buttonDirectory.setOnClickListener(new OnClickListener() {
```

```
        public void onClick(View v) {
        int id = 0;
        byte[] buf = input.getText().toString().getBytes();
        try {
            saveToDirectory(buf);
            id = R.string.ok_message;
        } catch (IOException e) {
            e.printStackTrace();
            id = R.string.fail_message;
        }
        Toast
            .makeText(FileStorageActivity.this, id,
                Toast.LENGTH_SHORT).show();

        }
});
// 将文件存储至指定文件夹
private void saveToDirectory(byte[] buf) throws IOException {
    File textFile_2 = new File(
        "/data/data/com.ophone.chapter6_1/test_2.txt");
    FileOutputStream fos_2 = new FileOutputStream(textFile_2);
    fos_2.write(buf);
    fos_2.close();
}
```

单击"存储到指定目录"按钮后，如果存储成功，将弹出 Toast 提示"写入文件成功"。根目录下的内容为：

```
# ls
files
test_2.txt
lib
#
```

根目录下的 test_2.txt 即为指定目录下创建的文件。读者可能会问，在 OPhone 平台上（不包括 SD 卡），当创建 test_2.txt 文件时，能否将它创建在 chapter6_1 项目之外的地方？答案是不行。前面已经提过，OPhone 平台的安全机制决定了在默认情况下，一个应用只能访问自己应用的资源，因此，test_2.txt 不能保存在/data/data/com.ophone.chapter6_1/目录之外的位置。如果将示例代码中对应部分做如下修改：

```
File textFile_2 = new File("/data/data/test_2.txt");
```

编译之后，运行该项目，用 adb logcat 命令查看 log 信息，可以在 log 信息中看到系统抛出了 FileNotFoundException 异常，这表明文件创建失败。

6.1.3　存储至 SD 卡

"存储到 SD 卡"按钮实现了将输入框的内容存储至 SD 卡的功能。其实现代码如下：

```
// "存储文件至 SD 卡"
buttonSD.setOnClickListener(new OnClickListener() {
    public void onClick(View v) {
        int id = 0;
        byte[] buf = input.getText().toString().getBytes();
        try {
            saveToSD(buf);
            id = R.string.ok_message;
        } catch (IOException e) {
            e.printStackTrace();
            id = R.string.fail_message;
        }
        Toast
            .makeText(FileStorageActivity.this, id,
                Toast.LENGTH_SHORT).show();
    }
});
// 将文件存储至 SD 卡
private void saveToSD(byte[] buf) throws IOException {
    String path = Environment.getDownloadCacheDirectory().getPath();
    File textFile_3 = new File(path+"/test_3.txt");
    FileOutputStream fos_3 = new FileOutputStream(textFile_3);
    fos_3.write(buf);
    fos_3.close();
}
```

单击"存储到 SD 卡"按钮后，在 SD 卡对应的目录/sdcard/下会生成 test_3.txt 文件。

上面的内容介绍了如何使用文件存储数据，在存储过程中应该注意存储目录和文件编码的问题，对于中文字符应该尽量使用 UTF-8 格式存储。

6.1.4 读取资源文件

OPhone 平台上的应用可以读取资源文件中的内容。资源文件必须存储在项目的 res/raw 目录下。Resources 类的 openRawResource 方法通过资源 id 号来读取 raw 文件夹下的文件，将得到的 InputStream 作为产生数据的流。单击"读取资源"按钮后，应用读取 res/raw/text.txt 文件的内容，并将流中的数据显示在输入框中。

为了能够读取各种长度文件中的内容，使用 ByteArrayOutputStream 对象在内存中开辟缓存区，每次从输入流中读取 128 个字节数据并写入到 ByteArrayOutputStream 对象中，直到读取数据结束。获取全部内容后，将 ByteArrayOutputStream 对象转换为字节数组，并最终生成显示的字符串。需要注意的是，由于前面创建的 test.txt 文件使用 UTF-8 格式存储，因此创建 String 时也应该使用 UTF-8 编码格式。其实现代码如下：

```
// 读取资源内容
private void updateInput() {
try {
    // 获得连接到 test.txt 的输入流
    InputStream is = getResources().openRawResource(R.raw.test);
    ByteArrayOutputStream baos = new ByteArrayOutputStream();
    byte[] buf = new byte[128];
    int ch = -1;
    while ((ch = is.read(buf)) != -1) {
    baos.write(buf, 0, ch);
    }
    // test.txt 必须使用 UTF-8 编码存储
    String result = new String(baos.toByteArray(), "UTF-8");
    //将内容显示到 input 对话框中
    input.setText(result);
} catch (Exception e) {
e.printStackTrace();
}
}
```

6.2　SharePreference

Preference 是一种轻量级的键值存储方式，可以用它来持久存储一些变量的值，这些变量必须是基本数据类型。Preference 存储的数据以 XML 文件形式保存，存储在/data/data/<包名>/shared_prefs 目录下。SharePreference 是获取或修改 Preference 存储数据的接口，可以通过 Context 类的 getSharedPreferences(String name, int type) 方法来获得一个 SharePreference 对象，通过该对象可以读/写应用的 XML 记录文件。该方法的第一个参数是记录文件的名字，第二个参数是文件的创建模式。同一应用只有唯一的 SharePreference 对象，其记录文件可以被同一应用的不同 Activity 共享。

对记录文件进行操作前，应首先通过 SharePreference 类的 edit()方法来获得一个 SharedPreferences.Editor 对象，Editor 负责具体执行对记录文件的写操作。其常用的方法如下：

- putString(String name, String value)：存储键值，第一个参数表示关键字的名称，第二个参数表示关键字的值。
- clear()：清除键值。
- commit()：在执行完存储或清除操作后，需要执行 commit()操作来确认数据改变。

在读取记录文件时，应该使用 SharePreference 类的 getString(String name, String value)方法，其中第一个参数表示欲读取的关键字名称，第二个参数表示该关键字的默认值。

项目 chapter6_2 提供了一个 SharePreference 的示例程序，在 PreferenceActivity.java 文件中，读者可以从中了解到如何创建和获得 Preference 对象，并掌握两个 Activity 之间共享数据的简单方法。PreferenceActivity 代码如下：

```java
package com.ophone.chapter6_2;
import android.app.Activity;
import android.content.Intent;
import android.content.SharedPreferences;
import android.os.Bundle;
import android.view.View;
import android.view.View.OnClickListener;
import android.widget.Button;
import android.widget.EditText;
import android.widget.RadioGroup;
import android.widget.Toast;
```

```java
public class PreferenceActivity extends Activity {

    private EditText name;
    private RadioGroup gender;
    private Button button_input;
    private Button button_display;
    private Button button_clear;
    private SharedPreferences settings;

    @Override
    public void onCreate(Bundle icicle) {
    super.onCreate(icicle);
    //加载 XML，初始化 View 结构
    setContentView(R.layout.main);
    button_input = (Button) findViewById(R.id.button_input);
    button_display = (Button) findViewById(R.id.button_display);
    button_clear = (Button) findViewById(R.id.button_clear);

    name = (EditText) findViewById(R.id.name);
    gender = (RadioGroup) findViewById(R.id.gender);
    String name_value;
    String gender_value;

    // 创建 SharedPreference 对象
    settings = this.getSharedPreferences("Demo", MODE_PRIVATE);
    //读取 name 和 gender 的值
    name_value = settings.getString("name", "");
    gender_value = settings.getString("gender", "");

    name.setText(name_value);
    //根据 gender 的值，设置 RadioGroup
    if (gender_value.equals(getText(R.string.male).toString())) {
        gender.check(R.id.male);
    } else if (gender_value.equals(getText(R.string.female).toString())) {
        gender.check(R.id.female);
    }
```

```java
button_input.setOnClickListener(new OnClickListener() {
    public void onClick(View v) {
        // 将数据存储到 XML 记录文件
        SharedPreferences.Editor editor = settings.edit();
        String tmp = "";
        int id = gender.getCheckedRadioButtonId();
        if (id != -1) {
            //用户选择了男性还是女性
            tmp = id == R.id.female ? getText(R.string.female)
                    .toString() : getText(R.string.male).toString();
        }
        //存储 name 和 gender
        editor.putString("name", name.getText().toString()).putString(
                "gender", tmp).commit();
        Toast.makeText(PreferenceActivity.this, R.string.save_message,
                Toast.LENGTH_SHORT).show();
    }
});


button_display.setOnClickListener(new OnClickListener() {
    public void onClick(View v) {
        Intent i = new Intent(PreferenceActivity.this,
            ShareValueActivity.class);
        startActivity(i);
    }
});


button_clear.setOnClickListener(new OnClickListener() {
    public void onClick(View v) {
        SharedPreferences.Editor editor = settings.edit();
        // 清除 XML 记录文件的数据
        editor.clear().commit();
        Toast.makeText(PreferenceActivity.this, R.string.clear_message,
            Toast.LENGTH_SHORT).show();
    }
});
```

```
        }
    }
```

运行 chapter6_2 项目后，界面如图 6-2 所示。

图 6-2　SharePreference 示例界面

在"姓名"文本框中输入"jadde"，在"性别"单选框中选择"女性"，单击"输入"按钮，然后用 adb shell 命令登录，进入/data/data/com.ophone.chapter6_2 /shared_prefs 目录，查看其中内容如下：

```
# ls
Demo.xml
```

这个 Demo.xml 即为 getSharedPreferences("Demo", MODE_PRIVATE)创建的记录文件，使用 cat 命令查看该文件的内容：

```
# cat Demo.xml
<?xml version='1.0' encoding='utf-8' standalone='yes' ?>
<map>
<string name="gender">男性</string>
<string name="name">jadde</string>
</map>
```

其中的数据就是通过 putString 方法增加的，如果在"姓名"和"性别"编辑栏中再输入其他内容，单击"输入"按钮后，则之前存储的内容将会被新内容替代。

单击"显示"按钮后，ShareValueActivity 也是通过 getSharedPreferences("Demo", MODE_PRIVATE)来获取 SharePreference 对象的，并通过 getString(String arg0, String arg1) 方法来获取 XML 文件中的数据。

单击"清除"按钮，XML 记录文件中的数据会被清除，文件内容如下。请注意，在执行完 putString()和 clear()方法后，都要再执行 commit()方法将数据更新。

```
<?xml version='1.0' encoding='utf-8' standalone='yes' ?>
<map />
```

6.3 SQLite

OPhone 平台内置有 SQLite 数据库，它是一个轻量级的嵌入式数据库，使得 OPhone 平台上的应用能够处理复杂结构的存储数据。在默认情况下，每个应用所创建的数据库都是私有的，其名字是唯一的，各应用间无法相互访问对方的数据库。OPhone 平台提供了完整的 SQLite 数据库接口，各应用生成的数据库存储在/data/data/<包名>/database 目录下。为了保证数据库检索的效率，并保持较小的体积，数据库中不应该保存较大的文件。

本节将介绍在 OPhone 平台上创建数据库、创建触发器、创建索引、插入记录、删除记录、更新记录、查询记录和实现数据存储接口的方法。

6.3.1 创建数据库

在 SQLite 一节中，数据存储对象就是 SQLite 关系型数据库。Context 类的 SQLiteDatabase openOrCreateDatabase(String name, int mode, CursorFactory factory)方法可以用来建立一个新的数据库或打开一个应用已有的数据库，并返回一个 SQLiteDatabase 对象。如果不能成功打开应用已有的数据库，该方法抛出 SQLiteException 异常。该方法的第一个参数表示数据库的名字，第二个参数表示数据库创建的模式，第三个参数用于查询构造 Cursor 子类的对象，在通常情况下填"null"。和文件存储类似，在默认情况下，数据库的创建方式也是 MODE_PRIVATE。通常不建议以 MODE_WORLD_WRITABLE 方式创建数据库，对于跨应用访问数据库的需求，应该使用 OPhone 平台提供的 Content Provider 机制，详情请参考 6.4 节"Content Provider"。

SQLiteDatabase 对象用来操作 SQLite 数据库，可以使用 SQLiteDatabase 对象来执行标准的 SQL 语句，对数据库进行初始化操作。

项目 chapter6_3 创建了一个名为 SQLiteDemo.db 的数据库，并在其中建立了名为 DataSheet 的数据表，其各条目的初始值分别是"1"、"Roger"和"Male"。实现代码如下：

```java
public class SQLiteActivity extends Activity {
    private static final String DATABASE_NAME = "SQLiteDemo.db"; //数据库名字
    private static final String TABLE_NAME = "DataSheet"; //数据表名字
    SQLiteDatabase db=null;

    //数据表
    public static final class DataSheet implements BaseColumns {
        public static final String NAME = "_name";
        public static final String GENDER = "_gender";
    }

    @Override
    public void onCreate(Bundle savedInstanceState) {
        super.onCreate(savedInstanceState);
        setContentView(R.layout.main);
        createDatabase();
    }

    public void createDatabase() {
      try {
            boolean flag = false;
            //判断数据库是否存在
            String[] list = databaseList();
            for(int i=0;i<list.length-1;i++){
                if(DATABASE_NAME.equals(list[i])){
                    flag = true;
                    break;
                }
            }
            //创建数据库
            db = openOrCreateDatabase(DATABASE_NAME, MODE_PRIVATE, null);
            if(flag == false){
                //建立数据表
                db.execSQL("CREATE TABLE " + TABLE_NAME + " ("
                    + BaseColumns._ID + " INTEGER NOT NULL PRIMARY KEY,"
                    + DataSheet.NAME + " TEXT,"
                    + DataSheet.GENDER + " TEXT);");
```

```
            //插入初始记录
            db.execSQL("INSERT INTO " + TABLE_NAME + " VALUES ('1','Roger','Male' )");
        }
    }catch(SQLException e){
        e.printStackTrace();
    }
    }
}
```

运行项目 chapter6_3，在命令行中用 adb shell 命令登录，在/data/data/com.chapter6_3/databases/目录下，查看内容：

```
#ls
SQLiteDemo.db
#
```

根目录下的 SQLiteDemo.db 即为应用创建的数据库。可以用 sqlite3 命令查看该数据库。

```
#sqlite3 SQLiteDemo.db
```

用以上命令进入该数据库后，可以执行标准的 SQL 语句来查看数据库的详细内容。比如：

```
Sqlite>.table
```

用于查看全部的表名。

```
Sqlite>select * from DataSheet;
```

用于查看 DataSheet 表的全部记录，更多的 sqlite3 命令可以参考：
http://www.sqlite. org/sqlite.html

注意：在 openOrCreateDatabase()方法执行前，需要判断当前应用的数据库是否已经存在。如果数据库不存在，则在数据库被创建后，SQLiteDatabase 对象 db 用 execSQL()方法创建表格并插入一条数据。

为了演示如何使用 OPhone 平台提供的数据持久化存储方案，设想有一个出版社作者管理系统的需求。出版社需要管理作者及出版的书籍，书籍和作者是多对一的关系。可以通过此系统，添加、删除和查询作者及作者出版的书籍。项目 chapter6_4 采用了数据访问对象（Data Access Object，DAO）设计模式来完成数据存储的相关操作，将底层数据存储逻辑与上层业务逻辑分离。当底层存储数据的对象发生改变时，实现 DAO 接口的代码需要作改动，而上层业务代码则不用作任何改动，从而减少了模块间的耦合程度，提高了代码的复用性。一个典型的 DAO 实现包括了数据存储对象、DAO 接口、实现 DAO 接口的具体类和 DAO 的 Factory 类。

6.3.2　SQLiteOpenHelper

OPhone 平台同时也提供了 SQLiteOpenHelper 这个抽象类来创建数据库，并通过该类的 getWritableDatabase()方法来获得一个可写的 SQLiteDatabase 对象，这也是 OPhone 平台上的应用创建数据库的最常用方法。SQLiteOpenHelper 类不会重复执行数据库的初始化操作，从而避免了 chapter6_3 中的查询操作，提高了效率。在应用具体实现时，需要实现下列方法：

- onCreate(SQLiteDatabase db)
- onOpen(final SQLiteDatabase db)
- onUpgrade(SQLiteDatabase db, int oldVersion, int newVersion)

onCreate(SQLiteDatabase db)方法在数据库创建时被调用，onOpen(final SQLiteDatabase db) 方法是打开数据库时的回调函数，onUpgrade(SQLiteDatabase db, int oldVersion, int newVersion) 方法在数据库升级时被调用。其中，onCreate()和 onUpdate()方法在自定义的 SQLiteOpenHelper 类中必须要实现，onOpen()方法可以选择实现。

项目 chapter6_4 中的 PublisherDatabaseHelper 继承自 SQLiteOpenHelper，其管理着数据库的创建、升级等工作。Publisher 类中定义的内容类 AUTHOR 和 BOOK 实现了接口 BaseColumns，默认拥有了_ID 和_COUNT 字段。由于 SQLite 数据库要求表中必须包含"_id"字段，因此通常定义表的数据结构的类都实现 BaseColumns 接口。在 OPhone 平台中，接口 BaseColumns 定义如下：

```
public interface BaseColumns {
public static final String _ID = "_id";              // 每一行记录的专有标识
public static final String _COUNT = "_count";        // 记录的个数
}
```

为了存储出版社的作者，数据库创建了数据表 AUTHOR_TABLE，此表包括_ID、NAME、ADDRESS、PHONE 和_COUNT 五列；为了存储出版社出版的书籍，创建了数据表 BOOK_TABLE，BOOK_TABLE 包括_ID、NAME、AUTHOR_ID、PUBLISH_YEAR 和_COUNT 五列。由于书籍和作者之间存在多对一的对应关系，在 BOOK_TABLE 中定义了

AUTHOR_ID 和 AUTHOR_TABLE 中的_ID 对应。出版社作者管理系统中的数据表结构如图 6-3 所示。

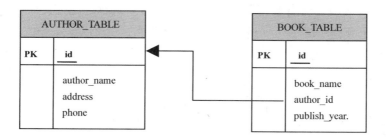

图 6-3 出版社作者管理系统中的数据表结构

Publisher 类的源代码如下所示：

```
public final class Publisher {

    private Publisher() {
    }

    public static final String AUTHOR_TABLE = "author";
    public static final String BOOK_TABLE = "book";

    public static class AUTHOR implements BaseColumns {
    public static final String NAME = "author_name";
    public static final String ADDRESS = "address";
    public static final String PHONE = "phone";
    public static final String ORDER_BY = "author_name DESC";
    }

    public static class BOOK implements BaseColumns {
    public static final String NAME = "book_name";
    public static final String AUTHOR_ID = "author_id";
    public static final String PUBLISH_YEAR = "publish_year";
    public static final String ORDER_BY = "book_name DESC";
    }

}
```

在表中，每一行是一条记录，每一列代表某一特定属性的值。在将新记录插入到数据库时，新记录的_ID 值可以由数据库自动生成，用来表示记录的唯一性。

　　数据库的表结构定义完成后，应该实现 PublisherDatabaseHelper 类，在 onCreate()方法中创建数据表，并向 AUTHOR_TABLE 表中插入了一条作者的记录。当数据库升级时，onUpgrade()方法被调用，所有数据表将废弃，其中的记录也随之全部清除。onCreate()和 onUpgrade()方法还分别实现了建立触发器、建立索引和删除触发器、删除索引的方法，这些内容将在后续章节中介绍。

　　PublisherDatabaseHelper 类的源代码如下所示：

```
public class PublisherDatabaseHelper extends SQLiteOpenHelper {

    private static final String DB_NAME = "publisher.db";
    private static final int DB_VERSION = 2;

    public PublisherDatabaseHelper(Context context) {
    super(context, DB_NAME, null, DB_VERSION);
    }

    @Override
    public void onCreate(SQLiteDatabase db) {
        db.execSQL("CREATE TABLE "
                + Publisher.AUTHOR_TABLE + " (" + Publisher.AUTHOR._ID
                + " INTEGER NOT NULL PRIMARY KEY,"
                + Publisher.AUTHOR.NAME
                + " TEXT," + Publisher.AUTHOR.ADDRESS + " TEXT,"
                + Publisher.AUTHOR.PHONE + " TEXT);");

        db.execSQL("CREATE TABLE " + Publisher.BOOK_TABLE
                + " (" + Publisher.BOOK._ID
                + " INTEGER NOT NULL PRIMARY KEY,"
                + Publisher.BOOK.NAME
                + " TEXT," + Publisher.BOOK.AUTHOR_ID + " TEXT,"
                + Publisher.BOOK.PUBLISH_YEAR + " TEXT);");

        db.execSQL("INSERT INTO " + Publisher.AUTHOR_TABLE +
                " VALUES('1'," + "'"+context.getString(R.string.a_name_1)+
                "','" + context.getString(R.string.a_addr_1)+"','"+
                context.getString(R.string.a_phone_1)+"')");
```

```
        //TODO：初始化数据表，建立触发器，建立索引
    }

    @Override
    public void onUpgrade(SQLiteDatabase db, int oldVersion, int newVersion) {
        db.execSQL("DROP TABLE IF EXISTS " + Publisher.BOOK_TABLE);
        db.execSQL("DROP TABLE IF EXISTS " + Publisher.AUTHOR_TABLE);
        //TODO：删除触发器，删除索引
        onCreate(db);
    }
}
```

需要注意的是，PublisherDatabaseHelper 的构造方法使用了其父类构造器 super(context, DB_NAME, null, DB_VERSION)，这个方法和 Context 类的 openOrCreateDatabase()方法作用相同，都是创建出一个数据库。"DB_NAME"表示创建出的数据库名字，项目 chapter6_4 的数据库名字是"publisher.db"。

运行项目 chapter6_4，"出版社作者管理系统"界面如图 6-4 所示。

图 6-4　SQLite 使用示例

6.3.3　创建触发器

OPhone 平台提供了 SQLite 数据库的触发器（Trigger）机制。触发器机制是一种特殊的数据操作过程，在试图对指定的数据表执行指定的修改语句时，特定的数据操作将被自动执行。在应用有多个数据表时，可以用触发器来自动实现一些关联操作。

PublisherDatabaseHelper 类的 onCreate()方法中建立了一个触发器，名为 book_delete，

当应用在 AUTHOR_TABLE 表执行删除操作时，将触发删除 BOOK_TABLE 表中相关的记录，被删除记录的 AUTHOR_ID 字段值和 AUTHOR_TABLE 被删除记录的_ID 字段值一致。创建 book_delete 触发器的代码如下所示，这里的"old"代表了 AUTHOR_TABLE 表中被删除的条目。

```
db.execSQL("CREATE TRIGGER book_delete DELETE ON " + Publisher.AUTHOR_TABLE + " "
    + "BEGIN " + "DELETE FROM " + Publisher.BOOK_TABLE + " WHERE "
    + Publisher.BOOK.AUTHOR_ID + "=old._id;" + "END;");
```

比如，执行"DELETE FROM" + Publisher.AUTHOR_TABLE + "WHERE" + BaseColumns._ID + " = '1' "语句时，数据库将自动执行"DELETE FROM" + Publisher.BOOK_TABLE + " WHERE " + Publisher.BOOK.AUTHOR_ID + " = '1' "语句。请注意，表达式中分隔关键字的空格符" "不能缺少。

在数据库升级时，应该删除已经创建的触发器。PublisherDatabaseHelper 类的 onUpgrade()方法中实现了删除触发器 book_delete 的功能，其实现代码如下所示：

```
db.execSQL("DROP TRIGGER IF EXISTS book_delete");
```

6.3.4　创建索引

索引是对数据表中一列或多列的值进行排序的一种结构。使用索引可以更快地查找数据，而不用读取整个表。更新一个含有索引的表的时间要比更新没有索引的表的时间长，因此，通常仅在经常被检索的列上创建索引。

PublisherDatabaseHelper 类的 onCreate()方法中建立了一个针对 AUTHOR_TABLE 表的 NAME 列的索引，其名字是 authorname_index，实现代码如下：

```
db.execSQL("CREATE INDEX authorname_index ON " + Publisher.AUTHOR_TABLE + " (" + Publisher.
AUTHOR.NAME + ");");
```

如果希望以降序或升序来索引某列的值，可以在列名称后添加保留字"DESC"或"ASC"，比如，"CREATE INDEX authorname_index ON " + Publisher.AUTHOR_TABLE + " (" + Publisher.AUTHOR.NAME + " " + DESC +");"。

如果希望索引多个列，则在扩号中应该将这些列用逗号隔开，比如，"CREATE INDEX authorname_index ON " + Publisher.AUTHOR_TABLE + " (" + Publisher.AUTHOR.NAME + "，" + Publisher.AUTHOR. ADDRESS+ ");"。

6.3.5　创建视图

视图（View）用来表示一个或多个表中的记录，可以在数据库中生成虚拟表。SQLite

是关系型数据库，视图的创建过程中经常使用到连接操作，通过该操作可以联合查询多个表，得到存放在多个表中的不同列的信息。

PublisherDatabaseHelper 类的 onCreate()方法中建立了一个名为"book_author"的视图，为了能在应用的其余程序中访问到该视图，将视图的名字以静态变量的形式定义在 Publisher 类中，变量名是 BOOK_AUTHOR_TABLE。该视图将 BOOK_TABLE 表的全部列和 AUTHOR_TABLE 表的 NAME 列重新组成一个新的虚拟表，视图的实现代码如下：

```
db.execSQL("CREATE VIEW IF NOT EXISTS " +
Publisher.BOOK_AUTHOR_TABLE+ " AS " +
"SELECT " + Publisher.BOOK_TABLE + ".*"+ ", " + Publisher.AUTHOR.NAME
+ " FROM " + Publisher.BOOK_TABLE + " LEFT OUTER JOIN " +
Publisher.AUTHOR_TABLE
+ " ON " + Publisher.AUTHOR_TABLE + "." + Publisher.AUTHOR._ID +
"=" + Publisher.BOOK_TABLE
+ "." + Publisher.BOOK.AUTHOR_ID );
```

"AS"后面是标准的 SELECT 操作语句，其中，"Publisher.BOOK_TABLE + ".*"+ ", " + Publisher.AUTHOR.NAME"表示生成的虚拟表的列包含 BOOK 表中的全部列和 AUTHOR 表中的 NAME 列。请注意，此处 AUTHOR 表的 NAME 列前面不能有表名做修饰。"LEFT OUTER JOIN"表示左外连接操作，表示最终生成的虚拟表的行包括左表（BOOK_TABLE）的全部和右表（AUTHOR_TABLE）满足特定条件的行。"ON"后面的语句表示记录需要满足的特定条件，AUTHOR_TABLE 表的记录的"_ID"列的值必须等于 BOOK_TABLE 表的记录的"AUTHOR_ID"列的值。

在项目 chapter6_4 运行启动后，进入该应用的数据库，用.table 命令查看该应用拥有的数据表。

```
# sqlite3 publisher.db
SQLite version 3.5.9
Enter ".help" for instructions
sqlite> .table
android_metadata    author       book       book_author
```

从上面的内容可以看到，在应用启动时，数据库就创建了虚拟表"book_author"。用 PRAGMA table_info(book_author);命令查看"book_author"表的表结构信息如下：

```
sqlite> PRAGMA table_info(book_author);
0|_id|INTEGER|0||0
```

```
1|book_name|TEXT|0||0
2|author_id|TEXT|0||0
3|public_year|TEXT|0||0
4|author_name|TEXT|0||0
```

"book_author" 表的第 0～3 列是 BOOK_TABLE 表中的列，第 4 列是 AUTHOR_TABLE
表中的列。

6.3.6 操作数据

1．DAO 接口

项目 chapter6_4 中的 DAO 接口是 PublisherDao，它定义了供上层应用使用的数据操作
方法。PublisherDao 中定义的方法如下所示：

```java
public interface PublisherDao {

    Cursor getAuthors();

    Cursor getAuthorById(long id);

    Cursor getBooksByAuthor(long author_id);

    Cursor getBookById(long id);

    void insertAuthor(String name,String address,String phone);

    void updateAuthor(long id,String name,String address,String phone);

    void insertBook(long author_id,String name,String year);

    void updateBook(long id, String name, String year);

    void deleteAuthor(long author_id);

}
```

DataBaseDao 实现了 PublisherDao 中定义的各种方法，从类名的定义可以看出，
DataBaseDao 使用数据库来存储出版社作者管理系统定义的数据。在 DataBaseDao 的构造器
中，获得了 PublisherDatabaseHelper 的对象。

```
private DataBaseDao(Context ctx) {
    helper = new PublisherDatabaseHelper(ctx);
}
```

通过调用 PublisherDatabaseHelper 对象的 getWritableDatabase()方法即可获得一个可写的 SQLiteDatabase 对象来操作数据库。

DataBaseDao 使用单例模式创建，由于使用了 Lazy 初始化方式，因此在 getInstance() 方法中添加了 synchronized 关键字，确保只有一个 DataBaseDao 被创建。getInstance()方法的实现代码如下：

```
public static synchronized DataBaseDao getInstance(Context ctx) {
if (instance == null)
    instance = new DataBaseDao(ctx);
return instance;
}
```

工厂类 DaoFactory 提供静态方法 getPublisherDao()用于获得 PublisherDao 接口，经过工厂类的封装，其他模块不会看到 DataBaseDao 的存在，也就达到了让数据存储和界面的显示松耦合的目的。DaoFactory 的源码如下所示：

```
public class DaoFactory {
    private DaoFactory() {
    }

    public static PublisherDao getPublisherDao(Context ctx) {
    return DataBaseDao.getInstance(ctx);
    }
}
```

2．插入记录

运行项目 chapter6_4，选择"出版社作者管理系统"界面中的"添加作者"菜单项后，进入"编辑作者"界面。在输入框中输入"姓名"、"地址"和"电话"内容后，选择"保存"菜单，将会在 AUTHOR_TABLE 表中添加一条新记录，且新记录的 author_name、address 和 phone 属性值分别和输入框中的内容对应。

AuthorEditActivity 通过 DaoFactory 的 getPublisherDao()方法获取 DAO 对象。在"保存"菜单的实现方法中，使用 DataBaseDao 类的 insertAuthor()方法来插入记录。InsertAuthor() 方法使用 PublisherDatabaseHelper 对象获得可写的 SQLiteDatabase 对象 db。在实际开发中，

用两种方式分别实现了插入记录的功能。其中，用 SQLiteDatabase 类的 execSQL()方法执行标准 SQL 语句的实现代码如下：

```
db.execSQL("INSERT  INTO  " + Publisher.AUTHOR_TABLE + "(author_name, address, phone)"+ "
VALUES(" + "'" + name +"'," + "'"+ address +"'," + "'"+ phone +"'" +")" );
```

用 SQLiteDatabase 类的 insert()方法的实现代码如下：

```
ContentValues values = new ContentValues();
values.put(Publisher.AUTHOR.NAME, name);
values.put(Publisher.AUTHOR.ADDRESS, address);
values.put(Publisher.AUTHOR.PHONE, phone);
SQLiteDatabase db = helper.getWritableDatabase();
db.insert(Publisher.AUTHOR_TABLE, null, values);
```

SQLiteDatabase 类的 execSQL()方法直接操作 SQL 语句，而 SQLiteDatabase 类的 long insert(String table, String nullColumnHack, ContentValues values)方法则简化了插入操作，其第一个参数是需要新增数据的表；第二个参数表示一个列名，因为 SQLite 数据库不允许增加没有任何内容的记录，所以如果插入的 values 值为空，则 nullColumnHack 表示的列的值将被赋为 NULL，并将该记录插入到数据库中；第三个参数是一个 ContentValues 对象，它和哈希表类似，负责存储键值（key/value）对，将需要存储的数据进行封装。ContentValues 对象用该类的 put()方法来添加键值对。

数据表 AUTHOR_TABLE 含有_ID 列，但在以上两种插入记录的方法中，并没有给出记录的"_id"值。这是因为 SQLite 数据库会按递增的顺序为新增记录自动添加这个序号值，并且这个序号是记录唯一性的标识。

SQL 表达式中的表示输入值的字符串一定要用单引号括起来，否则数据库会出现故障。

3．删除记录

在"出版社作者管理系统"界面中长按某条记录，在弹出的菜单中有"删除"选项。可以通过 AdapterContextMenuInfo 对象获得记录的_id 值，点击"删除"选项后，DataBaseDao 类的 deleteAuthor()方法根据_id 值来删除当前记录，如图 6-5 所示。

deleteAuthor() 方法使用 PublisherDatabaseHelper 类对象 helper 来获得可写的 SQLiteDatabase 对象 db。在实际开发中，用两种方式分别实现了删除记录的功能。其中，用 SQLiteDatabase 类的 execSQL() 方法执行标准 SQL 语句的实现代码如下：

```
db.execSQL("DELETE FROM " + Publisher.AUTHOR_TABLE +
    " WHERE " + AUTHOR._ID + " = " + author_id);
```

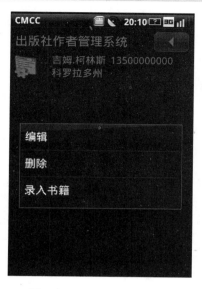

图 6-5　ContextMenu 菜单

用 SQLiteDatabase 类的 delete() 方法的实现代码如下：

```
db.delete(Publisher.AUTHOR_TABLE, Publisher.AUTHOR._ID + "="
    + author_id, null);
```

SQLiteDatabase 类的 int delete(String table, String whereClause, String[] whereArgs)是 OPhone 平台提供的删除记录的简便方法，其中第一个参数 table 表示需要删除记录的表格，第二个参数 whereClause 表示删除的记录满足的条件，如果使用了"？"通配符，则第三个参数 whereArgs 包含了通配符指向的内容。请注意，whereArgs 是一个字符串数组。因此，以上代码中的删除操作可以如下实现：

```
db.delete(Publisher.AUTHOR_TABLE, Publisher.AUTHOR._ID + "= ?",
    new String[]{String.valueOf(author_id)});
```

当 whereClause 参数为"null"时，delete() 方法将删除指定数据表中的全部记录。

根据之前章节的介绍，项目 chapter6_4 建立了名为 book_delete 的触发器。在删除作者条目时，可以发现，如果删除 AUTHOR_TABLE 表中 _ID 为"1"的作者条目，则 BOOK_TABLE 表中 AUTHOR_ID 等于"1"的条目也将全被删除。

4．更新记录

在"出版社作者管理系统"界面中长按某条记录，在弹出的菜单中有"编辑"选项。点击该选项后，将启动"编辑作者"界面所在的 AuthorEditActivity。在"编辑作者"界面中，可以修改输入框中显示的内容，点击"保存"选项，DataBaseDao 类的 updateAuthor() 方法将新输入的内容更新至原记录。和删除记录时一样，更新记录时也通过 _id 值来确定当前记录。

UpdateAuthor() 方法使用 PublisherDatabaseHelper 类对象 helper 来获得可写的 SQLiteDatabase 对象 db。在实际开发中，用两种方式分别实现了更新记录的功能。其中，用 SQLiteDatabase 类的 execSQL() 方法执行标准 SQL 语句的实现代码如下：

```
db.execSQL("UPDATE " + Publisher.AUTHOR_TABLE + " SET "
+ AUTHOR.NAME + " = '" + name +"'" + ","
+ AUTHOR.ADDRESS + " = '"+ address +"'"+","
+ AUTHOR.PHONE + " = '"+ phone +"'" +
" WHERE " + AUTHOR._ID + " = " + id);
```

用 SQLiteDatabase 类的 update() 方法的实现代码如下：

```
ContentValues values = new ContentValues();
values.put(Publisher.AUTHOR.NAME, name);
values.put(Publisher.AUTHOR.ADDRESS, address);
values.put(Publisher.AUTHOR.PHONE, phone);
SQLiteDatabase db = helper.getWritableDatabase();
db.update(Publisher.AUTHOR_TABLE, values, Publisher.AUTHOR._ID + "="
    + id, null);
```

SQLiteDatabase 类的 update(String table, ContentValues values, String whereClause, String[] whereArgs) 是 OPhone 平台提供的更新记录的简便方法，其参数含义和 insert() 方法中的相同。

5．查询记录

进入"编辑作者"界面后，输入框中会显示之前输入的内容。"编辑作者"界面所在的 AuthorEditActivity 用 DataBaseDao 类的 getAuthorById() 方法查询获得作者内容信息。

GetAuthorById() 方法使用 PublisherDatabaseHelper 类对象 helper 来获得可写的 SQLiteDatabase 对象 db，使用 SQLiteDatabase 类的 query() 方法实现了查询功能，代码如下：

```
db.query(Publisher.AUTHOR_TABLE, null, Publisher.AUTHOR._ID
    + "=" + id, null, null, null, null);
```

SQLiteDatabase 类提供了 Cursor query(String table, String[] columns, String selection,

String[] selectionArgs, String groupBy, String having, String orderBy)方法来实现查询记录。其中，参数 table 表示将要查询的数据表；参数 columns 是字符串数组，表示将要查询的列名，如果是多个列，则需要用"，"分隔；参数 selection 表示查询满足的条件，可以使用带"？"的通配符；参数 selectionArgs 表示 selection 表达式中的"？"内容；参数 groupBy 表示查询得到的数据是否分组；参数 having 表示 SQL 语句中的"having"；参数 orderBy 表示查询得到的数据的排列方式，"ASC"代表升序，"DESC"代表降序，"null"代表使用默认排序，也可能不排序。

以上代码得到的查询结果是 Cursor 对象，通过它可以得到具体的数据。Cursor 在 OPhone 平台中扮演着重要角色，它封装了数据库的查询结果，是一个接口类。Cursor 对象就像查询结果的一个游标，通过它就可以随机访问查询结果中的数据。

query()方法返回的 Cursor 对象指向数据库第一行记录的前面。在对查询得到的记录进行操作前，应该先用 moveToFirst()方法来让 Cursor 指向数据库记录的第一行。Cursor 对象的 getColumnIndexOrThrow()方法会根据列名来得到列的编号，其中，列名在定义数据表时已经定义好了，如果列名非法，则程序抛出异常。moveToNext()方法会将 Cursor 指向下一行，当其指向查询结果之外时，返回 false；否则，返回 true。

在"出版社作者管理系统"界面中，点击某个作者记录后，应用程序会启动 BookListActivity，显示该作者所拥有的全部书籍。该 intent 中含有作者记录的 author_id 值。

在本章的"创建视图"一节中，介绍了项目 chapter6_4 建立了名为"book_author"的视图。基于这个条件，DataBaseDao 类的 getBooksByAuthor()方法根据作者记录的 author_id 值查询的方法实现如下：

```
public Cursor getBooksByAuthor(long author_id) {
    SQLiteDatabase db = helper.getReadableDatabase();
    return db.query(Publisher.BOOK_AUTHOR_TABLE, null,
        Publisher.BOOK.AUTHOR_ID + "=" + author_id, null, null, null, null);
}
```

以上代码中，Publisher.BOOK_AUTHOR_TABLE 的值"book_author"是虚拟表的名字，查询条件是原 BOOK_TABLE 表的 AUTHOR_ID 列的值等于输入的"author_id"值，返回的列是创建视图时定义的列，包括 BOOK_TABLE 表的全部列和 AUTHOR_TABLE 表的 NAME 列。从 getBooksByAuthor()方法的实现过程可以发现，基于视图创建的虚拟表的查询操作和普通表的完全一致。

如果因为内存优化的原因而没有建立视图，也可以直接采用连接运算符来实现多个表的联合查询。以 getBooksByAuthor()方法为例，直接采用连接运算符实现在 AUTHOR_

TABLE 和 BOOK_TABLE 表中联合查询，用 SQLiteQueryBuilder 对象创建 SQLite 执行语句，其实现代码如下：

```
public Cursor getBooksByAuthor(long author_id) {
    String[] projectsin = { Publisher.BOOK_TABLE + ".*",Publisher.AUTHOR.NAME };
    SQLiteDatabase db = helper.getReadableDatabase();
    String sql = SQLiteQueryBuilder.buildQueryString(false,
        Publisher.BOOK_TABLE + " LEFT JOIN " + Publisher.AUTHOR_TABLE
            + " ON (" + Publisher.AUTHOR_TABLE + "."
            + Publisher.AUTHOR._ID + "=" + Publisher.BOOK_TABLE
            + "." + Publisher.BOOK.AUTHOR_ID + ")", projectsin,
        Publisher.BOOK.AUTHOR_ID + "=" + author_id, null, null, null, null);
    return db.rawQuery(sql, null);
}
```

projectsin 是一个字符串数组，表示返回的列包括 BOOK_TABLE 表的全部列加上 AUTHOR_TABLE 表的 NAME 列。SQLiteQueryBuilder 类的 buildQueryString()方法生成查询数据库的 SQLite 表达式，"LEFT JOIN"表示左外连接，也可以写成"LEFT OUTER JOIN"，它保留了左表（BOOK_TABLE）的全部行及右表（AUTHOR_TABLE）中与左表相匹配的行。其中，匹配条件是 AUTHOR_TABLE 的_ID 字段和 BOOK_TABLE 的 AUTHOR_ID 字段都等于"author_id"。SQLiteDatabase 类的 Cursor rawQuery(String sql, String[] selectionArgs) 方法用来执行生成的 SQLite 操作语句。

在执行诸如外连接等涉及多个表的操作时，一定要注意各个表的列名要具有唯一性，如果列名有重复，则应该增加表名来修饰。以实现根据条目 ID 值查找记录的 getBookById() 方法为例，直接采用连接运算符来联合查询 AUTHOR_TABLE 和 BOOK_TABLE 表，其实现代码如下：

```
public Cursor getBookById(long id){
    String[] projectsin = { Publisher.BOOK_TABLE + ".*", Publisher.AUTHOR.NAME };
    SQLiteDatabase db = helper.getReadableDatabase();
    String sql = SQLiteQueryBuilder.buildQueryString(false,
        Publisher.BOOK_TABLE + " LEFT JOIN "
            + Publisher.AUTHOR_TABLE
            + " ON (" + Publisher.AUTHOR_TABLE + "."
            + Publisher.AUTHOR._ID + "=" + Publisher.BOOK_TABLE
            + "." + Publisher.BOOK.AUTHOR_ID + ")", projectsin,
        Publisher.BOOK_TABLE + "."+ Publisher.BOOK._ID + "=" + id,
```

```
                    null, null, null, null);
            return db.rawQuery(sql, null);
    }
```

以上代码中，Publisher.BOOK._ID 代表字符串"_ID"，而 AUTHOR_TABLE 表和 BOOK_TABLE 表中都有默认的_ID 列，所以 Publisher.BOOK._ID 前必须用表名 Publisher.BOOK_TABLE 对应的值来修饰，以表明它是 BOOK_TABLE 表的"_ID"；否则，数据库会认为执行的操作有错误。

以查询作者 ID 值等于"2"的记录为例，getBooksByAuthor()中的左外连接查询过程如图 6-6 所示。

6.3.7　将 Cursor 绑定到 AdapterView

在 OPhone 平台中，数据库、Cursor 可以与适配器（Adapter）相结合，将 Cursor 指向的数据自动填充到 Adapter 所在的 UI 控件中。OPhone 平台的 CursorAdapter 抽象类实现了 Cursor 与 AdapterView 的绑定，开发者可以继承该类来实现与自定义的 View 对象绑定。本节将介绍在应用中如何将数据库、Cursor 和 AdapterView 结合起来使用，最终完成数据库的记录在 UI 控件上自动显示并更新的功能。

查询前的BOOK_TABLE

_ID	NAME	AUTHOR_ID	PUBLISH_YEAR
1	规范1	2	1999
2	规范2	2	2004

查询前的AUTHOR_TABLE

_ID	NAME	ADDRESS	PHONE
1	吉姆柯林斯	科罗拉多州	1350000000
2	罗杰	北京	1380000000

左外连接后的表

_ID	NAME	AUTHOR_ID	PUBLISH_YEAR	_ID	NAME	ADDRESS	PHONE
1	规范1	2	1999	2	罗杰	北京	1380000000
2	规范2	2	2004	2	罗杰	北京	1380000000

最终得到的查询内容

_ID	NAME	AUTHOR_ID	PUBLISH_YEAR	NAME
1	规范1	2	1999	罗杰
2	规范2	2	2004	罗杰

图 6-6　左外连接查询过程

在实现自定义的 CursorAdapter 时，需要实现以下抽象方法：

● public View newView(Context context, Cursor cursor, ViewGroup parent)，创建一个新的 View 对象；

● public void bindView(View view, Context context, Cursor cursor)，将 Cursor 指向的数据和创建的 View 对象进行绑定。

项目 chapter6_4 的 AuthorListActivity 和 BookListActivity 都实现了自定义的适配器。以 BookListActivity 中实现适配器 BookAdapter 为例，BookAdapter 扩展了 ResourceCursorAdapter，可以方便地将定义在 XML 文件中的 View 和数据库的 Cursor 绑定到一起。本例中 BookAdapter 将 getBooksByAuthor()方法返回的 Cursor 对象和自定义的 View 对象绑定。

book_row.xml 定义了各个对象的布局情况。其中，在 book_name 对象的描述中，android:layout_toRightOf="@+id/book_icon"属性表示 book_name 对象在 book_icon 对象的右侧；在 author 对象的描述中，android:layout_below="@+id/book_name"和 android: layout_ toRightOf="@+id/book_icon"属性表示 author 在 book_name 对象的下面，在 book_icon 对象右边。book_row.xml 的代码如下所示：

```xml
<?xml version="1.0" encoding="utf-8"?>
<RelativeLayout xmlns:android="http://schemas.android.com/apk/res/android"
        android:layout_width="fill_parent"
        android:layout_height="48sp"
>
    <ImageView android:id="@+id/book_icon"
        android:layout_width="60dip"
        android:layout_height="60dip"
        android:layout_centerVertical="true"
        android:layout_alignParentLeft="true"
        android:layout_marginRight="4dip"
         />
    <TextView android:id="@+id/book_name"
        android:layout_width="wrap_content"
        android:layout_height="wrap_content"
        android:scrollHorizontally="true"
        android:layout_marginLeft="8dip"
        android:layout_toRightOf="@+id/book_icon"
    />
    <TextView android:id="@+id/author"
        android:layout_width="wrap_content"
        android:layout_height="wrap_content"
        android:layout_marginLeft="8dip"
```

```
            android:layout_below="@+id/book_name"
            android:layout_toRightOf="@+id/book_icon"
    />

    <TextView android:id="@+id/year"
            android:layout_width="wrap_content"
            android:layout_height="wrap_content"
            android:layout_marginLeft="8dip"
            android:layout_below="@+id/book_name"
            android:layout_toRightOf="@+id/author"
    />

</RelativeLayout>
```

自定义的适配器 BookAdapter 类继承自 ResourceCursorAdapter 类，其构造器实现如下：

```
public BookAdapter(Context context, int layout, Cursor c) {
    super(context, layout, c);
}
```

在 BookAdapter 类的内部，建立了一个名叫 Tag 的类来表示要绑定的 View，它由 3 个 TextView 和 1 个 ImageView 组成。实现代码如下：

```
class Tag {
    public ImageView icon;
    public TextView name;
    public TextView author;
    public TextView year;
}
```

newView()方法生成一个自定义 Tag 类的对象，并将其各组成部分和 book_row.xml 描述文件中的对象对应起来，通过 setTag()方法将自定义的类和新生成的 View 关联起来。实现代码如下：

```
@Override
public View newView(Context context, Cursor cursor, ViewGroup parent)          {
    View view = super.newView(context, cursor, parent);
    Tag tag = new Tag();
    tag.icon = (ImageView) view.findViewById(R.id.book_icon);
```

```
        tag.author = (TextView) view.findViewById(R.id.author);
        tag.name = (TextView) view.findViewById(R.id.book_name);
        tag.year = (TextView) view.findViewById(R.id.year);
        view.setTag(tag);
        return view;
    }
```

在 bindView()方法中，通过 Cursor 指向的数据对 Tag 类的各个对象赋值，其实现代码如下：

```
@Override
public void bindView(View view, Context context, Cursor cursor) {
    Tag tag = (Tag) view.getTag();
    tag.author.setText(cursor.getString(cursor
        .getColumnIndexOrThrow(Publisher.AUTHOR.NAME)));
    tag.name.setText(cursor.getString(cursor
        .getColumnIndexOrThrow(Publisher.BOOK.NAME)));
    tag.year.setText(cursor.getString(cursor
        .getColumnIndexOrThrow(Publisher.BOOK.PUBLISH_YEAR)));
    Bitmap icon = BitmapFactory.decodeResource(getResources(),
        R.drawable.icon);
    tag.icon.setImageBitmap(icon);
}
```

在项目 chapter6_4 中，BookListActivity 属于 ListActivity，其 onResume()方法中实现自定义的 BookAdapter 对象。SetListAdapter()是 ListActivity 类特有的方法，用来设置生成的 BookAdapter 对象。实现代码如下：

```
@Override
protected void onResume() {
super.onResume();
dao = DaoFactory.getPublisherDao(this);
Intent intent = getIntent();
author_id = intent.getLongExtra("id", -1);
Cursor cursor = dao.getBooksByAuthor(author_id);
startManagingCursor(cursor);
BookAdapter adapter = new BookAdapter(this, R.layout.book_row, cursor);
setListAdapter(adapter);
}
```

以上代码中用到了 Activity 类的 startManagingCursor()方法，它用来对指定的 Cursor 对象的生命周期进行管理。当 Activity 暂停时，Cursor 对象自动调用 deactivate()方法来撤销自己；当 Activity 重新启动时，Cursor 对象自动调用 requery()方法重新查询数据；当 Activity 被系统注销时，Cursor 对象自动调用 close()方法来进行关闭操作。

6.4　Content Provider

前面的章节介绍的数据存储方法都只针对一个应用本身，如果想实现多个应用间共享数据，则应该使用 OPhone 平台上数据存储的核心模块——Content Provider。它把需要共享的数据封装起来，并提供了一组供其他应用程序调用的接口进行相关的存储操作。

6.4.1　概述

在 OPhone 平台中，如果特定数据（如联系人信息）会被多个应用使用，则应该使用 Content Provider 来存储这些数据，该 Content Provider 既可以由当前应用自行创建，也可以使用已经存在的 Content Provider；如果特定数据只被唯一的应用使用，则可以用 SQLite 一节介绍的方法来进行存储。在 Content Provider 中，可以选择特定的存储媒质来存储数据，如本地普通文件、XML 文件等。但通常情况下，一般选用 OPhone 平台自带的 SQLite 数据库作为存储媒质。

1．ContentResolver

在 OPhone 平台中，应用并不直接访问 Content Provider，而是通过 ContentResolver 接口的方法来操作 Content Provider 对象。在应用中，通过 Context 类的 getContentResolver 方法可以获得 ContentResolver 对象。

```
ContentResolver cr = Context.getContentResolver();
```

每类 Content Provider 只拥有一个实例对象，它可以被多个应用中的 ContentResolver 对象使用。

2．URI

每个 Content Provider 存储的数据都以表的形式存在，这些表都拥有唯一的 URI（Unified Resource Identifier, 统一资源标识）作为身份标识。URI 的组成遵循 RFC2396，具体为：<scheme>://<authority><path>?<query>，它类似一个指示路径的字符串。

对于 Content Provider 的数据表，其 URI 的<scheme> 字段内容固定为"content"，<authority>字段内容指定了 Content Provider 的具体类别。

在生成具体的 URI 时，常用的方法有 ContentUris 类的 Uri ContentUris.withAppendedId

(Uri contentUri, long id) 和 Uri 类的 Uri Uri.withAppendedPath(Uri baseUri, String pathSegment)，示例如下：

```
Uri newUri = ContentUris.withAppendedId("content://media/images/media","2");
Uri newUri = Uri.withAppendedPath("content://media/images/media", "2");
```

这两种方法生成的 URI 都是"content://media/images/media/2"。请注意，参数 contentUri 和 baseUri 的结尾部分均没有"/"。

3．URI 与表/数据类型的映射

当应用准备通过 ContentResolver 接口操作 Content Provider 时，需要指定具体的 URI 参数。系统会根据 URI 中的<authority>字段来判断需要将请求传递给哪一种 Content Provider。由 Content Provider 具体解析剩余的 URI 字符串内容，以确定具体操作的表及记录的类型。

Content Provider 存储数据的表都拥有唯一的 URI，其表现形式示例如下：

```
public static class AUTHOR implements BaseColumns {
    public static final Uri DATA_URI = Uri.withAppendedPath("content://PublisherProvider ","authortable");
    …
}
```

在 Content Provider 解析 URI 以确定具体的表及数据时，通常使用 UriMatcher 类的 addURI(String authority, String path, int code)方法来建立 URI 和指定数据表及记录的关系。addURI 方法的参数 authority 是 URI 中的<authority>标签的值，参数 path 是对应的表或数据，参数 code 即为映射的表及数据的类型。

```
uriMatcher = new UriMatcher(UriMatcher.NO_MATCH);
uriMatcher.addURI("PublisherProvider", "authortable", AUTHORTABLE);
uriMatcher.addURI("PublisherProvider", "authortable/#", AUTHORTABLE_ID);
```

在建立好 URI 和类型的映射关系后，当需要匹配 URI 时，应用调用 UriMatcher 类的 int match(Uri uri)方法即可以获得 URI 对应的类型。例如，返回 AUTHORTABLE 或 AUTHORTABLE_ID。

4．OPhone 平台的 Content Provider

OPhone 平台提供了许多类（如 Contacts）供开发者方便地使用系统自带的 Content Provider。通过这些类提供的方法和常量，可以方便地操作所对应的 Content Provider 中的数据。比如，Contacts.People. CONTENT_URI 映射的数据类型就是全体联系人，MediaStore. Images.Media.INTERNAL_CONTENT_URI 映射的数据类型是内部存储等。这些类都在

android.provider 包中，　常用的类如下所示：

- Browser：读取或修改标签、浏览历史和网络搜索记录；
- CallLog：读取或修改通话记录，在第 10 章《高级通信技术》中将详细介绍；
- Contacts：读取或修改联系人信息；
- MediaStore：提供对多媒体文件（包括音频、视频和图片）的读/写控制，MediaStore 中保存的文件可以全局访问；
- Settings：读取或修改设备设置信息。

5．声明 Content Provider

以 OPhone 平台自带的 CallLogProvider 为例，其在工程的 AndroidManifest.xml 中的声明内容如下所示：

```
<provider android:name="CallLogProvider"
        android:authorities="call_log"
        android:syncable="false"    android:multiprocess="false"
        android:readPermission="android.permission.READ_CONTACTS"
        android:writePermission="android.permission.WRITE_CONTACTS">
</provider>
```

其中 android:anthorities 属性值"call_log"表明了 Content Provider 的类型，和 CallLogProvider 中声明的<authority>字段内容一致。android:readPermission 和 android:writePermission 属性规定了使用 CallLogProvider 的应用必须拥有对应权限，否则，在访问 CallLogProvider 时，系统会抛出 SecurityException 异常。

需要注意的是，Content Provider 和使用它的应用既可以在同一个进程内，也可以在不同的进程内，这取决于 Content Provider 的实现及声明方式。

仍以声明 CallLogProvider 的 AndroidManifest.xml 文件为例，可以发现 ContactProvider 等 Content Provider 也在其中声明，并且它所在的进程指定为系统进程"android. process.acore"，内容如下：

```
<manifest xmlns:android="http://schemas.android.com/apk/res/android"
package="com.android.providers.contacts"
android:sharedUserId="android.uid.shared">
    <application android:process="android.process.acore"
    android:label="@string/app_label"
    android:icon="@drawable/app_icon"
    android:persistent="true">
    <provider android:name="CallLogProvider"
```

```
…
</provider>
<provider android:name="ContactsProvider"
…
</provider>
```

CallLogProvider 和 ContactsProvider 均在系统进程 android.process.acore 中，这两者可以互相访问对方在系统/data/data/中的资源，实现资源共享。ContactsProvider 和 CallLogProvider 作为存储联系人、呼叫记录信息的组件，其重要性是不言而喻的，将其加载在系统进程中，能确保其运行的高优先级和持久性。

另外，在声明文件中还用到了 android:sharedUserId="android.uid.shared"属性值，其含义表明 android.process.acore 进程将和同样也声明了 android:sharedUserId="android.uid.shared" 的应用共享同一个 User id，这进一步扩充了重要的组件间共享资源的能力。

6．Content Provider 加载机制

在 OPhone 平台启动时，平台通过 acquireProvider()方法来解析 AndroidManifest.xml 文件中 Content Provider 声明的<authority>字段，并自动加载所有 Content Provider。

Content Provider 的 android:multiprocess 属性值决定了该 Content Provider 能否在多个应用进程中被创建。在默认情况下，android:multiprocess 的值等于"false"，如果其他应用使用该 Content Provider，则会通过进程间通信（IPC）方式调用 Content Provider 对象，如果此时该 Content Provider 所在的进程还没有建立，则 OPhone 平台会先建立该进程；如果 Content Provider 存储的数据不用在多个进程间同步，则可以将 android:multiprocess 的值赋为"true"，此时，OPhone 平台会在多个调用该 Content Provider 的应用进程中分别创建 Content Provider 的实例。

6.4.2　创建自定义的 Content Provider

应用程序可以从抽象类 ContentProvider 派生出自己需要的 Content Provider 类，在此过程中，需要重载如下几个抽象方法：

● onCreate()——在创建自定义的 Content Provider 时执行该方法；

● query(Uri uri, String[] projection, String selection, String[] selectionArgs,String sortOrder)——查找数据，并返回含有数据信息的 Cursor 对象；

● insert(Uri uri, ContentValues values)——向数据库中插入新一行数据，并返回对应的 Uri；

● update(Uri uri, ContentValues values, String where, String[] selectionArgs)——更新指定的数据内容；

● delete(Uri uri, String where, String[] selectionArgs)——删除指定的数据内容；

● public String getType(Uri uri)——返回 Uri 的 MIME 类型，该类型由开发者自己定义。

SQLite 数据库的操作方法在之前的章节中已经介绍过，本节将建立一个用户自己的 Content Provider 来实现对数据的操作，请读者仔细比较本节中涉及 SQLite 的操作和之前章节中介绍的异同之处。

项目 chapter6_5 以项目 chapter6_4 为基础，同样基于 DAO（Data Access Object）模式设计数据存储模块的架构。除了 chapter6_5 新增的功能，项目 chapter6_5 和 chapter6_4 的其余上层业务和底层数据库的实现几乎一致，发生变化的地方在于中间的数据接口层。这表明采用 DAO 模式设计应用可以实现业务代码的复用，降低各模块间的耦合程度。

项目 chapter6_5 创建的 Content Provider 命名为 PublisherProvider，它和工程 chapter6_5 在同一个进程中。在 AndriodManifest.xml 文件中添加如下声明：

```
<provider android:name=".PublisherProvider"
        android:multiprocess="false"
        android:authorities="PublisherProvider"
/>
```

PublisherProvider 的 onCreate()方法实现代码如下：

```
@Override
public boolean onCreate() {
    Context context = getContext();
    mHelper = new PublisherDatabaseHelper(context);;
    DB = mHelper.getWritableDatabase();
    Log.d("PublisherProvider","Process.myPid()Process.myPid() " + Process.myPid() );
    return (DB == null)? false:true;
}
```

在 PublisherProvider 对象创建时，系统将创建数据库。基于 SQLite 一节中介绍的方法，项目 chapter6_5 同样使用名为 PublisherDatabaseHelper 的 SQLiteOpenHelper 对象，以此获得数据库对象来实现存储等操作。比较项目 chapter6_5 和 chapter6_4 中的 Publisher Database Helper.java 文件，可以发现两者完全一致。

项目 chapter6_5 在 Publisher 类中定义了 AUTHOR 和 BOOK 这两个表，分别用来存储作者和书籍的信息，和 chapter6_4 中的 Publisher 类相比，本节的数据表增加了 URI 属性，用来区分不同的数据表。此外，由视图创建的虚拟表 book_author 的名称及其 URI 属性值也在 Publisher 类中实现。Publisher 类的实现代码如下：

```
public final class Publisher {
private Publisher() {
}
public static final String AUTHOR_TABLE = "author";
public static final String BOOK_TABLE = "book";
public static final String BOOK_AUTHOR_TABLE = "book_author";
public static final Uri CONTENT_URI = Uri.parse("content://"+
        PublisherProvider.PROVIDER_NAME );
public static final Uri BOOK_AUTHOR_URI = Uri.withAppendedPath(CONTENT_URI,
        "book_authortable");
public static class AUTHOR implements BaseColumns {
    public static final Uri DATA_URI = Uri.withAppendedPath(CONTENT_URI,
            "authortable");
    public static final String NAME = "author_name";
    public static final String ADDRESS = "address";
    public static final String PHONE = "phone";
    public static final String ORDER_BY = "author_name DESC";
}
public static class BOOK implements BaseColumns {
    public static final Uri DATA_URI = Uri.withAppendedPath(CONTENT_URI,
            "booktable");
    public static final String NAME = "book_name";
    public static final String AUTHOR_ID = "author_id";
    public static final String PUBLISH_YEAR = "public_year";
    public static final String ORDER_BY = "book_name DESC";
    }


    }
```

PublisherProvider 类实现的 String getType(Uri uri)方法用到了 uriMatcher.match 方法，其返回值为用户自己定义的 MIME 类型。在 PublisherProvider 类中，用 UriMatcher 类的 addURI() 方法首先会建立匹配关系树，实现代码如下：

```
static{
        uriMatcher = new UriMatcher(UriMatcher.NO_MATCH);
        uriMatcher.addURI(PROVIDER_NAME, "authortable", AUTHORTABLE);
        uriMatcher.addURI(PROVIDER_NAME, "authortable/#", AUTHORTABLE_ID);
        uriMatcher.addURI(PROVIDER_NAME, "booktable", BOOKTABLE);
```

```
        uriMatcher.addURI(PROVIDER_NAME, "booktable/#", BOOKTABLE_ID);
        uriMatcher.addURI(PROVIDER_NAME, "book_authortable/",
                BOOK_AUTHORTABLE);
        uriMatcher.addURI(PROVIDER_NAME, "book_authortable/#",
                BOOK_AUTHORTABLE_ID);
}
```

对于不同类型的 URI 值，uriMatcher 类的 match 方法会根据以上匹配关系来返回不同的值。如果 URI 为"content://PublisherProvider/authortable/"形式，则 uriMatcher.match 返回 AUTHORTABLE；如果 URI 为"content:// PublisherProvider/authortable/id"形式，其中 id 是一个整数，则 uriMatcher.match 返回 AUTHORTABLE_ID。基于 uriMatcher 对象创建的对应关系，getType()方法的实现代码如下：

```
@Override
public String getType(Uri uri) {
  switch (uriMatcher.match(uri)){
      case AUTHORTABLE:
              return VND_AUTHORTABLE;
      case AUTHORTABLE_ID:
              return VND_AUTHORTABLE_ID;
      case BOOKTABLE:
              return VND_BOOKTABLE;
      case BOOKTABLE_ID:
              return VND_BOOKTABLE_ID;
      case BOOK_AUTHORTABLE:
              return VND_BOOK_AUTHORTABLE;
      case BOOK_AUTHORTABLE_ID:
              return VND_BOOK_AUTHORTABLE_ID;
      default:
              throw new IllegalArgumentException("Unsupported URI: " + uri);
  }
}
```

VND_AUTHORTABLE 和 VND_AUTHORTABLE_ID 分别代表"vnd.android.cursor.dir/authortable"和"vnd.android.cursor.item/authortable_id"。返回值以"vnd.android.cursor.dir/"开头的类型表明该 URI 指定的是某个表中的全部数据，返回值以"vnd.android.cursor.item/"开头的类型表明该 URI 指定的是某个表中的某一条数据。

PublisherProvider 类实现的 query()、insert()、delete() 和 update() 方法分别封装了 SQLiteDatabase 类的 query()、insert()、delete() 和 update() 方法，避免了上层应用直接使用数据库的方法，简化了操作，提高了存储方法的可靠性。在 OPhone 平台中，通过 ContentResolver 对象来操作 Content Provider。每种类型的 Content Provider 都有一个实例，它可以与在不同进程中的多个 ContentResolver 对象进行通信。可以通过 Context 类的 getContentResolver() 方法来获得 ContentResolver 对象。

1．插入记录

PublisherProvider 类实现了 insert() 方法供 ContentResolver 对象插入记录，实现代码如下：

```
@Override
public Uri insert(Uri uri, ContentValues values) {
    long rowID;
    String table;
    int match = uriMatcher.match(uri);
    switch (match) {
    case AUTHORTABLE:
        table = Publisher.AUTHOR_TABLE;
            break;

    case BOOKTABLE:
        table = Publisher.BOOK_TABLE;
        break;

    default:
        throw new IllegalArgumentException("Invalid request: " + uri);
        }


    rowID = DB.insert(table, null, values);
    if (rowID>0){
        Uri _uri = ContentUris.withAppendedId(uri, rowID);
        //通知 uri 对应存储数据的变化
        getContext().getContentResolver().notifyChange(_uri,null);
        return _uri;
    }else
        throw new SQLException("Failed to insert row into " + uri);

    }
```

通过匹配输入的 URI，SQLiteDatabase 类的 insert()方法得到了要操作的数据表，且该方法的返回值就是新记录的_ID 值。通过 ContentUris 类的 withAppendedId()方法获得了新插入记录的 URI。

2．删除记录

PublisherProvider 类实现了 delete()方法供 ContentResolver 对象删除记录，实现代码如下：

```java
@Override
public int delete(Uri uri, String where, String[] whereArgs) {
    int count=0;
    int match = uriMatcher.match(uri);
    switch (match){
    case AUTHORTABLE:
    count = DB.delete(Publisher.AUTHOR_TABLE, where, whereArgs);
    break;
    case AUTHORTABLE_ID:
        String id = uri.getPathSegments().get(1);
        Log.d(PROVIDER_NAME, "uri: "+uri);
        Log.d(PROVIDER_NAME, "uri.getPathSegments(): "+uri.getPathSegments());
        Log.d(PROVIDER_NAME, "uri.getPathSegments().get(1): 
                "+uri.getPathSegments().get(1));
        count = DB.delete(
                Publisher.AUTHOR_TABLE, AUTHOR._ID + " = " + id +
                (!TextUtils.isEmpty(where) ? " AND (" +
                where + ')' : ""),
                whereArgs);
    break;
    case BOOKTABLE:
        count = DB.delete(Publisher.BOOK_TABLE, where, whereArgs);
    break;
    case BOOKTABLE_ID:
        String id_2 = uri.getPathSegments().get(1);
        count = DB.delete(
                Publisher.BOOK_TABLE,
                        BOOK._ID + " = " + id_2 +
                        (!TextUtils.isEmpty(where) ? " AND (" +
                        where + ')' : ""),
```

```
                                      whereArgs);
        break;
        default:
                throw new UnsupportedOperationException("DELETE not supported for "+ uri);
        }
        //通知 uri 对应存储数据的变化
        getContext().getContentResolver().notifyChange(uri, null);
        return count;
}
```

当 PublisherProvider 类的 delete()方法获得的 URI 是单个记录类型（比如，AUTHORSHEET_ID 或 BOOKSHEET_ID）时，建议将传入的 where 参数置为 "null"。以上示例代码已经通过 URI 定位到了单个记录，如果再添加 where 参数，就显得多余。另外，如果 where 参数不正确的话，还会导致删除操作失败。在之前实现的 insert()方法中，返回值就是新增记录的 URI，这也保证了 delete()方法能够根据 URI 而正确删除一条特定记录。

3．更新记录

PublisherProvider 类实现了 update()方法供 ContentResolver 对象更新记录，实现代码如下：

```
@Override
public int update(Uri uri, ContentValues values, String selection, String[] selectionArgs) {
    int count = 0;
    String table, _selection, id;

    int match = uriMatcher.match(uri);
    switch (match){
    case AUTHORTABLE:
        table = Publisher.AUTHOR_TABLE;
        _selection = selection;
    break;
    case AUTHORTABLE_ID:
        table = Publisher.AUTHOR_TABLE;
        id = uri.getPathSegments().get(1);
        _selection = AUTHOR._ID + " = " + id +
                    (!TextUtils.isEmpty(selection) ? " AND (" + selection + ')' : "");
    break;
```

```
        case BOOKTABLE:
            table = Publisher.BOOK_TABLE;
            _selection = selection;
        break;

        case BOOKTABLE_ID:
            table = Publisher.BOOK_TABLE;
            id = uri.getPathSegments().get(1);
            _selection = BOOK._ID + " = " + id +
                            (!TextUtils.isEmpty(selection) ? " AND (" + selection + ')' : "");
        break;
        default:
            throw new IllegalArgumentException("Unknown URI " + uri);
        }

        count = DB.update(table, values, _selection, selectionArgs);

if (count>-1)
        //通知 uri 对应存储数据的变化
        getContext().getContentResolver().notifyChange(uri, null);

    return count;
}
```

在以上代码中，SQLiteDatabase 类的 int update(String table, ContentValues values, String whereClause, String[] whereArgs)方法实现了数据库的更新操作。应用通过区分 URI 的类型来确定需要更新的数据表名。Update()的第二个参数 values 是 ContentValues 类型，如前面章节所述，values 中的键值对含有需要更新的列名和对应的值。第三个参数 whereClause 指明了需要更新的记录所要符合的条件。

和本章介绍的 delete()方法类似，在 PublisherProvider 类的 update()方法获得的 URI 指向单个记录时，建议传入的 selection 参数是 null，理由在此不再复述。

4．查询记录

PublisherProvider类实现了query()方法供ContentResolver对象查询记录，实现代码如下：

```
@Override
public Cursor query(Uri uri, String[] projection, String selection,
    String[] selectionArgs, String sortOrder) {
```

```java
    String orderBy;
SQLiteQueryBuilder sqlBuilder = new SQLiteQueryBuilder();

int match = uriMatcher.match(uri);
switch (match) {
case AUTHORTABLE_ID:
    sqlBuilder.setTables(Publisher.AUTHOR_TABLE);
    sqlBuilder.appendWhere(AUTHOR._ID + " = " + uri.getPathSegments().get(1));
    orderBy = null;
 break;

case AUTHORTABLE:
    sqlBuilder.setTables(Publisher.AUTHOR_TABLE);
if(TextUtils.isEmpty(sortOrder))
    orderBy = AUTHOR._ID +" ASC";
else
    orderBy = sortOrder;
break;

case BOOKTABLE_ID:
    sqlBuilder.setTables(Publisher.BOOK_TABLE);
    sqlBuilder.appendWhere(BOOK._ID + " = " + uri.getPathSegments().get(1));
    orderBy = null;
 break;

case BOOKTABLE:
    sqlBuilder.setTables(Publisher.BOOK_TABLE);
    if(TextUtils.isEmpty(sortOrder))
      orderBy = BOOK._ID +" ASC";
    else
      orderBy = sortOrder;
 break;

case BOOK_AUTHORTABLE_ID:
    sqlBuilder.setTables(Publisher.BOOK_AUTHOR_TABLE);
    sqlBuilder.appendWhere(BOOK._ID + " = " + uri.getPathSegments().get(1));
    orderBy = null;
```

```
            break;

        case BOOK_AUTHORTABLE:
            sqlBuilder.setTables(Publisher.BOOK_AUTHOR_TABLE);
        if(TextUtils.isEmpty(sortOrder))
            orderBy = BOOK._ID +" ASC";
        else
            orderBy = sortOrder;
        break;


        default:
            throw new IllegalStateException("Unrecognized URI:" + uri);


        }
        Cursor ret = sqlBuilder.query(DB, projection, selection, selectionArgs, null, null, orderBy);


        //通知 uri 对应存储数据的变化
        ret.setNotificationUri(getContext().getContentResolver(), uri);
        return ret;
    }
```

　　query()方法的实现过程用到了构造 SQL 查询语句的辅助类 SQLiteQueryBuilder 来执行 SQLite 的 相 关 查 询 方 法 。 SQLiteQueryBuilder 类 的 query(SQLiteDatabase db, String[] projectionIn, String selection, String[] selectionArgs, String groupBy, String having, String sortOrder)方法和之前介绍过的 SQLiteDatabase 类的 query 方法类似。

　　应用会根据 URI 的类型来判断查询的对象是整个表还是表中的某一行记录。如果是整个表，则在指定表名字后，还可以指定查询得到数据的排列方式。AuthorSheet._ID +" ASC" 表示查询结果按照 AuthorSheet 表中记录"_ID"值来升序排列。如果想采用多关键字联合排序，则可以这样表示：AuthorSheet._ID + " ASC" + ","+Author.NAME，关键字之间要用"，"分隔。请注意，表达式中的字符" ASC"前有空格，这样才满足 SQLite 语法的要求。

　　如果查询对象是某一行记录，则在指定表名字后，还需要获得该记录的_ID 值。Uri 类的 getPathSegments()方法可以用来获得 URI 中<data_path>和<id>字段的值，并且其结果不含有"/"字符。比如，如果 URI 的对象 uri 是"content://PublisherProvider/authortable/2"，那 么 uri.getPathSegments() 返 回 值 是 [authortable,2]， uri.getPathSegments().get(0) 和 uri.getPathSegments().get(1)的返回值分别是"authortable"和"2"。

　　在 PublisherProvider 的 query()方法实现代码中，BOOK_AUTHORTABLE 和

BOOK_AUTHORTABLE_ID 分别表示查询的对象是虚拟表 book_author 和它的某条记录。可以看出，虚拟表的查询过程和普通表的完全一致。

6.4.3　Content Provider 更新的通知机制

OPhone 平台上的 Content Provider 提供了不同应用间共享数据的方法，当不同应用或同一个应用的不同操作都在使用同一个 Content Provider 时，就需要一种及时的通知机制。

一个典型的应用场景描述如下：某个应用从网络模块获得数据，并用 Content Provider 接口存储在数据库中，该应用的 UI 界面从数据库中获得数据并显示。当数据库更新时，UI 界面应该及时地被"通知"，并且还应该知道是哪些数据发生了变化，以便更新显示内容。UI 界面如果采用轮询（Polling）机制来监测数据库，则终端平台将会消耗大量的系统资源。

在 OPhone 平台上，系统提供了一种通知（Notification）机制。应用注册一个观察者（Observer），用来监测拥有特定 URI 的 Content Provider。当 Content Provider 存储的数据发生变化时，该观察者会自动被通知。从前面章节的介绍可以知道，每个 Content Provider 中的数据表都有唯一对应的 URI。当数据库中的记录发生变化时，Content Provider 将会通知 Content Resolver，而 Content Resolver 会根据观察者监测的 URI 来判断是哪个数据表的数据发生了变化。

在之前实现的 PublisherProvider 类中，使用 insert()、delete()和 update()方法可以直接改变数据库中的数据。使用 query()方法可以得到 Cursor 对象，而在使用 Cursor 类的 updateString()等方法时，也可以改变数据库中的数据。

在 PublisherProvider 类的 query()方法中，读者会注意到有如下代码：

```
Cursor ret;
…
ret.setNotificationUri(getContext().getContentResolver(), uri);
```

以上代码实现了通知更新的功能，在得到用 Cursor 封装的特定记录集合后，如果该记录集合的内容发生变化，则 PublisherProvider 会通知任何监测该 uri 的应用，这些应用应该重新查询以获得新的 Cursor 对象。在 PublisherProvider 类的 insert()、delete()和 update()方法中，通知更新的代码实现如下：

```
getContext().getContentResolver().notifyChange(_uri,null);
```

OPhone 平台中通过 ContentObserver 类来实现观察者模式，并用 ContentResolver 的 registerContentObserver 方法在应用中注册该观察者。

在项目 chapter6_5 的 AuthorListActivity 中，自定义的 AuthorTableObserver 类继承自 ContentObserver，实现了观测器的功能，它的构造器表明 AuthorTableObserver 对象和调用

它的应用处于同一进程。当监测的内容表发生变化时，onChange()方法将被调用。需要注意的是，监测内容对应的 URI 不会作为参数传递给观察者。其实现代码如下：

```
private class AuthorTableObserver extends ContentObserver {
    public AuthorTableObserver() {
        super(new Handler());
    }

    public void onChange(boolean selfChange) {
        Toast.makeText(AuthorListActivity.this, getString(R.string.promot) ,
                Toast.LENGTH_SHORT).show();
    }
}
```

在 AuthorListActivity 的 onCreate() 方法中，应用通过 ContentResolver 的 registerContentObserver(Uri arg0, boolean arg1, ContentObserver arg2)方法注册了一个观察者，该观察者是 AuthorTableObserver 类的对象。需要注意的是，应用中注册的 URI 是 "content://PublisherProvider/authortable"，它对应的是 AUTHOR 表，应用实际监测的是该表的全部数据。比如，如果 AUTHOR 表增加了一条记录，其 URI 是 "content:// PublisherProvider/authortable/1"，则 AuthorListActivity 会得到通知。注册 AuthorTableObserver 的代码如下所示：

```
private ContentObserver mAuthorTableObserver = new AuthorTableObserver();
getContentResolver().registerContentObserver(Publisher.AUTHOR.DATA_URI, true,
    mAuthorTableObserver);
```

ContentObserver 在不用时需要收回，以节约系统资源。ContentResolver 类的 unregisterContentObserver(ContentObserver obs)方法实现了回收观测器的功能。在 AuthorListActivity 资源被系统收回时，应该注销其携带的观测器。在 AuthorListActivity 的 onDestory()方法中，实现代码如下：

```
ContentResolver cr = getContentResolver();
    if(mAuthorTableObserver!= null ) {
        cr.unregisterContentObserver(mAuthorTableObserver);
    }
```

6.4.4　DAO 接口及实现

和项目 chapter6_4 类似，chapter6_5 用一个具体的 ContentProviderDao 类实现了

PublisherDao 接口，其构造器实现如下：

```
private ContentProviderDao(Context ctx) {
    context = ctx;
    contentResolver = context.getContentResolver();
    helper = new PublisherDatabaseHelper(ctx);
}
```

以上代码中的 contentResolver 是 ContentResolver 类的对象，用来调用在 PublisherProvider 类中定义好的方法。获得 ContentProviderDao 实例的代码如下：

```
public static synchronized ContentProviderDao getInstance(Context ctx){
    if (instance == null)
        instance = new ContentProviderDao(ctx);
    return instance;
}
```

ContentProviderDao 类中实现了 PublisherDao 中定义的方法，以 getAuthors()方法为例，它用来查询 AUTHOR_TABLE 表的全部内容，并返回一个 Cursor 对象，其实现代码如下：

```
public Cursor getAuthors() {
    return contentResolver.query(AUTHOR.DATA_URI, null, null, null,
        Publisher.AUTHOR.ORDER_BY);
}
```

对于上层业务而言，只要获得 ContentProviderDao 对象，就可以调用 PublisherDao 中定义的各类方法。以 AuthorListActivity 获得 AUTHOR_TABLE 表的全部内容为例，示例代码如下：

```
private PublisherDao dao;
dao = DaoFactory.getPublisherDao(this);
Cursor cursor = dao.getAuthors();
```

通过以上代码可以发现，ContentProviderDao 有效地屏蔽了底层数据存储模块的实现细节，让上层业务方便地使用了各类操作数据的方法。

在项目 chapter6_5 中，当删除条目后，可以看到"作者表的内容发生改变"的提示信息。这是因为在删除条目时，应用通过 DAO 对象执行了 PublisherProvider 中定义的 delete()方法，在内容发生变化时，AuthorListActivity 中的 ContentObserver 得到了通知。

在 AuthorListActivity 中，AuthorAdapter 将 AUTHOR_TABLE 表对应的 Cursor 对象和

UI 控件进行绑定。在删除作者条目后，"出版社作者管理系统"界面的内容会自动更新。在
AuthorListActivity 的 onResume()方法中，也可以采用 Activity 类的 managedQuery(Uri uri,
String[] projection, String selection, String[] selectionArgs, String sortOrder)方法来查询
AUTHOR_TABLE，获得 Cursor 对象。其第一个参数是待查询表或记录的 URI，其他参数
的使用方法和 ContentResolver 类的 query()方法的参数相同。managedQuery()方法查询获得
Cursor 对象，并且该 Cursor 对象的生命周期受 AuthorListActivity 管理，其管理机制和 SQLite
一节中介绍过的 startManagingCursor() 方法相同。在 AuthorListActivity 中，使用
managedQuery()方法查询 AUTHOR_TABLE 表的全部内容的示例代码如下：

```
Cursor cursor = managedQuery(AUTHOR.DATA_URI, null, null, null, null);
```

6.5　小结

　　本章介绍了 OPhone 平台的数据持久化存储功能。对于开发者而言，数据存储的结构和
方法与整个应用的性能息息相关。如果某个应用有大规模的数据操作，建议将数据存储操
作放在一个单独的线程内执行，以避免数据存储失败而影响整个应用的运行。

　　Content Provider 是 OPhone 平台上最重要的数据存储方式。建议按照实现数据库、实现
Content Provider、实现数据访问对象（DAO）由底至上的架构设计来实现数据存储模块，
这样的程序结构清晰，便于维护。

　　下一章将介绍 OPhone 平台上的移动多媒体编程。

第 7 章
移动多媒体编程

本章重点介绍 OPhone 平台的多媒体框架，向读者展示如何使用 OPhone 提供的音频和视频的播放、音频的录制等功能开发丰富多彩的移动多媒体应用程序。多媒体本身是一个专业、垂直性很强的领域。而 OPhone 平台通过对 API 的精心封装和设计，向开发者提供了友好的编程接口，把底层的文件格式、编码和解码、流媒体等复杂内容屏蔽了。为了让开发者了解隐藏在 API 背后的知识，本章从多媒体的文件格式和编码开始介绍。

7.1 多媒体文件格式与编码

目前，广泛采用的多媒体文件格式非常多，多到可以让用户混淆。而开发者在面对 MP3、WAV 等音/视频文件时，应该重点从文件格式和编码两方面考虑，避免只了解如何使用 API，而对媒体的格式、特性等内容一无所知。在多媒体开发中，正确地区分文件格式和编码是非常重要的。

7.1.1 多媒体文件格式

简单地说，文件格式定义了物理文件是如何组织并在文件系统上存储的。以一个普通的音频文件来说，它可能主要由两部分数据组成：元数据和音频数据。而元数据和音频数据的存储位置是根据特定规范制定的，音频数据可能按帧顺序存储，也可能一整块存储在文件的某个位置。文件格式的任务就是定义元数据存储在文件的什么位置（歌曲的标题、歌手信息、专辑信息、歌词、风格等存储在哪里），音频数据存储在什么位置。知道了文件格式的定义，就可以从文件中读取到任意想要的数据。图 7-1 描述了 MP3 文件的文件结构。

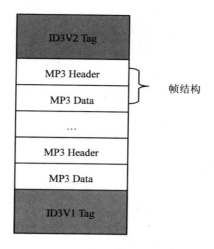

ID3V2 Tag

MP3 Header

MP3 Data

…

MP3 Header

MP3 Data

ID3V1 Tag

帧结构

图 7-1　MP3 文件结构

图 7-1 粗略地描述了 MP3 文件结构，如果仔细阅读 MP3 文件结构的规范，可以知道 ID3V2 标签中包含了 MP3 歌词、标题等元数据，且 ID3V2 是变长的。而文件尾部的 ID3V1 是定长的数据块，128 个字节。MP3 的音频数据以帧的形式存储，每个帧由 MP3 头和 MP3 数据组成。了解了 MP3 文件格式之后，读取 MP3 文件内的歌词，制作可以随时间显示的歌词将成为可能。本章的最后会深入分析 MP3 文件结构，并介绍如何切割 MP3 文件生成新的 MP3 文件。

7.1.2　编码

编码/解码针对的是多媒体文件的音频或者视频数据。通过对原始数据的编码以达到缩小多媒体文件尺寸的目的，以便降低终端播放器的要求。编码/解码过程，实际上也就是原数据的压缩和解压缩过程。通用的数据压缩算法，在缩小多媒体文件尺寸上的贡献非常有限，一般只能压缩到原始文件的 87%左右。因此，专门针对音频或者视频数据的压缩算法产生了，它们可以将数据压缩到原始文件的 5%～60%。

以编码方式为准，可以将多媒体文件分成无压缩、无损压缩和有损压缩 3 类，下面逐一进行介绍。

1．无压缩

顾名思义，"无压缩"意味着没有对音频或者视频数据做任何的处理，维持原来的文件大小不变。WAV 格式就是一种无压缩的音频文件格式，它将任何声音都进行编码，而不管声音是一段美妙的钢琴伴奏还是长时间的静音。这样，同等长度的钢琴伴奏和静音的文件大小是一致的。如果对此音频进行压缩，那么钢琴伴奏的文件会缩小，而静音的片断可能缩小为零。

2．无损压缩

无损压缩能够在不损失质量的情况下缩小文件大小。对于音频文件而言，无损压缩可以使文件缩小到原文件的 50%～60%。无损音频压缩包括 APE、LA、FLAC、Apple Lossless、WMA Lossless 等。

3．有损压缩

有损压缩在一定程度上损失了质量，但是大幅度缩小了文件大小。对于音频文件而言，有损压缩可以使文件缩小到原文件的 5%～20%。有损音频压缩的创新之处在于发现了音频数据并非都可以被人耳识别，有些声音人耳是听不到的。如果对此类的音频数据进行编码，比如，过滤掉人耳不能识别的部分音频数据，那么可以极大地缩小文件尺寸。目前普遍采用的 MP3 文件，尺寸较小，音质还不错，就是有损压缩典型的代表。有损压缩格式主要包括 MPEG audio、Vorbis、WMA、ADX 等。

7.1.3 OPhone 平台支持的媒体格式

OPhone 平台的多媒体引擎是基于 PacketVideo 的，目前支持的核心媒体格式如表 7-1 所示；而具体的终端设备可以根据需求增加对其他多媒体格式的支持。因此，针对具体机型开发多媒体应用时需要查询手机的规范。

表 7-1　OPhone 平台支持的多媒体格式

类型	格　式	编码	解码	描　　述	文件类型
音频	AAC LC/LTP		※	支持的最高比特率为 160kbps，抽样率从 8kHz 到 48kHz	.3gp
	HE-AACV1		※		.m4a
	HE-AACV2		※		.mp4
	AMR-NB	※	※	比特率从 4.75 到 12.2kbps，抽样频率为 8 kHz	.3gp
	AMR-WB		※	比特率从 6.60 到 23.85kbps，抽样频率为 16 kHz	.3gp
	MP3		※	支持 8-320kbps 的不变比特率和可变比特率	.mp3
	MIDI		※	MIDI 类型 0 和 1；DLS V1 和 V2；XMF 和 MXMF；RTTTL/RTX、OTA 和 iMelody	.ota/.imy/.mid/.xmf/.mxmf/.rtttl/.rtx
	Ogg Vorbis		※		.ogg
	PCM/WAVE		※	8 比特和 16 比特线性 PCM	.wav
视频	H.263	※	※		.3gp
	H.264 AVC		※		.3gp/.mp4
	MPEG-4 SP		※		.3gp
图片	JPEG	※	※		.jpg
	GIF		※		.gif
	PNG		※		.png
	BMP		※		.bmp

OPhone 平台支持 MIDI 媒体格式，但是这里需要简单说明一下，MIDI 与其他媒体文件

不同，它本身并不包含任何音频数据，它是一个协议，只包含用于产生特定声音的指令，而这些指令包括调用何种 MIDI 设备的声音、声音的强弱及持续的时间等。电脑把这些指令交由声卡去合成相应的声音。相对于保存真实采样数据的声音文件，MIDI 文件显得更加紧凑，其文件的大小要比 WAV 文件小得多，一般几分钟的 MIDI 文件只有几 KB。

7.1.4　选择合适的媒体文件

对于手机游戏玩家来说，没有音乐的游戏是不可接受的。那么，面对如此之多的多媒体格式，开发者如何在手机性能和声音效果中做出平衡呢？这里列出常用的音效文件及音频文件的特性，以供读者参考。

● WAV

WAV 是无压缩的 Windows 标准格式，可以提供最好的声音品质。一般来说，单声道的 WAV 文件相对较小，对手机性能要求相对较少，但是如果想获得更好的环境音效，也可以使用立体声效果的 WAV 文件。

● MP3

MP3 为压缩格式，音质比 WAV 效果差，但是文件尺寸较小，可以在文件中增加立体声效果。在实际应用中 128kbps 的 MP3 文件较为常见，这样的文件在音效和文件大小上做到了最佳的平衡。

● AAC

AAC 文件压缩率更出色，比 MP3 文件更小，如果手机性能是瓶颈，则可以考虑在应用程序的音效中采用 AAC 文件。

总之，文件大小和音质是相互矛盾的，在追求高品质的同时势必会提高对终端性能的要求。文件格式本无好坏，只有适合终端设备、适合应用程序的文件格式才是最好的，才是产品设计人员和开发者应该选择的。

7.2　音频和视频播放

OPhone 的多媒体模块是基于 PacketVideo 的 OpenCORE 引擎，不但支持多种解码器，而且对网络多媒体播放的支持也非常出色。如此复杂的功能却丝毫没有拖累 API 的设计，OPhone 的多媒体框架 API 设计得非常简单、易用。本节主要介绍音频和视频的播放功能，这也是多媒体应用程序最常用到的。

7.2.1　三种不同的数据源

OPhone 平台可以通过资源文件、文件系统和网络三种方式来播放多媒体文件。无论使用哪种播放方式，基本的流程都是类似的。当然也存在一些细小的差别，比如，直接调用 MediaPlayer.create()方法创建的 MediaPlayer 对象已经设置了数据源，并且调用了 prepare() 方法。从网络播放媒体文件，在 prepare 阶段的处理与其他两种方式不同，为了避免阻塞用户，需要异步处理。但是，音乐播放还是遵循了下面的 4 步流程。

- 创建 MediaPlayer 对象；
- 调用 setDataSource()设置数据源；
- 调用 prepare()方法；
- 调用 start()开始播放。

1．从资源文件中播放

多媒体文件可以放在资源文件夹/res/raw 下，然后通过 MediaPlayer.create()方法创建 MediaPlayer 对象。由于 create(Context ctx,int file)方法中已经包含了多媒体文件的位置参数 file，因此无须再设置数据源，调用 prepare()方法，这些操作在 create()方法的内部已经完成了。获得 MediaPlayer 对象后直接调用 start()方法即可播放音乐。

```
private void playFromRawFile() {
    //使用 MediaPlayer.create()获得的
    //MediaPlayer 对象默认设置了数据源并初始化完成了
    MediaPlayer player = MediaPlayer.create(this, R.raw.test);
    player.start();
}
```

2．从文件系统播放

如果开发一个多媒体播放器，一定需要具备从文件系统播放音乐的能力。这时不能再使用 MediaPlayer.create()方法创建 MediaPlayer 对象，而是使用 new 操作符创建 MediaPlayer 对象。获得 MediaPlayer 对象之后，需要依次调用 setDataSource()和 prepare()方法，以便设置数据源，让播放器完成准备工作。从文件系统播放 MP3 文件的代码如下所示：

```
private void playFromSDCard() {
    try {
        MediaPlayer player = new MediaPlayer();
        //设置数据源
        player.setDataSource("/sdcard/a.mp3");
        player.prepare();
        player.start();
    } catch (IllegalArgumentException e) {
        e.printStackTrace();
    } catch (IllegalStateException e) {
```

```
            e.printStackTrace();
        } catch (IOException e) {
            e.printStackTrace();
        }
    }
```

需要注意的是，prepare()方法是同步方法，只有当播放引擎已经做好了准备，此方法才会返回。如果在 prepare()调用过程中出现问题，比如文件格式错误等，prepare()方法将会抛出 IOException。

3．从网络播放

在移动互联网时代，移动多媒体业务有着广阔的前景，中国移动的"移动随身听"业务一直有着不错的表现。事实上，开发一个网络媒体播放器并不容易。某些平台提供的多媒体框架，并不支持"边下载，边播放"的特性，而是将整个媒体文件下载到本地后再开始播放，用户体验较差。在应用层实现"边下载，边播放"的特性是一项比较复杂的工作，一方面需要自己处理媒体文件的下载和缓冲，另一方面还需要处理媒体文件格式的解析，以及音频数据的拆包和拼装等操作。项目实施难度较大，项目移植性差，最终的发布程序也会比较臃肿。

OPhone 多媒体框架带来了完全不一样的网络多媒体播放体验。在播放网络媒体文件时，下载、播放等工作均由底层的 PVPlayer 来完成，在应用层开发者只需要设置网络文件的数据源即可。从网络播放媒体文件的代码如下所示：

```
private void playFromNetwork() {
    String path = "http://website/path/file.mp3";
    try {
        MediaPlayer player = new MediaPlayer();
        player.setDataSource(path);
        player.setOnPreparedListener(new MediaPlayer.OnPreparedListener() {
            public void onPrepared(MediaPlayer arg0) {
                arg0.start();
            }

        });
        //播放网络上的音乐，不能同步调用 prepare()方法
        player.prepareAsync();
    } catch (IllegalArgumentException e) {
        e.printStackTrace();
    } catch (IllegalStateException e) {
        e.printStackTrace();
```

```
        } catch (IOException e) {
            e.printStackTrace();

        }

    }
```

从上面的代码可以看出，从网络播放媒体文件与从文件系统播放媒体文件有一点不同，就是从网络上播放媒体文件时需要调用 prepareAsync()方法，而不是 prepare()方法。因为从网络上下载媒体文件、分析文件格式等工作是比较耗费时间的，prepare()方法不能立刻返回，为了不堵塞用户，应该调用 prepareAsync()方法。当底层的引擎已经准备好播放此网络文件时，会通过已经注册的 onPreparedListener()通知 MediaPlayer，然后调用 start()方法就可以播放音乐了。短短的几行代码已经可以播放网络多媒体文件了，这就是 OPhone 平台带给开发者的神奇体验，不得不赞叹 OPhone 的强大之处。

运行 chapter7_1，如图 7-2 所示。此实例存在很多不足，没有提供播放界面，无法控制播放器的状态（暂停、停止、快进/快退等），没有考虑 MediaPlayer 对象的销毁工作。这可能导致底层用于播放媒体文件的硬件这一非常宝贵的资源被占用。解决这些问题的核心是掌握 MediaPlayer 的状态，并根据 MediaPlayer 的状态做出正确的处理。下面将详细介绍 MediaPlayer 的状态。

图 7-2   从不同位置播放多媒体文件

7.2.2 MediaPlayer 的状态

音频和视频的播放过程也就是 MediaPlayer 对象的状态转换过程。深入理解 MediaPlayer 的状态机是灵活驾驭 OPhone 多媒体编程的基础。图 7-3 是 MediaPlayer 的状态图，其中

MediaPlayer 的状态用椭圆形标记，状态的切换由箭头表示，单箭头代表状态的切换是同步操作，双箭头代表状态的切换是异步操作。

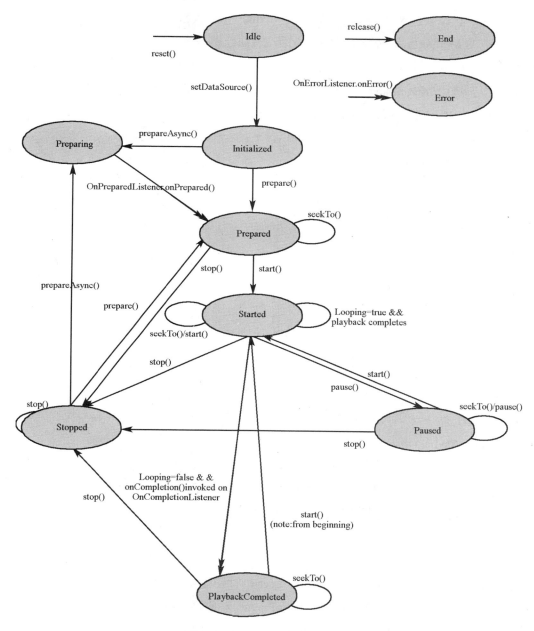

图 7-3　MediaPlayer 的状态图

1．创建与销毁

MediaPlayer 可以通过静态方法 MediaPlayer.create()或者 new 操作符来创建。这两种方法创建的 MediaPlayer 对象处的状态是不同的，使用 create()方法创建的 MediaPlayer 对象处于 prepared 状态，因为系统已经根据参数的资源 ID 调用了 setDataSource()和 prepare()方法；使用 new 操作符创建的 MediaPlayer 对象则处于 idle 状态。除了刚刚构建的 MediaPlayer 对象处于 idle 状态外，调用 reset()方法后的 MediaPlayer 状态也同样处于 idle 状态。由于处于 idle 状态的 MediaPlayer 还没有设置数据源，无法获得多媒体的时长、视频的高度等信息，因此现在调用下列方法是典型的编程错误。对于刚刚创建的 MediaPlayer 对象调用如下方法，底层系统不会调用 MediaPlayer 注册的 OnErrorListener，MediaPlayer 的状态也不会改变。对于通过调用 reset()方法进入 idle 状态的 MediaPlayer 对象调用如下方法，则会导致底层系统调用 OnErrorListener.onError()方法，MediaPlayer 对象将进入 error 状态。

- getCurrentPosition()
- getDruation()
- getVideoWidth()
- getVideoHeight()
- setAudioStreamType()
- setLooping()
- setVolume()
- pause()
- start()
- stop()
- seekTo()
- prepare()
- prepareAsync()

对于不再需要的 MediaPlayer 对象，一定要通过调用 release()方法使其进入到 end 状态，因为这关系到资源的释放问题。如果 MediaPlayer 对象不释放硬件加速器等资源，随后创建的 MediaPlayer 对象就无法使用这唯一的资源，甚至导致创建失败。处于 end 状态的 MediaPlayer 意味着它的生命周期终结，无法再回到其他状态了。

2．初始化

在播放音频和视频之前必须对 MediaPlayer 进行初始化操作，这主要由两步工作完成。调用重载的 setDataSource()方法将使 MediaPlayer 对象进入到 initialized 状态，随后调用 prepare()或者 prepareAsync()方法将使 MediaPlayer 对象进入到 prepared 状态。由于 prepareAsync()方式是异步调用，因此通常为 MediaPlayer 注册 OnPreparedListener()，并在 onPrepare()方法中启动播放器。当 MediaPlayer 对象处于 prepared 状态时，意味着调用者已经可以获得多媒体的时长等信息，此时可以调用 MediaPlayer 的相关方法设置播放器的属性。例如，调用 setVolume(float leftVolume, float rightVolume)设置播放器的音量。

3．播放、暂停和停止

调用 start()方法，MediaPlayer 将进入到 started 状态。isPlaying()方法可以用来判断 MediaPlayer 是否处在 started 状态。当 MediaPlayer 从网络上播放多媒体文件时，可以通过 onBufferingUpdateListener.onBufferingUpdate(MediaPlayer mp,int percent)来监听缓冲的进度，其中 percent 是 0～100 的整数，代表已经缓冲好的多媒体数据的百分比。

调用 pause()方法，MediaPlayer 将进入到 paused 状态。需要注意的是，从 started 到 paused、从 paused 到 started 状态的转换是异步过程，也就是说，可能经过一段时间才能更新 MediaPlayer 的状态。在调用 isPlaying()来查询播放器的状态时需要考虑这一点。

调用 stop()方法，MediaPlayer 将进入到 stopped 状态。一旦 MediaPlayer 进入 stopped 状态，必须再次调用 prepare()或者 prepareAsyn()才能使其进入到 prepared 状态，以便复用此 MediaPlayer 对象，再次播放多媒体文件。

> OPhone 平台允许同时创建两个或者两个以上的 MediaPlayer 同时播放多媒体文件，这一点给开发者提供了极大的方便。有时候应用程序需要同时播放背景音乐和音效，这样的需求在 OPhone 平台上可以很容易实现。

4．快进和快退

调用 seekTo()方法可以调整 MediaPlayer 的媒体时间，以实现快退和快进的功能。seekTo()方法也是异步的，方法会立即返回，但是媒体时间调整的工作可能需要一段时间才能完成。如果为 MediaPlayer 设置了 onSeekCompleteListener，那么 onSeekComplete()方法将被调用。需要说明的一点是，seekTo()不仅可以在 started 状态下调用，还可以在 paused、prepared 和 playbackCompleted 状态下调用。

5．播放结束状态

如果播放状态自然结束，MediaPlayer 可能进入两种可能的状态。当循环播放模式设置为 true 时，MediaPlayer 对象保持 started 状态不变；当循环播放模式设置为 false 时，MediaPlayer 对象的 onCompletionListener.onCompletion()方法会被调用，MediaPlayer 对象进入到 playbackCompleted 状态。对于处于 playbackCompleted 状态的播放器，再次调用 start()方法，将重新播放音/视频文件。需要注意的是，当播放器结束时，音/视频的时长、视频的尺寸信息依然可以通过调用 getDuration()、getVideoWidth()和 getVideoHeight()等方法获得。

6．错误处理

在播放器播放音/视频文件时，可能发生各种各样的错误，比如 IO 错误、多媒体文件格式错误等。正确处理播放过程中的各种错误显得尤为重要。为了监听错误信息，可以为 MediaPlayer 对象注册 onErrorListener 监听器，当错误发生时，onErrorListener.onError()方法会被调用，MediaPlayer 对象进入到 error 状态。如果希望复用 MediaPlayer 对象并从错误中恢复过来，那么可以调用 reset()方法使 MediaPlayer 再次进入到 idle 状态。总之，监视 MediaPlayer 的状态是非常重要的，在错误发生之际提示用户，并恢复播放器的状态才是正确的处理方法。

除了上述的错误之外，如果在不恰当的时间调用了某方法，则会抛出 IllegalStateException 异常，在程序中应该使用 try/catch 块捕获到此类的编程错误。

至此，我们已经详细地介绍了 MediaPlayer 的状态图，下面通过一个具体的媒体播放器实例向读者介绍如何使用 MediaPlayer 的相关 API。

7.2.3　音乐播放器实例

上一节深入介绍了 MediaPlayer 的状态图，本节通过一个音乐播放器的例子来说明如何使用 MediaPlayer 提供的 API 开发多媒体应用程序，帮助读者掌握 MediaPlayer 的状态转换，以及 API 的使用。

图 7-4 是音乐播放器的运行界面，由音乐列表和播放界面两个 Activity 构成，虽然音乐播放器的功能还不完善，但是其中已经包含了 MediaPlayer 各个状态的转换过程。

图 7-4　音乐播放器的运行界面

1．音乐列表

OPhone 平台使用 Content Provider 管理所有的多媒体文件，其中音频数据结构定义在 android.provider.MediaStore.Audio 内，Audio 包含了 Media、Playlists、Artists、Albums 和 Genres 等子类。Media 类实现了 android.provider.BaseColumns、android.provider.MediaStore.

Audio.AudioColumns 和 android.provider.MediaStore.MediaColumns 接口，接口中定义的字段
与数据库表的字段对应，例如，TITLE 字段与歌曲的名称对应。

　　音乐播放器的列表每一行包含了歌曲的标题、歌曲的作者和歌曲长度等信息，其中歌
曲的长度信息按照 mm:ss 的格式经过了格式化，这与在数据库中存放的毫秒数是不一样的。
为了实现这样的布局，我们编写了/res/layout/songs_list.xml 文件，内容如下所示：

```xml
<?xml version="1.0" encoding="utf-8"?>
<RelativeLayout xmlns:android="http://schemas.android.com/apk/res/android"
        android:layout_width="fill_parent"
        android:layout_height="?android:attr/listPreferredItemHeight"
        android:paddingLeft="5dip"
        android:paddingRight="7dip"
        android:paddingTop="3dip"
>
    <ImageView android:id="@+id/listicon1"
            android:layout_width="wrap_content"
            android:layout_height="wrap_content"
            android:layout_centerVertical="true"
            android:layout_alignParentLeft="true"
            android:layout_marginRight="4dip"
            android:scaleType="fitCenter"
    />
    <TextView android:id="@+id/title"
            android:layout_width="270dip"
            android:layout_height="wrap_content"
            android:includeFontPadding="false"
            android:background="@null"
            android:singleLine="true"
            android:ellipsize="end"
            android:textSize="20sp"
            android:textColor="#FFFFFF"
            android:textStyle="normal"
            android:textColorHighlight="#FFFF9200"
            android:layout_toRightOf="@+id/listicon1"
    />
    <TextView android:id="@+id/artist"
            android:layout_width="200dip"
```

```
                        android:layout_height="wrap_content"

                        android:textSize="14sp"

                        android:textColor="#FF565555"

                        android:textStyle="normal"

                        android:textColorHighlight="#FFFF9200"

                        android:includeFontPadding="false"

                        android:background="@null"

                        android:scrollHorizontally="true"

                        android:singleLine="true"

                        android:ellipsize="end"

                        android:layout_alignParentBottom="true"

                        android:layout_below="@+id/title"

                        android:layout_toRightOf="@+id/listicon1"
            />
            <TextView android:id="@+id/duration"

                        android:layout_width="wrap_content"

                        android:layout_height="wrap_content"

                        android:textSize="14sp"

                        android:textColor="#FF565555"

                        android:textStyle="normal"

                        android:textColorHighlight="#FFFF9200"

                        android:background="@null"

                        android:scrollHorizontally="true"

                        android:layout_alignParentRight="true"

                        android:layout_alignParentBottom="true"
            />
</RelativeLayout>
```

　　为了将 Cursor 中的数据映射到 songs_list.xml 中定义的 View 之中，MusicActivity 中定义了一个内部类 IconCursorAdapter，IconCursorAdapter 扩展了 SimpleCursorAdatper。在 IconCursorAdapter 中定义了匿名 ViewBinder，将 Cursor 的数据绑定到 View 时，View Binder 的 setViewValue(View view,Cursor cursor,int index)方法会被调用，此方法要求返回一个 boolean 值，如果绑定由自己完成，则需要返回一个 true；如果绑定交给 SimpleCursorAdapter 来处理，那么返回一个 false 即可。IconCursorAdapter 代码如下所示：

```
class IconCursorAdapter extends SimpleCursorAdapter {

    public IconCursorAdapter(Context context, int layout, Cursor c, String[] from, int[] to) {
```

```
                super(context, layout, c, from, to);
                setViewBinder(new ViewBinder() {

                    public boolean setViewValue(View arg0, Cursor arg1, int arg2) {

//如果是 ImageView 类型，则设置其资源为 cmcc_list_music.png，并返回 true
                        if (arg0 instanceof ImageView) {
                            ImageView v = (ImageView) arg0;
                            v.setImageDrawable(getResources().getDrawable(
                                    R.drawable.cmcc_list_music));
                            return true;
                        }
                        //判断字段是 ARTIST 还是 DURATION
                        String colName = arg1.getColumnName(arg2);
                        if (MediaStore.Audio.Media.ARTIST.equals(colName)) {
                            //如果字段是 ARTIST 且数据库中无此值，则手动设置其值
                            String value = arg1.getString(arg2);
                            if (value == null) {
                                TextView v = (TextView) arg0;
                                v.setText(R.string.noartist);
                                return true;
                            }
                            return false;

                        } else if (MediaStore.Audio.Media.DURATION.equals(colName)) {
                            long duration = arg1.getLong(arg2);
                            //如果字段是 DURATION，则格式化此字段
                            String time = StringUtil.timeToString(duration);
                            if (duration > 0) {
                                TextView v = (TextView) arg0;
                                v.setText(time);
                                return true;
                            }
                            return false;
                        }
                        //如果返回 TITLE 字段，则交给父类处理
                        return false;
                    }
```

```
        });
    }
}
```

2．扫描音乐

手机上的音乐列表可能因为用户将新的歌曲复制到了 SD 卡上而更新，OPhone 平台的 Content Provider 实例也必须相应更新。如果希望扫描整个目录上的多媒体文件，则可以广播一个 Intent，并设置 Intent 的 mData 字段为扫描的目录，扫描 SD 卡的代码如下所示：

```
//扫描整个 SD 卡上的多媒体文件
Intent intent = new Intent(
            "android.intent.action.MEDIA_SCANNER_SCAN_DIR");
File file =   Environment.getExternalStorageDirectory();
intent.setData(Uri.fromFile(file));
sendBroadcast(intent);
```

OPhone 平台的扫描是由后台的 Service 完成的，扫描多媒体文件涉及文件的元数据的读取、写入数据库等动作，这可能是较耗费时间的任务。因此，有必要在扫描开始时显示 Dialog 提示用户，并在扫描结束后隐藏 Dialog。为了实现此功能，可以定义一个 BroadcastReceiver 来监听如下动作：

- ACTION_MEDIA_SCANNER_STARTED——MediaScanner 扫描开始后发出，扫描的目录定义在 Intent.mData 字段；
- ACTION_MEDIA_SCANNER_FINISHED——MediaScanner 扫描结束后发出，扫描的目录定义在 Intent.mData 字段。

```
private BroadcastReceiver receiver = new BroadcastReceiver() {
    @Override
    public void onReceive(Context context, Intent intent) {
        String action = intent.getAction();
        if (action.equals(Intent.ACTION_MEDIA_SCANNER_FINISHED)) {
        //扫描结束后，不再显示 Dialog
        dismissDialog(SHOW_PROGRESS_DIALOG);
        } else if (action.equals(Intent.ACTION_MEDIA_SCANNER_STARTED)) {
        //扫描开始，显示 Dialog
        showDialog(SHOW_PROGRESS_DIALOG);
        }
    }
};
```

为了让 BroadcastReceiver 能够接收到 MediaScanner 广播的 Intent，需要将 receiver 注册到 MusicActivity 中。本例在 onResume()方法中注册，在 onPause()方法中取消注册。

```
protected void onResume() {
    super.onResume();
    …
    //创建 IntentFilter，加入扫描开始和结束的动作
    IntentFilter filter = new IntentFilter();
    filter.addAction(Intent.ACTION_MEDIA_SCANNER_FINISHED);
    filter.addAction(Intent.ACTION_MEDIA_SCANNER_STARTED);
    filter.addDataScheme("file");
    //注册 BroadcastReceiver
    registerReceiver(receiver, filter);
}
```

3．音乐播放

当用户点击 MusicActivity 列表中的歌曲后，MusicActivity 启动 PlayingActivity，并在 Intent 中包含了歌曲在 ListView 中的"position"。PlayingActivity 从 Intent 中获得"position"后，将 Cursor 定位到歌曲处，从 Cursor 中读取歌曲在 SD 卡上的路径并开始播放。PlayingActivity 的界面布局相对简单，可以显示歌曲的歌手和专辑信息，1 个可以随播放时间滚动的 SeekBar，还有 4 个 Button 用于控制暂停/播放、停止、前一首/下一首等行为。PlayingActivity 的界面初始化工作在 onCreate()方法中完成。

```
@Override
protected void onCreate(Bundle savedInstanceState) {
    super.onCreate(savedInstanceState);
    setContentView(R.layout.playing);
    //初始化"播放"按钮
    play = (Button) findViewById(R.id.play);
    play.setOnClickListener(new Button.OnClickListener() {
        public void onClick(View arg0) {
            if (player.isPlaying()) {
                pause();
            } else {
                start();
            }
        }
    });
```

```
//初始化"停止"按钮
stop = (Button) findViewById(R.id.stop);
stop.setOnClickListener(new Button.OnClickListener() {
    public void onClick(View arg0) {
        stop();
    }
});
//初始化"前一首"按钮
pre = (Button) findViewById(R.id.pre);
pre.setOnClickListener(new Button.OnClickListener() {
    public void onClick(View arg0) {
        pre();
    }
});
//初始化"下一首"按钮
next = (Button) findViewById(R.id.next);
next.setOnClickListener(new Button.OnClickListener() {
    public void onClick(View arg0) {
        next();
    }
});
//设置进度条
bar = (SeekBar) findViewById(R.id.progress);
bar.setMax(1000);
bar.setProgress(0);
bar.setOnSeekBarChangeListener(seekListener);
current = (TextView) findViewById(R.id.current);
total = (TextView) findViewById(R.id.total);
artist = (TextView) findViewById(R.id.artist);
album = (TextView) findViewById(R.id.album);
//从 Content Provider 中读取音乐列表
ContentResolver resolver = getContentResolver();
cursor = resolver.query(MediaStore.Audio.Media.EXTERNAL_CONTENT_URI,
        null, null, null, MediaStore.Audio.Media.DEFAULT_SORT_ORDER);
Intent i = getIntent();
int position = i.getIntExtra("position", -1);
if (cursor != null & cursor.getCount() > 0)
    cursor.moveToPosition(position);
```

```
    //开始播放歌曲
    play();
}
```

一旦 Cursor 已经指向了选中的歌曲，就可以调用 play()方法来播放音乐了。在 play()方法中创建 MediaPlayer 对象，为 player 注册了 OnCompletionListener、OnPreparedListener 和 OnErrorListener，以便在发生播放错误、歌曲播放结束等事件时回调监听器中的方法。当 player 处于 prepared 状态时，onPreparedListener 会被调用，此时已经可以调用相关方法获得 player 的时长和当前媒体时间了。play()方法和几个监听器的代码如下所示：

```java
private void play() {
    String path = cursor.getString(cursor
            .getColumnIndexOrThrow(MediaStore.Audio.Media.DATA));
    try {
        if (player == null) {
            //创建 MediaPlayer 对象并设置 Listener
            player = new MediaPlayer();
            player.setOnCompletionListener(compListener);
            player.setOnPreparedListener(preListener);
            player.setOnErrorListener(errListener);
        } else
            //复用 MediaPlayer 对象
            player.reset();
        player.setDataSource(path);
        player.prepare();
    } catch (IllegalArgumentException e) {
        e.printStackTrace();
    } catch (IllegalStateException e) {
        e.printStackTrace();
    } catch (IOException e) {
        e.printStackTrace();
    }
}
//当前歌曲播放结束后，播放下一首歌曲
private OnCompletionListener compListener = new OnCompletionListener() {
    public void onCompletion(MediaPlayer arg0) {
        next();
    }
```

```
        };

        //MediaPlayer 进入 prepared 状态开始播放
        private OnPreparedListener preListener = new OnPreparedListener() {
            public void onPrepared(MediaPlayer arg0) {
                handler.sendMessage(handler.obtainMessage(UPDATE));
                player.start();
                state = PLAYING;
            }

        };
        //处理播放过程中的错误，结束当前 Activity
        private OnErrorListener errListener = new OnErrorListener() {

            public boolean onError(MediaPlayer arg0, int arg1, int arg2) {
                Toast.makeText(PlayingActivity.this, R.string.error,
                        Toast.LENGTH_SHORT).show();
                finish();
                return true;
            }
        };
```

在 onPrepared()方法中，handler 发送消息 UPDATE，接收到 UPDATE 消息后开始刷新播放器屏幕，包括更新播放进度，然后间隔 300ms 再次发送 UPDATE 消息，这样就实现了循环更新播放器界面的功能。更新播放器的代码如下所示：

```
        private Handler handler = new Handler() {

            @Override
            public void handleMessage(Message msg) {
                switch (msg.what) {
                case UPDATE: {
                    update();
                    break;
                }
                default:
                    break;
                }
```

```
            }

        };

    private void update() {
        long duration = player.getDuration();
        long pos = player.getCurrentPosition();
        bar.setProgress((int) (1000 * pos / duration));
        current.setText(StringUtil.timeToString(pos));
        total.setText(StringUtil.timeToString(duration));
        String _artist = cursor.getString(cursor
                    .getColumnIndexOrThrow(MediaStore.Audio.Media.ARTIST));
        artist.setText(_artist);
        String _album = cursor.getString(cursor
                    .getColumnIndexOrThrow(MediaStore.Audio.Media.ALBUM));
        album.setText(_album);
        String song_name = cursor.getString(cursor
                    .getColumnIndexOrThrow(MediaStore.Audio.Media.TITLE));
        setTitle(song_name);
        //循环更新播放器的界面
        handler.sendMessageDelayed(handler.obtainMessage(UPDATE), 300);
    }
```

音乐播放器还支持前一首/下一首、暂停和停止等功能。为了记录 MediaPlayer 所处的状态，定义了成员变量 state。MediaPlayer 可以处于 IDLE、PREPARED、PLAYING、PAUSE 和 STOP 等状态。在本例中，播放和暂停是在一个按钮上实现的，因此记录 MediaPlayer 的状态是非常重要的。对于处于暂停状态的 MediaPlayer，只需要调用 player.start()即可从暂停位置开始播放，如果在之前调用 prepare()方法，将抛出 IllegalStateException。而对于处于 STOP 状态的 MediaPlayer，必须要调用 prepare()方法，此时直接调用 start()将会出现错误。

```
    private void start() {
        if (state == STOP) {
            try {
                player.prepare();
            } catch (IllegalStateException e) {
                e.printStackTrace();
            } catch (IOException e) {
                e.printStackTrace();
```

```
        }
    } else if (state == PAUSE) {
        player.start();
        state = PLAYING;
    }
    play.setText(R.string.pause);
}
```

4．音乐频谱

大多数音乐播放器都有一个频谱图，用来显示歌曲当前的频谱。MediaPlayer 类中有一个隐藏的接口 snoop(short[] s，int i)可以提供相应的功能，它可以将一个数组长度为 256 的 short 数组 s 传入 snoop 接口，s 将返回一组代表当前歌曲频谱的值。通过反射，我们可以调用这个接口，感兴趣的朋友可以自己试验一下，根据不同时间 snoop 返回的频谱数值，绘制出频谱曲线。图 7-5 是 OPhone 中最新版本的音乐随身听的频谱效果。

图 7-5　Ophone 音乐随身听的频谱效果

下面是通过反射机制调用 snoop 接口的代码：

```
public static void snoop(short[] s, int i) {
    Method m = null;
    try {
        m = MediaPlayer.class.getMethod("snoop", new Class[] { short[].class, int.class });
    } catch(SecurityException e) {
        e.printStackTrace();
```

```
        } catch(NoSuchMethodException e) {
            e.printStackTrace();
        }

        if(m != null) {
            try {
                m.invoke(MediaPlayer.class, s, i);
            } catch(IllegalArgumentException e) {
                e.printStackTrace();
            } catch(IllegalAccessException e) {
                e.printStackTrace();
            } catch(InvocationTargetException e) {
                e.printStackTrace();
            }
        }
    }
```

　　音乐播放器界面虽然不够华丽，但是这已经达到了一个基本播放器的要求。当然也存在遗憾，Chapter7_2 的音乐播放器不支持后台播放，当点击"返回"按钮后，MediaPlayer对象就被销毁了，音乐随即停止播放。下一章将使用 Service 组件对音乐播放器进行改进，以实现后台播放的功能。

7.2.4　播放视频

　　本节通过一个简单的视频播放器演示如何在 OPhone 平台中播放视频。播放视频与播放音频类似，不同之处在于视频播放需要界面来渲染视频的内容。在视频播放中，通过调用MediaPlayer.setDisplay(SurfaceHolder holder)来设置视频的渲染。这种渲染方式与一般的 2D动画渲染有所不同，2D 动画渲染是主动渲染，通过调用 invalidate()来强迫 View 重新绘制。而视频播放的渲染是被动的，其内容决定于视频的内容。

　　SurfaceHolder 接口持有 Surface 引用，并且定义了方法控制 Surface 的尺寸和格式。在SurfaceHolder 中定义了 4 种 Surface 类型，分别是 NORMAL、HARDWARE、GPU 和PUSH_BUFFERS。在视频播放与相机预览中，通常是使用 PUSH_BUFFERS，也就是说，Surface 本身并没有维护一个缓冲区，而是等待屏幕的渲染引擎将内容推送到用户面前。

　　一般来说，不需要手动创建 SurfaceHolder 对象，因为它总是包含在 SurfaceView 对象中，通过调用 SurfaceView.getHolder()即可返回。SurfaceHolder 类内定义了 Callback 接口，当 Surface 创建、结构改变及销毁时会调用 Callback 中的方法。本例就是在 Surface 创建时开始播放视频的。

这里实现了一个简单的 VideoPlayer 用于播放 SD 卡上的 3GP 格式的视频文件。
VideoPlayer 的源代码如下所示：

```java
package com.ophone.chapter7_3;

import java.io.IOException;
import android.app.Activity;
import android.media.MediaPlayer;
import android.os.Bundle;
import android.view.SurfaceHolder;
import android.view.SurfaceView;

public class VideoPlayer extends Activity implements SurfaceHolder.Callback {

    private int videoWidth;
    private int videoHeight;
    private MediaPlayer player;
    private SurfaceView preview;
    private SurfaceHolder holder;

    @Override
    public void onCreate(Bundle savedInstanceState) {
        super.onCreate(savedInstanceState);
        //设置屏幕的布局
        setContentView(R.layout.main);
        //每个 SurfaceView 包含一个 SurfaceHolder 实例
        preview = (SurfaceView) findViewById(R.id.surface);
        holder = preview.getHolder();
        holder.addCallback(this);
        holder.setType(SurfaceHolder.SURFACE_TYPE_PUSH_BUFFERS);
    }

    private void play() {
        if (player == null)
            player = new MediaPlayer();
        try {
            player.setDataSource("/sdcard/smoking-kills.3gp");
            //设置 OnVideoSizeChangedListener 以便获得 video 的高度和宽度
            player.setOnVideoSizeChangedListener(new
```

```
                    MediaPlayer.OnVideoSizeChangedListener(){
                public void onVideoSizeChanged(MediaPlayer mp, int width,
                        int height) {
                    videoHeight = mp.getVideoHeight();
                    videoWidth = mp.getVideoWidth();
                    if (videoHeight != 0 && videoWidth != 0) {
                        holder.setFixedSize(videoWidth, videoHeight);
                    }
                }
            });
            //prepare 结束后开始播放
            player.setOnPreparedListener(new MediaPlayer.OnPreparedListener() {
                public void onPrepared(MediaPlayer arg0) {
                    player.start();
                }
            });
            //设置 SurfaceHolder，显示视频的内容
            player.setDisplay(holder);
            player.prepare();
        } catch (IllegalArgumentException e) {
            e.printStackTrace();
        } catch (IllegalStateException e) {
            e.printStackTrace();
        } catch (IOException e) {
            e.printStackTrace();
        }
    }


public void surfaceChanged(SurfaceHolder arg0, int arg1, int arg2, int arg3) {
}


public void surfaceCreated(SurfaceHolder arg0) {
    //surface 创建成功后开始播放视频
    play();
}


public void surfaceDestroyed(SurfaceHolder arg0) {
}
```

```
@Override
protected void onDestroy() {
    super.onDestroy();
    if (player != null) {
        //释放 player
        player.release();
        player = null;
    }
}
```

运行 chapter7_3 之前，需要准备一个 3gp 文件，请将其复制到 SD 卡上并为 MediaPlayer 设置正确的数据源，然后运行 VideoPlayer，如图 7-6 所示。

图 7-6　视频播放器运行界面

7.3　录制音频

7.3.1　MediaRecorder 的状态图

播放和录制是两个截然不同的过程。播放时，播放器需要从多媒体文件中解码，将内容输出到设备，比如扬声器；而录制时，录制器需要从设定的输入源采集数据，以设定的文件格式输出文件，还要按照设置的编码格式对音频内容进行编码。

在 OPhone 平台中，多媒体的录制由 MeidaRecorder 类完成，其 API 设计与 MediaPlayer 极为相似。相比 MediaPlayer，MediaRecorder 的状态图更简单，如图 7-7 所示。

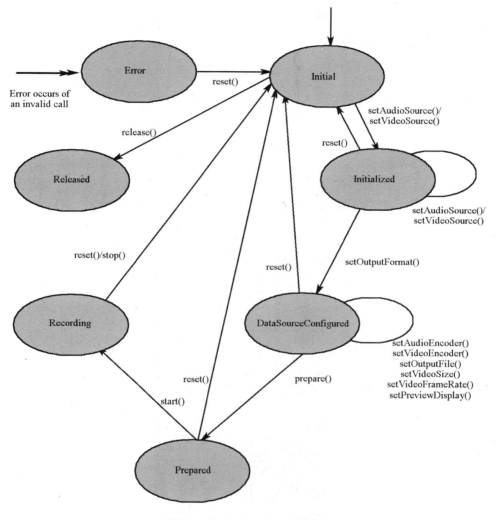

图 7-7　MediaRecorder 状态图

创建 MediaRecorder 对象只能使用 new 操作符，刚刚创建的 MediaRecorder 处于 idle 状态。MediaRecorder 同样会占用宝贵的硬件资源，因此在不再需要时，应该调用 release()方法销毁 MediaRecorder 对象。在其他状态调用 reset()方法，可以使得 MediaRecorder 对象重新回到 idle 状态，达到复用 MediaRecorder 对象的目的。

调用 setVideoSource()或者 setAudioSource()之后，MediaRecorder 将进入 initialized 状态。对于音频录制，目前 OPhone 平台支持从麦克风或者电话两个音频源录制数据。在 initialized 状态的 MediaRecorder 还需要设置编码格式、文件数据路径、文件格式等信息，设置之后

MediaRecorder 进入到 DataSourceConfigured 状态。调用 prepare()方法，MediaRecorder 对象将进入 prepared 状态，录制前的状态已经就绪。

调用 start()方法，MediaRecorder 进入 recording 状态，声音录制可能只需一段时间，这时候 MediaRecorder 一直处于录制状态。调用 stop()方法，MediaRecorder 将停止录制，并将录制内容输出到指定文件。

MediaRecorder 定义了两个内部接口 OnErrorListener 和 OnInfoListener 来监听录制过程中的错误信息。例如，当录制的时间长度达到了最大限制或者录制文件的大小达到了最大文件限制时，系统会回调已经注册的 OnInfoListener 接口的 onInfo()方法。

7.3.2　录音器实例

本节通过一个简单的录音程序演示一下 MediaRecorder 的用法。运行项目 chapter7_4，如图 7-8 所示。录音器包含录制、停止和播放 3 个按钮，并在按钮的下方提供了一个计时器，记录录音的时间。

图 7-8　录音器运行界面

当用户点击"录音"按钮后，会创建一个 MediaRecorder 对象并配置数据源的数据，这里数据源来自麦克风，存储文件格式是 3gpp，后缀名为.3ga，音频内容编码是 AMR NB。每次录音，系统都是临时指定一个输出路径。RecorderActivity 代码如下所示，由于录音与多媒体播放的 API 相似，请参考源代码注释，这里不再一一讲解。

```
package com.ophone.chapter7_4;
```

```java
import java.io.IOException;

import android.app.Activity;
import android.media.MediaPlayer;
import android.media.MediaRecorder;
import android.os.Bundle;
import android.os.Handler;
import android.os.Message;
import android.view.View;
import android.widget.ImageButton;
import android.widget.TextView;

public class RecorderActivity extends Activity {

    public static final int UPDATE = 0;
    private ImageButton play;
    private ImageButton stop;
    private ImageButton record;
    private TextView time;
    private MediaRecorder recorder;
    private MediaPlayer player;
    private String path = "";
    private int duration = 0;
    private int state = 0;
    private static final int IDLE = 0;
    private static final int RECORDING = 1;

    private Handler handler = new Handler() {

        @Override
        public void handleMessage(Message msg) {
            if (state == RECORDING) {
                super.handleMessage(msg);
                duration++;
                time.setText(timeToString());
                //循环更新录音器的界面
                handler.sendMessageDelayed(handler.obtainMessage(UPDATE), 1000);
            }
```

```
        }

    };

    @Override
    public void onCreate(Bundle savedInstanceState) {
        super.onCreate(savedInstanceState);
        setContentView(R.layout.main);
        //初始化"播放"按钮
        play = (ImageButton) findViewById(R.id.play);
        play.setOnClickListener(new View.OnClickListener() {
            public void onClick(View arg0) {
                play();
            }
        });
        //初始化"停止"按钮
        stop = (ImageButton) findViewById(R.id.stop);
        stop.setOnClickListener(new View.OnClickListener() {
            public void onClick(View arg0) {
                stop();
            }
        });
        //初始化"录音"按钮
        record = (ImageButton) findViewById(R.id.record);
        record.setOnClickListener(new View.OnClickListener() {
            public void onClick(View arg0) {
                record();
            }
        });
        time = (TextView) findViewById(R.id.time);
    }

    //播放刚刚录制的音频文件
    private void play() {
        if ("".equals(path) || state == RECORDING)
            return;
        if (player == null)
            player = new MediaPlayer();
```

```java
        else
                player.reset();
        try {
                player.setDataSource(path);
                player.prepare();
                player.start();
        } catch (IllegalArgumentException e) {
                e.printStackTrace();
        } catch (IllegalStateException e) {
                e.printStackTrace();
        } catch (IOException e) {
                e.printStackTrace();
        }
}


    private void record() {
        try {
                if (recorder == null)
                        recorder = new MediaRecorder();
                //设置输入为麦克风
                recorder.setAudioSource(MediaRecorder.AudioSource.MIC);
                //设置输出的格式为 3gp 文件
                recorder.setOutputFormat(MediaRecorder.OutputFormat.THREE_GPP);
                //音频的编码采用 AMR
                recorder.setAudioEncoder(MediaRecorder.AudioEncoder.AMR_NB);
                //临时的文件存储路径
                path = "/sdcard/" + System.currentTimeMillis() + ".3ga";
                recorder.setOutputFile(path);
                recorder.prepare();
                recorder.start();
                state = RECORDING;
                handler.sendEmptyMessage(UPDATE);
        } catch (IllegalStateException e) {
                e.printStackTrace();
        } catch (IOException e) {
                e.printStackTrace();
        }
    }
```

```java
        private void stop() {
            // 停止录音，释放 recorder 对象
            if (recorder != null) {
                    recorder.stop();
                    recorder.release();
            }
            recorder = null;
            handler.removeMessages(UPDATE);
            state = IDLE;
            duration = 0;
        }


        @Override
        protected void onDestroy() {
            super.onDestroy();
            //Activity 销毁后，释放播放器和录音器资源
            if (recorder != null) {
                recorder.release();
                recorder = null;
            }
            if (player != null) {
                player.release();
                player = null;
            }
        }


        private String timeToString() {
            if (duration >= 60) {
                int min = duration / 60;
                String m = min > 9 ? min + "" : "0" + min;
                int sec = duration % 60;
                String s = sec > 9 ? sec + "" : "0" + sec;
                return m + ":" + s;
            } else {
                return "00:" + (duration > 9 ? duration + "" : "0" + duration);
            }
        }
    }
}
```

7.4 MP3 文件格式分析

OPhone 的多媒体框架已经非常强大，无论是音/视频播放还是音频录制，都支持得非常出色，且 API 的使用简单，开发效率较高。但是，由于多媒体框架的主要目的是向开发者提供编程接口以解决多媒体的播放等需求，自然将多媒体的文件格式解析和编码/解码等工作封装在了系统库一层，使用 C/C++语言编写。如果项目要求超出了 OPhone 的多媒体 API 的功能范围，则必须从具体问题入手，结合多媒体文件格式和编码规范来解决问题了。

本节重点介绍 MP3 文件的文件格式，通过 MP3 文件的分割实例来说明如何解决此类问题，本例中自定义的类可以作为工具在项目中发挥巨大的作用。

7.4.1 MP3 文件介绍

MP3 的全称是 MPEG1 Layer-3 音频文件，MPEG（Moving Picture Experts Group）译为"活动图像专家组"，特指活动影音压缩标准。MPEG 音频文件是 MPEG1 标准中的声音部分，也叫 MPEG 音频层。它根据压缩质量和编码复杂程度划分为 3 层，即 Layer1、Layer2、Layer3，且分别对应 MP1、MP2、MP3 这 3 种声音文件，并根据不同的用途，使用不同层次的编码。MPEG 音频编码的层次越高，编码器越复杂，压缩率也越高，MP1 和 MP2 的压缩率分别为 4：1 和 6：1～8：1，而 MP3 的压缩率则高达 10：1～12：1，也就是说，一分钟 CD 音质的音乐，未经压缩需要 10MB 的存储空间，而经过 MP3 压缩编码后只有 1MB 左右。不过 MP3 对音频信号采用的是有损压缩方式，为了降低声音失真度，MP3 采取了"感官编码技术"，即编码时先对音频文件进行频谱分析，然后用过滤器滤掉噪音电平，接着通过量化的方式将剩下的每一位打散排列，最后形成具有较高压缩比的 MP3 文件，并使压缩后的文件在回放时能够达到比较接近原音源的声音效果。

如图 7-1 所示，MP3 文件主要由 3 部分组成，依次是 ID3V2、MP3 帧和 ID3V1。分析 MP3 文件，必须首先从这 3 个部分入手。

7.4.2 ID3V1 标签

MP3 标准问世之后，一个亟需解决的问题就是给音频文件增加元数据描述。1996 年，Eric Kemp 在音频文件的尾部增加了一段数据用来解决这个问题，这段数据称作 ID3V1。ID3V1 是固定长度的，共 128 个字节，位于 MP3 文件的尾部。ID3V1 的结构如表 7-2 所示。

表 7-2　ID3V1 结构

字　　段	长　　度	描　　述
Header	3	内容总是 "TAG"
Title	30	歌曲的标题
Artist	30	歌曲的歌手
Album	30	歌曲的专辑
Year	4	年份
Comment	28	注释
Reserve	1	保留字段
Track	1	歌曲在专辑中的位置
Genre	1	歌曲风格索引值

ID3V1 类

ID3V1 的结构比较简单，因此解析 ID3V1 的代码并不复杂。在 initialize()方法中，创建一个 RandomAccessFile 对象，调用 seek()方法将文件的游标定位到 ID3V1 开始的位置，然后按照 ID3V1 的结构依次读取其中的内容。ID3V1 的代码如下所示：

```java
package com.ophone.chapter7_5;

import java.io.File;
import java.io.FileNotFoundException;
import java.io.IOException;
import java.io.RandomAccessFile;

public class ID3V1 {

    private String title;
    private String artist;
    private String album;
    private String comment;
    private String year;
    private byte reserve;
    private byte track;
    private byte genre;
    private File file;
//可以用 MP3 文件测试 ID3V1 解析的结果
    public static void main(String[] args) {
        File f = new File("f:/media/mp3/other/huozhe.mp3");
        ID3V1 id3v1 = new ID3V1(f);
```

```
        try {
            id3v1.initialize();
            System.out.println(id3v1.toString());
        } catch (MP3Exception e) {
            e.printStackTrace();
        }
    }
    public ID3V1(File file) {
        this.file = file;
    }
    public void initialize() throws MP3Exception {
        try {
            //可以随机访问文件的任意部分
            RandomAccessFile raf = new RandomAccessFile(file, "r");
            //跳到 ID3V1 开始的位置
            raf.seek(raf.length() - 128);
            byte[] tag = new byte[3];
            //读取 Header
            raf.read(tag);
            if (!new String(tag).equals("TAG")) {
                throw new MP3Exception("No ID3V1 found");
            }
            byte[] tags = new byte[125];
            raf.read(tags);
            //逐一读取 ID3V1 中的各个字段
            readTag(tags);
        } catch (FileNotFoundException e) {
            e.printStackTrace();
        } catch (IOException e) {
            e.printStackTrace();
        }
    }
    private void readTag(byte[] array) {
        title = new String(array, 0, 30).trim();
        artist = new String(array, 30, 30).trim();
        album = new String(array, 60, 30).trim();
        year = new String(array, 90, 4);
        comment = new String(array, 94, 28).trim();
        reserve = array[122];
```

```
            track = array[123];
            genre = array[124];
        }
        public String toString(){
            StringBuffer buffer = new StringBuffer();
            buffer.append("标题="+title+"\n");
            buffer.append("歌手="+artist+"\n");
            buffer.append("专辑="+album+"\n");
            buffer.append("年代="+year+"\n");
            buffer.append("注释="+comment+"\n");
            return buffer.toString();
        }
    }
```

7.4.3　ID3V2 标签

1998 年，ID3V2 作为新的标准诞生了，尽管其沿用了"ID3"的名称，但是 ID3V2 和 ID3V1 并没有太多联系。ID3V2 定义在 MP3 文件的头部，这与 ID3V1 不同。ID3V2 是变长的，这一特性使 ID3V2 具有良好的扩展性，甚至个人也可以定义 ID3V2 中的帧，只要符合 ID3V2 的布局即可。

ID3V2 的结构图如图 7-9 所示，其中深色标识的结构是可选的。在 ID3V2 中，比特顺序采用 Big endian 方式排列，也就是高字节存储在高位。ID3V2 的结构相对于 ID3V1 复杂很多，这里重点介绍 ID3V2 头和 ID3V2 帧。

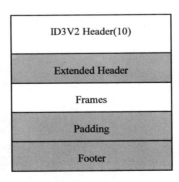

图 7-9　ID3V2 的结构图

1．ID3V2 头

ID3V2 头（Header）的长度是固定的，共 10 个字节，其布局如图 7-10 所示。

前 3 个字节总是"ID3"，可以通过检查这个文件标识来判断是否是 ID3V2 头。随后 2 个字节是 ID3V2 的版本，其中第 4 个字节代表 ID3V2 的主版本号，第 5 个字节代表 ID3V2 的修订版本号。目前 ID3V2 的 2.3 和 2.4 版本应用最广泛。随后的一个字节是标志位，目前此字节的前 4 位在使用，其他位为 0，标志位的第 2 比特标识了 ID3V2 头后面是否有扩展头，标志位的第 4 位标志了 ID3V2 最后是否含有 Footer。最后的 4 个字节标识了 ID3V2 的大小，其中包括 10 个字节的 ID3V2 头。由于每个字节的第 1 位永远是 0，因此只有 28 个字节用来表示大小。计算大小时可以采用下面的代码：

```
int    tagSize = (header[9] & 0xff) + ((header[8] & 0xff) << 7)
               + ((header[7] & 0xff) << 14) + ((header[6] & 0xff) << 21);
```

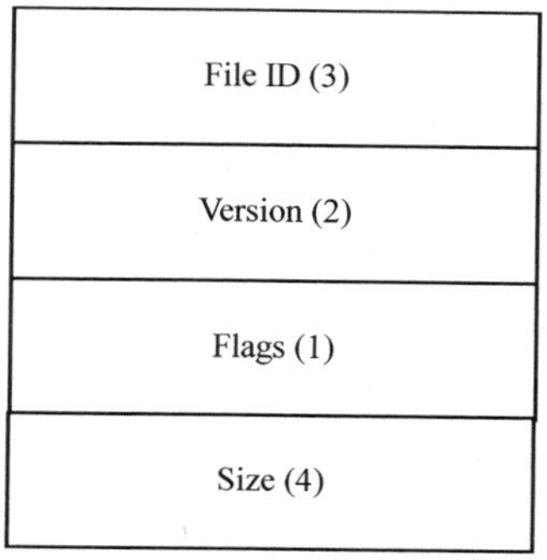

图 7-10　ID3V2 头的布局

2．扩展头

扩展头（Extended Header）包含了更多的数据信息，这些数据是对 ID3V2 头的补充，但是并非解析 MP3 文件的关键数据。

3．ID3V2 帧

每个 ID3V2 标签含有一个或者多个 ID3V2 帧，每个帧由 ID3V2 帧头和帧体构成。ID3V2 帧头由 4 个字节的帧 ID、4 个字节的大小标志和 2 个字节的标志位组成，共计 10 个字节。帧头的布局如图 7-11 所示。其中帧 ID 由 4 个字符组成，字符可以是 0～9 和 A～Z，例如 TIT2、TALB 等。紧随其后是 4 个字节的尺寸标识，4 个字节的每个比特都可以使用，共计 32 位用来表示帧的大小。需要注意的是，这个大小表示的是帧体的大小，不包括帧头的 10 个字节，因此整个尺寸应该是帧体的大小加上 10 个字节。标签帧并没有固定的顺序要求，TIT2 可以出现在 TALB 前面，也可以出现在 TALB 的后面。

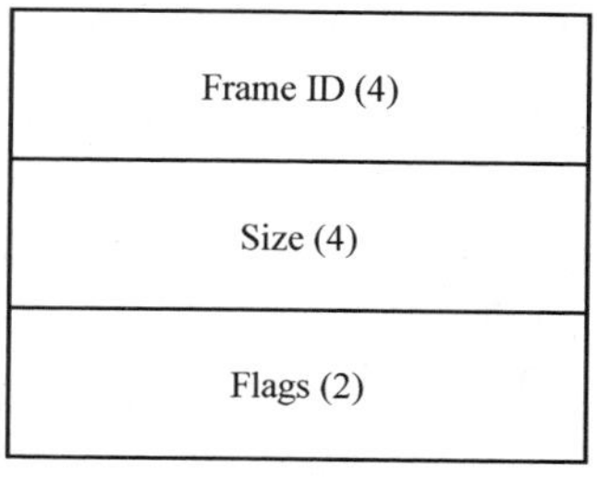

图 7-11　ID3V2 帧头的布局

ID3V2 的帧体由字节数组构成，其内容一般是与帧 ID 对应的。例如，TIT2 帧体内存储了歌曲的标题，TALB 帧体内存储了歌曲的专辑信息。帧体的第 1 个字节标识了字符的编码方式，目前有 4 种编码方式可用。

● 0000 0000 代表字符使用 ISO-8859-1 编码方式；

● 0000 0001 代表字符使用 UTF-16 编码方式；

● 0000 0002 代表字符使用 UTF-16BE 编码方式；

● 0000 0003 代表字符使用 UTF-8 编码方式。

在读取帧体内容时，应该按照上面的编码对应表首先确定编码方式，然后再生成相关的字符串。对于 TIT2 和 TALB 等帧 ID 来说，读取其内容比较简单。对于 USLT（对应歌曲的歌词信息）等结构较复杂的帧，需要仔细研究其格式才能将内容从帧体中读取出来。

4．填充

在 ID3V2 帧后面可以存放填充（Padding）位，填充位的值只能是 0。填充位使得 ID3V2 帧的大小比 ID3V2 计算得到的大小要小一些，也就是说，留下了一些空白的空间，这些空间可以用来增加一些额外的帧信息。由于增加的信息写在一些空白的空间内，因此无须重写整个文件，这也就是填充存在的重要意义。

5．ID3V2 尾

ID3V2 尾（Footer）是可选的，有时候可能需要从 MP3 文件的尾部向前搜索 ID3V2 的位置，这时候 ID3V2 的存在就可以大大地加快搜索的速度。ID3V2 尾和 ID3V2 头的内容是一致的，只是文件标识部分由"ID3"改成了"3DI"。

ID3V2 的结构相对要复杂一些，在设计 ID3V2 类时，主要考虑了 ID3V2 的大小和 ID3V2 帧。ID3V2 的大小可以帮助我们快速定位到 MP3 帧的起始位置，ID3V2 帧内存储了 MP3 文件的元数据，包括歌曲名称、歌手和专辑等。ID3V2 类定义了一个 HashMap 类型的成员变量，用来存储 ID3V2 帧数据，以 ID3V2 帧 ID 为键，以帧的内容为值。

ID3V2 类的源代码如下所示，可以用 MP3 文件测试 ID3V2 的解析结果。

```java
package com.ophone.chapter7_5;

import java.io.File;
import java.io.FileInputStream;
import java.io.IOException;
import java.io.UnsupportedEncodingException;
import java.util.HashMap;
import java.util.Map;


public class ID3V2 {
```

```java
private File file;
private int tagSize = -1;
//存储 ID3V2 的帧，比如 TALB 等
private Map<String, byte[]> tags = new HashMap<String, byte[]>();

public static void main(String[] args) {
    File f = new File("f:/media/mp3/other/huozhe.mp3");
    ID3V2 id3v2 = new ID3V2(f);
    try {
        id3v2.initialize();
    } catch (MP3Exception e) {
        e.printStackTrace();
    } catch (IOException e) {
        e.printStackTrace();
    }
    System.out.println(id3v2.tit2());
    System.out.println(id3v2.tpe1());
    System.out.println(id3v2.talb());
}

public ID3V2(File file) {
    this.file = file;
}

public void initialize() throws MP3Exception, IOException {
    if (file == null)
        throw new NullPointerException("MP3 file is not found");
    FileInputStream is = new FileInputStream(file);
    byte[] header = new byte[10];
    is.read(header);
    //判断是否是合法的 ID3V2 头
    if (header[0] != 'I' || header[1] != 'D' || header[2] != '3') {
        throw new MP3Exception("not invalid mp3 ID3 tag");
    }
    //计算 ID3V2 的帧大小
    tagSize = (header[9] & 0xff) + ((header[8] & 0xff) << 7)
            + ((header[7] & 0xff) << 14) + ((header[6] & 0xff) << 21);
```

```
        int pos = 10;
        while (pos < tagSize) {
                byte[] tag = new byte[10];
                //读取 ID3V2 的帧头，如果 tag[0]=0，则跳出循环，结束解析 ID3V2
                is.read(tag);
                if (tag[0] == 0) {
                        break;
                }
                String tagName = new StringBuffer().append((char) tag[0]).append(
                                (char) tag[1]).append((char) tag[2]).append((char) tag[3])
                                .toString();
                //计算 ID3V2 帧的大小，不包括前面的帧头大小
                int length = ((tag[4] & 0xff) << 24) + ((tag[5] & 0xff) << 16)
                                + ((tag[6] & 0xff) << 8) + tag[7];
                byte[] data = new byte[length];
                is.read(data);
                //将帧头和帧体存储在 HashMap 中
                tags.put(tagName, data);
                pos = pos + length + 10;
        }
        is.close();
}

public int getTagSize() {
        return tagSize;
}

public String tit2() {
        return getTagText("TIT2");
}

public String talb() {
        return getTagText("TALB");
}

public String tpe1() {
        return getTagText("TPE1");
}
```

```java
private String getTagText(String tag) {
    byte[] data = (byte[]) tags.get(tag);
    //查询帧体的编码方式
    String encoding = encoding(data[0]);
    try {
        return new String(data, 1, data.length - 1, encoding);
    } catch (UnsupportedEncodingException e) {
        e.printStackTrace();
    }
    return null;
}


private String encoding(byte data) {
    String encoding = null;
    switch (data) {
    case 0:
        encoding = "ISO-8859-1";
        break;
    case 1:
        encoding = "UTF-16";
        break;
    case 2:
        encoding = "UTF-16BE";
        break;
    case 3:
        encoding = "UTF-8";
        break;
    default:
        encoding = "ISO-8859-1";
    }
    return encoding;
}
}
```

7.4.4　MP3 帧结构

介于 ID3V2 和 ID3V1 之间的部分称作 MP3 帧，这些帧构成了 MP3 的音频部分。每个

MP3 帧由帧头和数据块组成，之间还可能包含 2 个字节的 CRC 校验位，校验位是否存在依赖于帧头的第 16 比特位的值。以比特率为区分标准，MP3 可以分为可变比特率和不变比特率两种格式。比特率代表每秒钟的数据量，一般单位是 kbps。比特率越高，MP3 的音质越好，但是文件也越大。每个 MP3 帧固定时长为 26ms，因此可变比特率的帧大小可能是不同的，而不变比特率的帧大小是固定的，只要分析了第 1 个帧的大小就可以知道后面帧的大小。

帧头长度是 4 个字节，也就是 32 比特，其布局如下所示。每个比特的意义在表 7-3 中做了详细的介绍。

AAAAAAAA　AAABBCCD　EEEEFFGH　IIJJKLMM

表 7-3　帧头的比特描述

标　识	长　度	位　置	描　述
A	11	31～21	11 位的帧同步数据，可以通过查找同步位来确定帧的起始位置
B	2	20～19	MPEG 音频版本号，其中 MPEG 2.5 为非官方版本 00　MPEG 2.5 01　保留版本 10　MPEG 2 11　MPEG 1
C	2	18～17	层（Layer）版本号 00　保留版本号 01　Layer 3 10　Layer 2 11　Layer 1
D	1	16	保护位，0 代表帧头后紧跟 2 个字节的 CRC 校验位；1 代表无保护
E	4	15～12	比特率索引值，根据表 7-4 中的内容可以查询比特率的值，单位是 kbps
F	2	11～10	抽样率索引值，根据表 7-5 中的内容可以查询抽样率的值，单位是 Hz
G	1	9	填充位，0 代表无填充，1 代表有填充。对于 Layer 1，填充位长度为 4 个字节；Layer 2 和 Layer 3 的填充位长度为 1 个字节
H	1	8	私有标识位
I	2	7～6	声道模式 00　立体声 01　联合立体声 10　双声道 11　单声道
J	2	5～4	模式的扩展，只有声道模式为 01 时才有意义
K	1	3	版权标识
L	1	2	原版标识
M	2	1～0	目前此标志位很少使用

表 7-4　比特率索引表（单位：kbps）

比　特　位	V1 L1	V1 L2	V1 L3	V2 L1	V2 L2	V2 L3
0000	0	0	0	0	0	0
0001	32	32	32	32	32	8
0010	64	48	40	64	48	16
0011	96	56	48	96	56	24
0100	128	64	56	128	64	32
0101	160	80	64	160	80	64
0110	192	96	80	192	96	80
0111	224	112	96	224	112	56
1000	256	128	112	256	128	64
1001	288	160	128	288	160	128
1010	320	192	160	320	192	160
1011	352	224	192	352	224	112
1100	384	256	224	384	256	128
1101	416	320	256	416	320	256
1110	448	384	320	448	384	320
1111	0	0	0	0	0	0

表 7-5　抽样率索引（单位：Hz）

比　特　位	MPEG 1	MPEG 2	MPEG 2.5
00	44100	22050	11205
01	48000	24000	12000
10	32000	16000	8000
11	0	0	0

　　MP3 帧体的大小由 MPEG 版本号、比特率、抽样率和填充位 4 个因素确定。计算公式为：

帧大小= ((MPEG 版本号== 1？144:72) * 比特率)/抽样率 + 填充位

　　解析 MP3 帧是较复杂的，且直接关系到后面分割 MP3 文件的工作。对于不变比特率的情况比较简单，不需要完全解析整个 MP3 文件就可以知道帧数、帧的大小等信息。但是，对于可变比特率的情况就显得比较复杂了，必须逐个分析 MP3 帧才能确定帧的大小，也只有分析了整个 MP3 文件才能确定帧的数量。为了能兼顾可变和不变比特率两种情况，我们考虑解析整个 MP3 文件，然后把每个帧的大小和在文件中的位移存储在一个 Vector 中，这样就可以通过时间来定位到帧的位置，便于切割 MP3 文件。通常一个 MP3 文件可能包含10000 多个帧，如果所有帧都存储在 Vector 中，将消耗很大的内存空间，且 Vector 中的元素越多，查询的速度也就越慢。为了优化程序，把 10 个帧作为一个大帧存储在 Vector 中，这样在切割时依然可以精确到 260ms，甚至还可以把 20 个帧作为一个整体，这样的效率会更高一些，内存使用更少一些，只是会丧失一些切割的精度。

Frames 类的构造器中包含了 MP3File 类型的参数，这样可以方便获得 MP3 帧的起始位置。Frames 类的源代码如下所示：

```java
package com.ophone.chapter7_5;

import java.io.FileInputStream;
import java.io.FileNotFoundException;
import java.io.IOException;
import java.io.InputStream;
import java.util.Vector;

public class Frames {

    private static int version;
    private static int layer;
    private MP3File file;
    //存储帧在文件中的位移和大小
    private Vector<F> v = new Vector<F>();

    public Frames(MP3File file) throws MP3Exception {
        //引用 MP3File，方便获得 MP3 帧开始的位置
        this.file = file;
        try {
            FileInputStream fis = new FileInputStream(file.getPath());
            //定位到帧起始位置，开始解析
            fis.skip(file.getFrameOffset());
            parse(fis);
        } catch (FileNotFoundException e) {
            e.printStackTrace();
        } catch (IOException ex) {
            ex.printStackTrace();
        }
    }

    //将传入的媒体时间转换为在文件中的位置
    public long time2offset(long time) {
```

```java
        long offset = -1;
        long index = time / 260;
        offset = ((F) v.get((int) index)).offset;
        return offset;
    }


    private void parse(InputStream is) throws MP3Exception {
        try {
            int position = file.getFrameOffset();
            //帧的结束位置，也就是 ID3V1 的起始位置
            long count = file.getLength() - 128;
            //计算帧的个数，每 10 个帧放入到 Vector 中
            int fc = 0;
            //存储 10 个帧的大小
            int fs = 0;
            while (is.available() > 0 && position < count) {
                //同步帧头位置
                int first = is.read();
                while (first != 255 && first != -1) {
                    first = is.read();
                }
                int second = is.read();
                if (second > 224) {
                    int third = is.read();
                    int forth = is.read();

                    int i20 = getBit(second, 4);
                    int i19 = getBit(second, 3);
                    if (i20 == 0 & i19 == 0)
                        throw new MP3Exception("MPEG 2.5 is not supported");
                    //获得 MPEG 版本号
                    version = i19 == 0 ? 2 : 1;

                    int i18 = getBit(second, 2);
                    int i17 = getBit(second, 1);
                    layer = (4 - ((i18 << 1) + i17));
```

```
                    int i16 = getBit(second, 0);

                    int i15 = getBit(third, 7);
                    int i14 = getBit(third, 6);
                    int i13 = getBit(third, 5);
                    int i12 = getBit(third, 4);
                    //查表获得比特率
                    int bitRate = convertBitrate(i15, i14, i13, i12) * 1000;

                    int i11 = getBit(third, 3);
                    int i10 = getBit(third, 2);
                    //查表获得抽样率
                    int sampleRate = convertSamplerate(i11, i10);

                    int padding = getBit(third, 1);
                    //计算帧的大小
                    int size = ((version == 1 ? 144 : 72) * bitRate)
                                  / sampleRate + padding;
                    is.skip(size - 4);
                    fs += size;
                    fc++;
                    if (fc == 10) {
                            //每 10 帧存储一次
                            F f = new F(position, fs);
                            v.add(f);
                            fc = 0;
                            fs = 0;
                    }
                    position = position + size;
                }
            }
            //将剩余的帧放入 Vector 中
            if (fs != 0) {
                    v.add(new F(position, fs));
            }
        } catch (IOException e) {
            e.printStackTrace();
```

```
        }
    }
    //根据表 7-5 计算抽样率
    protected int convertSamplerate(int in1, int in2) {
        int sample = 0;
        switch ((in1 << 1) | in2) {
        case 0:
            sample = 44100;
            break;
        case 1:
            sample = 48000;
            break;
        case 2:
            sample = 32000;
            break;
        case 3:
            sample = 0;
            break;
        }
        if (version == 1) {
            return sample;
        } else {
            return sample / 2;
        }
    }
    //根据表 7-4 计算比特率
    protected int convertBitrate(int in1, int in2, int in3, int in4) {
        int[][] convert = { { 0, 0, 0, 0, 0, 0 }, { 32, 32, 32, 32, 32, 8 },
                { 64, 48, 40, 64, 48, 16 }, { 96, 56, 48, 96, 56, 24 },
                { 128, 64, 56, 128, 64, 32 }, { 160, 80, 64, 160, 80, 64 },
                { 192, 96, 80, 192, 96, 80 }, { 224, 112, 96, 224, 112, 56 },
                { 256, 128, 112, 256, 128, 64 },
                { 288, 160, 128, 288, 160, 128 },
                { 320, 192, 160, 320, 192, 160 },
                { 352, 224, 192, 352, 224, 112 },
                { 384, 256, 224, 384, 256, 128 },
                { 416, 320, 256, 416, 320, 256 },
```

```
                                { 448, 384, 320, 448, 384, 320 }, { 0, 0, 0, 0, 0, 0 } };
            int index1 = (in1 << 3) | (in2 << 2) | (in3 << 1) | in4;
            int index2 = (version - 1) * 3 + layer - 1;
            return convert[index1][index2];
        }


        private int getBit(int input, int bit) {
            return (input & (1 << bit)) > 0 ? 1 : 0;
        }


        class F {
            int offset;
            int size;
            public F(int _offset, int _size) {
                offset = _offset;
                size = _size;
            }
        }
    }
```

7.4.5　分割 MP3 文件

前面已经分析了 MP3 的三个重要组成部分，切割 MP3 文件就变得不那么复杂了。主要的思路是首先将输入的起始时间点和结束时间点转换为 MP3 的两个位置点，这项工作可以通过 Frames 的 time2offset()方法完成。获得两个点之后，就可以通过 IO 操作将数据帧切下来，然后在头部和尾部分别组装 ID3V2 和 ID3V1 标签，这样一个新的 MP3 文件就生成了。

MP3File 类的源代码如下所示：

```
package com.ophone.chapter7_5;

import java.io.File;
import java.io.FileInputStream;
import java.io.FileNotFoundException;
import java.io.FileOutputStream;
import java.io.IOException;

public class MP3File {
 private File file;
 private long length;
```

```java
private ID3V2 id3v2;
private Frames frames;

    public static void main(String[] args) {
        try {
            MP3File f = new MP3File("f:/media/mp3/daoxiang.mp3");
            f.cut(10 * 1000, 40 * 1000);
            System.out.println("MP3 file is cut successfully");
        } catch (MP3Exception ex) {
            ex.printStackTrace();
        } catch (IOException ex) {
            ex.printStackTrace();
        }
    }

    public MP3File(String path) throws MP3Exception {
        file = new File(path);
        if (file.exists()) {
            length = file.length();
            initialize();
        }
    }
        public long time2offset(long mediaTime){
            if(frames != null)
                return frames.time2offset(mediaTime);
            return -1;
        }
    private void initialize() throws MP3Exception {
        //创建并初始化 ID3V2 标签
        if (id3v2 == null) {
            id3v2 = new ID3V2(file);
        }
        try {
            id3v2.initialize();
            //创建 Frames 对象
            frames = new Frames(this);
        } catch (IOException e) {
            e.printStackTrace();
```

```java
        }
    }

    public String getPath() {
        if (file != null)
            return file.getPath();
        return null;
    }
    //查询 MP3 帧的起始位置
    public int getFrameOffset() {
        if (id3v2 != null)
            return id3v2.getTagSize() + 10;
        return -1;
    }


    public long getLength() {
        return length;
    }


    /**
     *
     * @param start 切割的开始位置，单位是毫秒
     * @param end  切割的终点位置，单位是毫秒
     * @return 新文件的路径
     * @throws FileNotFoundException
     * @throws IOException
     */
    public String cut(long start, long end) throws FileNotFoundException,
            IOException {
        String path = file.getPath();
        //新文件的路径
        String fileName = path.substring(0, path.length() - 4)
                + System.currentTimeMillis() + ".mp3";
        FileInputStream fis = new FileInputStream(new File(path));
        //新文件的输出流
        FileOutputStream fos = new FileOutputStream(new File(fileName));
        int tagSize = getFrameOffset();
```

```
            byte[] tag = new byte[tagSize];
            fis.read(tag);
            //将 ID3V2 的内容写入到新文件的输出流中
            fos.write(tag);
            long off1 = frames.time2offset(start);
            long off2 = frames.time2offset(end);
            fis.skip(off1 - tagSize);
            byte[] buf = new byte[1024];
            int count = 0;
            int ch = -1;
            //避免内存消耗过大，一块一块地读取输入流后再写入到输出流
            while ((count < off2 - off1) && (ch = fis.read(buf)) != -1) {
                    fos.write(buf, 0, ch);
                    count += ch;
            }
            byte[] id1 = new byte[128];
            fis.skip(length - off2 - 128);
            fis.read(id1);
            //将 ID3V1 的内容写入到新文件的输出流
            fos.write(id1);
            fos.flush();
            fis.close();
            fos.close();
            return fileName;
        }
}
```

需要说明的是，这里的代码主要是为了演示如何解决 MP3 的分割问题，并未经过严格的测试。MP3 目前有很多版本，其涉及的规范和文件格式也有较大的差别，这里给出的方案可能考虑不够周全。如果读者希望完成商业应用的程序，需要阅读更多的相关规范，对程序进行完善。

7.5　案例分析——铃声 DIY

前面深入分析了 MP3 文件格式，并且提供了一种 MP3 文件切割的解决方案，本节在此基础上实现一个制作铃声的小工具。通常，用户喜欢把 MP3 的某个部分作为铃声，而不是

整首歌曲，铃声 DIY 可以解决这个问题。由于前面已经介绍了媒体播放器的开发等内容，因此本节重点讲解 MP3 的切割。

用户可以从音乐列表中进入切割界面，在播放 MP3 的过程中，根据自己的喜好设置切割的开始时间点 sMediaTime 和结束时间点 eMediaTime，然后点击"切割"按钮。由于切割 MP3 将产生新的文件，铃声 DIY 应用程序首先检查 SD 卡上的空间是否充足，然后使用 MP3File 的 cut() 方法生成新文件。切割 MP3 的源代码如下所示：

```java
private void cut() {
    try {
        MP3File mp3 = new MP3File(path);
        //计算 SD 卡上的空间是否充足
        long need = mp3.time2offset(eMediaTime) - mp3.time2offset(sMediaTime) + 128
                        + mp3.getFrameOffset();
        File f = Environment.getExternalStorageDirectory();
        StatFs fs = new StatFs(f.getPath());
        int c = fs.getAvailableBlocks();
        int s = fs.getBlockSize();
        int avaliable = c * s;
        if (avaliable < need) {
            //空间不足则提示用户错误
            handler.sendMessage(handler.obtainMessage(OUT_OF_SPACE));
            fs = null;
            return;
        }
        //切割 MP3 文件
        String file = mp3.cut(sMediaTime, eMediaTime);
        //将刚生成的文件扫描到 Content Provider 中
        Intent intent = new Intent(Intent.ACTION_MEDIA_SCANNER_SCAN_FILE);
        intent.setData(Uri.fromFile(new File(file)));
        sendBroadcast(intent);
    } catch (Exception ex) {
        handler.sendMessage(handler.obtainMessage(ERROR));
        return;
    }
    handler.sendMessage(handler.obtainMessage(CUT_END));
}
```

StatFS 类是对 UNIX 的 statfs() 函数的封装，可以获得指定目录的文件系统信息。本例中通过计算文件系统可用的块和每个块的尺寸，获得 SD 卡上的可用空间。切割结束后，铃声 DIY 将新生成的 MP3 文件信息加入到 OPhone 平台中存储多媒体的 Content Provider 中。由于切割过程可能花费较长的时间，因此在另外的线程中执行，切割结束后使用 handler 发送消息，在主线程中取消弹出的对话框。MP3 的切割界面如图 7-12 所示。

图 7-12　MP3 的切割界面

7.6　小结

本章深入介绍了 OPhone 平台的多媒体框架，结合实例演示了如何使用 API 播放音频和视频，以及录制音频。除此之外，还深入分析了 MP3 文件的格式，并给出了 MP3 文件切割的解决办法，尽管这超出了 OPhone 多媒体框架的范畴，却对实际项目开发有较大的帮助。学习 API 的用法不是目的，更重要的是掌握分析问题和解决问题的办法。

下一章将介绍如何使用 Service 组件，让程序在后台运行。

第 8 章
让程序在后台运行

上一章介绍了 OPhone 平台的多媒体框架，并且遗留了一个问题：多媒体播放器如何在后台播放音乐而不影响用户的操作呢？本章将深入介绍 OPhone 平台的 Service 组件，包括如何创建和启动 Service，如何在单独线程中处理耗时的任务，如何使用 AIDL 语言等。掌握了 Service 的使用之后，播放器的问题将迎刃而解。

8.1 Service 概述

Service 是 OPhone 平台非常重要的组件之一，它运行在后台，不与用户进行交互。在默认情况下，Service 运行在应用程序进程的主线程之中，如果需要在 Service 中处理一些网络连接等耗时的操作，那么应该将这些任务放在单独的线程中处理，避免阻塞用户界面。启动后的 Service 具有较高的优先级，一般情况下，系统会保证 Service 的正常运行。只有当前台的 Activity 正常运行的资源被 Service 占用的情况下，系统才会暂时停止 Service；当系统重新获得资源后，会根据程序的设置来决定是否重新启动原来的 Service。

如果想使用 Service 组件，需要扩展 android.app.Service 类，并在 AndroidManifest.xml 文件中使用 <service> 标签声明。与 Activity 类似，Service 中同样定义了 onCreate()、onStartCommand() 和 onDestroy() 等生命周期方法。当其他组件通过 Context.startService() 方法启动 Service 时，系统会创建一个 Service 对象，并顺序调用 onCreate() 方法和 onStartCommand() 方法。在调用 Context.stopService() 或者 stopSelf() 之前，Service 一直处于运行的状态。如果多次调用 startService() 方法，系统只会多次调用 onStartCommand() 方法，而不会重复调用 onCreate() 方法。无论调用了多少次 startService()，只需要调用一次 stopService() 就可以停止 Service。Service 对象在销毁之前，onDestroy() 会被调用，因此与资源释放相关的工作应该在此方法中完成。

通过 onStartCommand()的返回值，系统决定在停止 Service 后，是否启动原来的 Service。可选的返回值有 3 个：

- START_STICKY ：Service 由于资源问题被关闭，当系统重新获得资源后，将重新启动原来的 Service，onStartCommand(Intent, int, int)会被调用，此时如果没有 Context.startService()命令等待处理，Intent 参数为 null。

- START_NOT_STICKY ：Service 由于资源问题被关闭，当系统重新获得资源后，如果没有 Context.startService()命令等待处理，系统将不重启原来的 Service。

- START_REDELIVER_INTENT：Service 由于资源问题被关闭，当系统重新获得资源后，将重新启动原来的 Service，关闭 Service 前最后发送给 Service 的 Intent 将会通过 onStartCommand(Intent, int, int)接口再次发送给 Service。

调用 Context.bindService()，客户端可以绑定到正在运行的 Service 上，如果此时 Service 没有运行，系统会调用 onCreate()方法来创建 Service，但是并不会调用 onStartCommand()方法。客户端成功绑定到 Service 之后，可以从 onBind()方法中返回一个 IBinder 对象，并使用 IBinder 对象来调用 Service 的方法。一旦客户端与 Service 绑定，就意味着客户端和 Service 之间建立了一个连接，只要还有连接存在，那么系统会让 Service 一直运行下去。

8.2　Service 编程实践

如果 MP3 的播放在 Activity 内进行，那么当 Activity 退出之后，播放也就停止了。对用户而言，这并非是友好的用户体验，因为用户退出播放器，可能只是为了去发送一条短消息。下面将通过一个例子演示如何使用 Service 让程序在后台运行。

8.2.1　创建 Service

MusicService 类扩展了 android.app.Service 类，并在 onStart()方法中使用 MediaPlayer 播放 SD 卡上的一首 MP3。在 onDestroy()方法中清理资源，释放 MediaPlayer 对象。由于不希望其他的客户端绑定到此 Service，所以直接在 onBind()方法中返回 null。MusicService 的源码如下所示：

```
package com.ophone.chapter8_1;

import java.io.IOException;
import android.app.Notification;
import android.app.NotificationManager;
import android.app.PendingIntent;
```

```java
import android.app.Service;

import android.content.Intent;

import android.media.MediaPlayer;

import android.os.Handler;

import android.os.IBinder;

import android.os.Looper;

import android.os.Message;

public class MusicService extends Service {

private MediaPlayer player;

    @Override
    public IBinder onBind(Intent arg0) {
        //不能被其他客户端绑定，返回 null
        return null;
    }

    @Override
    public void onCreate() {
        super.onCreate();
    }

    @Override
    public void onDestroy() {
        super.onDestroy();
        stop();
    }

    @Override
    public int onStartCommand(Intent intent, int flags, int startId) {
        super.onStartCommand(intent, flags, startId);
        //开始播放音乐
        play();
        return Service.START_NOT_STICKY;
    }

    private void play() {
```

```
        if (player == null)
            player = new MediaPlayer();
    try {
        player.reset();
        //在 SD 卡上放一个 MP3 文件，然后修改此行代码
        player.setDataSource("/sdcard/huozhe.mp3");
        player.prepare();
        player.start();
    } catch (IllegalArgumentException e) {
        e.printStackTrace();
    } catch (IllegalStateException e) {
        e.printStackTrace();
    } catch (IOException e) {
        e.printStackTrace();
    }
}


private void stop() {
    //释放 MediaPlayer 对象
    if (player != null)
        player.release();
}
}
```

Service 组件必须通过<service>标签在 AndroidManifest.xml 中注册之后，才能正常运行。因此修改 AndroidManifest.xml 加入下面的内容。<service>标签之间的<intent-filter>是可选的，如果添加了<intent-filter>，那么其他组件既可以使用指定目标组件的 class 方式，也可以通过设置 action 的方式来启动 Service。

```
<service android:name=".MusicService">
    <intent-filter>
        <action android:name="com.ophone.chapter8_1.START" />
        <category android:name="android.intent.category.DEFAULT" />
    </intent-filter>
</service>
```

8.2.2　启动和停止 Service

由于 Service 是在后台运行的一段代码，因此它的启动和停止一般是由其他组件控制的，

例如 Activity。本例中 MainActivity 用来控制 MusicService 的启动和停止。用户点击"start"按钮则启动 MusicService，点击"stop"按钮则停止 MusicService。MainActivity 的源代码如下所示：

```java
package com.ophone.chapter8_1;

import android.app.Activity;
import android.content.Intent;
import android.os.Bundle;
import android.view.View;
import android.widget.Button;

public class MainActivity extends Activity {

    private Button play;
    private Button stop;
    @Override
    public void onCreate(Bundle savedInstanceState) {
        super.onCreate(savedInstanceState);
        setContentView(R.layout.main);
        //初始化 play
        play = (Button) findViewById(R.id.play);
        play.setOnClickListener(new View.OnClickListener() {
            public void onClick(View arg0) {
                //启动 Service
                Intent intent = new Intent(MainActivity.this,
                        MusicService.class);
                startService(intent);
            }
        });
        //初始化 stop
        stop = (Button) findViewById(R.id.stop);
        stop.setOnClickListener(new View.OnClickListener() {
            public void onClick(View arg0) {
                //停止 Service
                Intent intent = new Intent(MainActivity.this,
                        MusicService.class);
```

```
                    stopService(intent);
            }
        });
    }
}
```

运行项目 chapter8_1，界面如图 8-1 所示。点击"播放"按钮，播放器开始播放音乐；这时候如果点击"停止"按钮，音乐播放就会停止。如果直接退出 MainActivity，会发现音乐播放仍在进行，这说明借助 Service 组件，程序已经能够在后台运行了。

图 8-1　在后台播放音乐

8.2.3　通知用户

虽然实现了后台播放的功能，但是应用程序还不够友好。当 Service 启动并开始播放音乐时，应该通知用户后台正在播放音乐，即便是用户退出了 Activity，还依然可以重新回到播放界面。如果想实现上面的功能，需要使用 Notification 和 NotificationManager。

Notification 用来通知用户某个事件发生了，比如手机收到了短消息。Notification 可以配置一个图标，因此把它显示在手机的状态栏再合适不过了。Notification 还允许设置标题，这样可以在"通知窗口"中浏览通知列表。当用户从通知列表中点击某个通知时，Notification 中设置的 Intent 就会被触发，大多数时候，这个 Intent 可能是用来启动某个 Activity 的。

Notification 的管理是通过 NotificationManager 来完成的。NotificationManager 是 OPhone 平台的系统服务，通过 getSystemService(Context.NOTIFICATION_SERVICE) 可以获得

NotificationManager 对象。调用 notify(id,notification)方法可以将 Notification 对象通知用户，参数中的 id 用来唯一标识 Notification 对象，以便再次调用 cancel(id)方法来取消通知。需要注意的是，必须要保证 id 的唯一性，避免出现错误。

为了在后台播放音乐时通知用户，给 MusicService 类增加 showNotification()方法，在音乐开始播放后调用此方法，在 onDestroy()方法中取消通知并停止音乐播放。代码片段如下所示：

```
@Override
public void onDestroy() {
    super.onDestroy();
    nMgr.cancel(R.string.service_started);
    stop();
}


@Override
public void onStartCommand(Intent intent, int flags, int startId) {
    super.onStartCommand(intent, flags, startId);
    play();
    showNotification();
    return Service.START_NOT_STICKY;
}

private void showNotification() {
    CharSequence text = getText(R.string.service_started);
    Notification notifi = new Notification(R.drawable.stat_sample, text,
            System.currentTimeMillis());
    //用户可以从下拉列表中，重新回到 MainActivity
    PendingIntent pIntent = PendingIntent.getActivity(this, 0, new Intent(
            this, MainActivity.class), 0);
    notifi.setLatestEventInfo(this, getText(R.string.notification_title),
            text, pIntent);
    if (nMgr == null)
        nMgr = (NotificationManager) getSystemService(NOTIFICATION_SERVICE);
    //使用 R.string.service_started 作为 id 保证了 id 的唯一性，且很方便
    nMgr.notify(R.string.service_started, notifi);
}
```

修改代码后，重新运行 chapter8_1，点击"播放"按钮之后可以在状态栏中看到通知，

也可以在"通知窗口"中看到此通知对象。如果用户点击通知列表中的通知项，则可以再次跳转到 MainActivity，如图 8-2 所示。

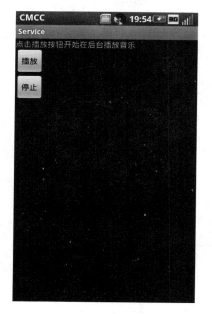 

图 8-2　使用 Notification 通知用户

> 　　在本例中，R.string.service_started 是一个唯一的 int 值，因此不必再定义一个 id 来标识 Notification 对象，直接从 R 类中选取一个合适的值作为 id 即可，从而达到简化代码，提高效率的目的。

8.2.4　不阻塞用户操作

Service 是在后台运行的一段代码，那是不是说在后台运行就不会阻塞用户操作呢？答案是否定的。在默认情况下，Service 是运行在应用程序所在进程的主线程，因此耗时的操作直接在 Service 内运行的话，会堵塞用户，出现应用程序无响应的现象。为了验证这一点，创建一个 MediaPlayer 的子类 BlockPlayer，覆盖父类的 prepare()方法，让它休眠 50s 之后再调用 MediaPlayer 的 prepare()方法，看看效果会是什么样。

```
package com.ophone.chapter8_1;

import java.io.IOException;
import android.media.MediaPlayer;

public class BlockPlayer extends MediaPlayer {
```

```
public BlockPlayer() {
    super();
}


@Override
public void prepare() throws IOException, IllegalStateException {
    //休眠 50s，故意阻塞用户
    try {
        Thread.sleep(50000);
    } catch (InterruptedException ex) {
        ex.printStackTrace();
    }
    super.prepare();
}
}
```

为了让读者方便阅读，新建了一个 BlockService 类，BlockService 在 play()方法中使用 BlockPlayer 来播放 MP3，当然不要忘记在 AndroidManifest.xml 中注册此 Service。最后修改 MainActivity 启动和停止 BlockService 的代码，暂时让 BlockService 替换 MusicService。重新运行 chapter8_1 项目，点击"播放"按钮，过一会儿，系统弹出了对话框提示用户应用程序无响应，如图 8-3 所示。这样可以得出结论，如果要处理耗时的任务，应该在 Service 中启动新的线程，而不是在主线程中处理。

图 8-3　BlockService 阻塞用户

在 OPhone 平台中处理线程的问题，一般都离不开 Handler 类，这里也不例外。为了解决堵塞用户的问题，需要修改 MusicService 类，在 onCreate()方法中启动一个线程，只不过不是使用 Thread，而是使用其子类 HandlerThread，然后调用 start()方法启动此线程。在默认情况下，Thread 并不直接创建一个 Looper，而子类 HandlerThread 用起来更加方便，因为创建 HandlerThread 时已经在线程中创建了一个 Looper 对象。Looper 用于在线程中运行一个消息队列，所有的消息都放在此队列中处理。接下来，使用 HandlerThread 创建的的 Looper 创建一个 ServiceHandler。这样，ServiceHandler 接收到的消息都是在新线程中执行的，因此把音乐播放放到刚创建的 HandlerThread 中来执行，就不会堵塞用户了。需要注意的是，在 Service 结束之后应该退出 Looper 并释放 MediaPlayer 对象。修改后的 MusicService 源代码如下所示：

```java
package com.ophone.chapter8_1;

import java.io.IOException;

import android.app.Notification;
import android.app.NotificationManager;
import android.app.PendingIntent;
import android.app.Service;
import android.content.Intent;
import android.media.MediaPlayer;
import android.os.Handler;
import android.os.HandlerThread;
import android.os.IBinder;
import android.os.Looper;
import android.os.Message;

public class MusicService extends Service {

    private MediaPlayer player;
    private Looper looper;
    private Handler handler;
    private NotificationManager nMgr;
    private static final int START = 0;
    private static final int STOP = 1;

    public static final String MUSIC_COMPLETED
```

```
                            = "com.ophone.chapter8_1.MUSIC_COMPLETED";

    private class ServiceHandler extends Handler {

        //在构造器中为 Handler 指定 Looper
        public ServiceHandler(Looper looper) {
            super(looper);
        }

        @Override
        public void handleMessage(Message msg) {
            switch (msg.what) {
            case START:
                play();
                break;
            case STOP:
                stop();
                break;
            default:
                break;
            }
        }
    }

    @Override
    public IBinder onBind(Intent arg0) {
        //不能被其他客户端绑定，返回 null
        return null;
    }

    @Override
    public void onCreate() {
        super.onCreate();
        //在单独线程中播放 MP3 文件
        HandlerThread thread = new HandlerThread("MusicService",
                HandlerThread.NORM_PRIORITY);
        thread.start();
        //获得新线程的 Looper 对象
```

```
        looper = thread.getLooper();
        //在默认情况下，Handler 的 Looper 是创建它的线程里的
        //这里将新线程的 Looper 传递给 Handler
        handler = new ServiceHandler(looper);
    }


    @Override
    public void onDestroy() {
        super.onDestroy();
        //取消 Notification
        nMgr.cancel(R.string.service_started);
        //停止播放
        handler.sendEmptyMessage(STOP);
    }


    @Override
    public int onStartCommand(Intent intent, int flags, int startId) {
        super.onStartCommand(intent, flags, startId);
        //开始播放音乐
        handler.sendEmptyMessage(START);
        showNotification();
        return Service.START_NOT_STICKY;
    }


    private void showNotification() {
        CharSequence text = getText(R.string.service_started);
        Notification notifi = new Notification(R.drawable.stat_sample, text,
                System.currentTimeMillis());
        //用户可以从下拉列表中，重新回到 MainActivity
        PendingIntent pIntent = PendingIntent.getActivity(this, 0, new Intent(
                this, MainActivity.class), 0);
        notifi.setLatestEventInfo(this, getText(R.string.notification_title),
                text, pIntent);
        if (nMgr == null)
            nMgr = (NotificationManager)
                    getSystemService(NOTIFICATION_SERVICE);
        //使用 R.string.service_started 作为 id 保证了 id 的唯一性，且很方便
        nMgr.notify(R.string.service_started, notifi);
```

```
        }

        private void play() {
            if (player == null)
                //BlockPlayer 的 prepare()方法会阻塞用户界面
                player = new BlockPlayer();
            try {
                //在 SD 卡上放一个 MP3 文件，然后修改此行代码
                player.setDataSource("/sdcard/huozhe.mp3");
                player.prepare();
                player.start();
            } catch (IllegalArgumentException e) {
                e.printStackTrace();
            } catch (IllegalStateException e) {
                e.printStackTrace();
            } catch (IOException e) {
                e.printStackTrace();
            }
        }

        private void stop() {
            if (player != null)
                player.release();
            //一定要让 Looper 退出，以节约资源
            looper.quit();
        }
    }
```

使用修改后的 MusicService 来播放 MP3 文件，再次运行 chapter8_1 项目，点击"播放"按钮，看看是否还会出现应用程序无响应的对话框。也可以在 play()方法中设置断点，调试一下 chapter8_1，看看播放是在哪个线程中执行的。如果不出意外的话，应该是在HandlerThread 线程内。

在 Service 内执行耗时的任务，通常是项目开发中的一个陷阱。读者可以反复比较一下 BlockService 和 MusicService 的代码，就不难从中发现解决问题的关键所在了。

8.2.5 Service 与 Activity 通信

在后台运行的 Service，有时候也需要通知前台的 Activity，向 Activity 发送一些数据。例如，当数据下载已经完成或者音乐播放结束时，为了降低程序的耦合，使用 Intent 在 Service 和 Activity 之间通信是一个不错的方案。在 Activity 中注册一个 BroadcastReceiver，当 Service 有数据发送给 Activity 时，构建一个 Intent 并调用 sendBroadcast()方法将数据发送给 Activity。

在 chapter8_1 的基础上做适当修改，使得音乐播放结束后，MainActivity 可以收到来自 MusicService 的通知。首先，为 MediaPlayer 注册一个 OnCompletionListener，当音乐播放结束后，向 MainActivity 发送 Intent。

```java
MediaPlayer.OnCompletionListener listener = new MediaPlayer.OnCompletionListener() {

    public void onCompletion(MediaPlayer arg0) {
        //MusicService 使用广播方式向 MainActivity 发送数据
        Intent intent = new Intent(MUSIC_COMPLETED);
        intent.putExtra("msg", getText(R.string.music_completed));
        sendBroadcast(intent);
    }
};
```

接下来，要为 MainActivity 注册一个 BroadcastReceiver，来监听来自 MusicService 的信息。当 MusicReceiver 接收到来自 MusicService 的广播后，弹出一个 Toast 提示用户。MainActivity 增加的代码如下所示：

```java
class MusicReceiver extends BroadcastReceiver {
    @Override
    public void onReceive(Context arg0, Intent arg1) {
        String action = arg1.getAction();
        if (action.equals(MusicService.MUSIC_COMPLETED)) {
            //从 MusicService 接收广播消息，弹出 Toast
            String msg = arg1.getStringExtra("msg");
            Toast.makeText(MainActivity.this, msg, Toast.LENGTH_SHORT)
                    .show();
        }
    }
}
@Override
protected void onPause() {
```

```
        //注销 BroadcastReceiver
        unregisterReceiver(receiver);
        super.onPause();

    }


    @Override
    protected void onResume() {
        IntentFilter filter = new IntentFilter(MusicService.MUSIC_COMPLETED);
        if (receiver == null)
            receiver = new MusicReceiver();
        //注册 BroadcastReceiver
        registerReceiver(receiver, filter);
        super.onResume();

    }
```

如果有多个 Activity 需要注册 BroadcastReceiver 来监听来自 Service 的消息该怎么办？一个一个注册，显然比较麻烦。可以通过定义一个父 Activity 来注册 BroadcastReceiver，其他的 Activity 继承这个父类，达到简化程序的目的。

8.3　后台播放音乐

本节我们一起解决上一章遗留的音乐播放器的问题，通过改进 chapter7_2 项目实现音乐后台播放的功能。由于播放器包含了播放、暂停、停止、快进/快退等多个功能，为了能够和 Service 紧密耦合，Activity 需要一个接口方便地调用运行在 Service 的播放器。通常，这时候需要使用 IBinder 接口，IBinder 是 OPhone 平台的轻量级跨进程调用机制的核心。接下来，从 OPhone 平台的跨进程调用说起。

8.3.1　跨进程调用

OPhone 平台提供了一个轻量级的跨进程调用机制，当一个方法在本地调用时，方法的执行却是在另外一个进程内。所有的方法都是同步调用的，这就意味着本地方法调用可能会堵塞，直到结果返回为止。

OPhone 平台负责将方法调用和方法传递的数据进行分解，以便底层的操作系统可以理解，将方法调用从本地进程和地址空间传递到远程进程和地址空间，在另一端重新组装并执行，返回的结果以相反的方向传递给本地调用者。OPhone 平台已经实现了上述的操作并隐藏起来，开发者只需要声明并实现自己的接口即可。

　　尽管 IBinder 是远程调用机制的核心，但是开发者不需要直接使用此接口，OPhone 平台已经提供了一个 Binder 类实现 IBinder 接口。想使用远程调用，首先使用接口描述语言（AIDL）声明所需要的方法，且只能声明方法。然后使用 AIDL 工具从.aidl 文件中生成 Java 源文件，源文件中包含一个 stub 抽象类（Binder 的子类），.aidl 中定义的方法就定义在 stub 类中。开发者需要实现 stub 类中的抽象方法以便客户端能够调用。OPhone 平台的远程调用机制示意图如图 8-4 所示。

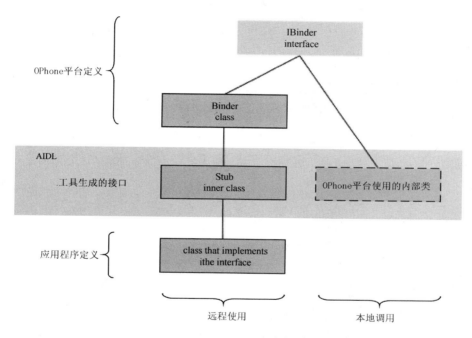

图 8-4　OPhone 平台的远程调用机制示意图

　　下面通过后台音乐播放器的例子介绍如何使用 OPhone 平台的远程调用机制。由于例子是从 chapter7_2 改进而来的，对原来的代码不再详细介绍。重点关注的是如何声明远程调用接口并暴露给客户端，以及客户端如何连接到 Service 并通过接口调用远程方法。

8.3.2　创建 AIDL 接口文件

　　客户端与 Service 通信的方法需要定义在.aidl 文件中。AIDL 的语法非常简单，与 Java 中的接口（interface）类似。AIDL 文件中只能声明方法，方法中可以包含输入参数和返回值。AIDL 支持的类型包括 Java 基本数据类型（char、int 等）、String、CharSequence、List 和 Map 两种集合。另外，如果客户端需要定义自己的数据类型，那么此类型必须实现 Parcelable 接口。

本例中，在 IPlayback.aidl 文件中定义了控制播放器行为的一些方法，其中包含了播放、暂停、停止等功能。除此之外，还可以从 IPlayback 接口获得正在播放音乐的歌手和专辑等信息。IPlayback.aidl 文件内容如下：

```
package com.ophone.chapter8_2;

interface IPlayback{
    void start();

    void pause();

    void stop();

    void release();

    void previous();

    void next();

    int getId();

    String getTitle();

    String getArtist();

    String getAlbum();

    int getDuration();

    int getTime();

    void seek(in int time);

    boolean isPlaying();

}
```

8.3.3　实现 AIDL 接口

前面已经声明了 IPlayback.aidl 文件，可以使用 AIDL 工具手动生成相关的 Java 源文件。如果使用 ODT 插件，ODT 会自动在 gen 目录中创建 IPlayback.java 源文件。IPlayback 中定义了一个抽象类 stub，stub 是 Binder 的子类并实现了 IPlayback 接口，IPlayback 中定义的接口方法都是抽象的，留给开发者自己实现。

改进 chapter7_2 最重要的一步就是将原来定义在 Activity 中的播放器控制方法转移到 Service 中处理。这样，当客户端绑定到该 Service 之后，就可以获得 IPlayback 接口，通过接口中的方法来控制播放器了。MusicService 中的 Binder 实现如下所示：

```
private Binder binder = new IPlayback.Stub() {

    public int getId() throws RemoteException {
        if (cursor.getPosition() == -1)
            return -1;
```

```
                //获得当前正在播放歌曲的 ID
                return cursor.getInt(cursor
                        .getColumnIndexOrThrow(MediaStore.Audio.Media._ID));
        }


        public void next() throws RemoteException {
                //播放下一首歌曲
                _next();
        }


        public void pause() throws RemoteException {
                //暂停播放
                if (player.isPlaying()) {
                        player.pause();
                        state = PAUSE;
                }
        }


        public void start() throws RemoteException {
                if (state == STOP) {
                        try {
                                //如果当前状态为 STOP，调用 prepare()重新播放歌曲
                                player.prepare();
                        } catch (IllegalStateException e) {
                                e.printStackTrace();
                        } catch (IOException e) {
                                e.printStackTrace();
                        }
                } else if (state == PAUSE) {
                        //如果当前状态为暂停，开始播放
                        player.start();
                        state = PLAYING;
                }
        }


        public void stop() throws RemoteException {
                //停止播放，播放器进入到 STOP 状态
```

```
        player.stop();
        state = STOP;
        //取消 Notification
        nMgr.cancel(R.string.notification_titile);
}

public void release() throws RemoteException {
        //释放 MediaPlayer 对象
        player.release();
        player = null;
        state = IDLE;
}

public void previous() throws RemoteException {
        //播放前一首歌曲
        if (!cursor.moveToPrevious())
                cursor.moveToLast();
        _play();
}

public String getAlbum() throws RemoteException {
        //读取正在播放歌曲的专辑
        return cursor.getString(cursor
                .getColumnIndexOrThrow(MediaStore.Audio.Media.ALBUM));
}

public String getArtist() throws RemoteException {
        //读取正在播放歌曲的歌手信息
        return cursor.getString(cursor
                .getColumnIndexOrThrow(MediaStore.Audio.Media.ARTIST));
}

public String getTitle() throws RemoteException {
        //读取正在播放歌曲的标题
        return cursor.getString(cursor
                .getColumnIndexOrThrow(MediaStore.Audio.Media.TITLE));
}
```

```
public int getDuration() throws RemoteException {
    //获得当前歌曲的时长
    return player.getDuration();
}


public int getTime() throws RemoteException {
    //获得当前的媒体时间
    return player.getCurrentPosition();
}


public void seek(int time) throws RemoteException {
    player.seekTo(time);
}


public boolean isPlaying() throws RemoteException {
    return player.isPlaying();
}
};
```

　　细心的读者可以发现，Binder 中的代码基本上是从 PlayingActivity 中复制得到的，但是，项目的代码结构已经发生了巨大的变化。

8.3.4　绑定 Service

　　IPlayback 接口已经实现了，现在需要做的就是将其暴露给客户端，以便客户端可以连接到 Service，消费 Service 提供的接口。发布 Service 非常容易，只需要实现 Service 的 onBind() 方法，将上一小节实现的 Binder 返回即可。

```
@Override
public IBinder onBind(Intent arg0) {
    return binder;
}
```

　　这样，客户端可以通过 bindService() 方法绑定到 Service，与 Service 建立连接。bindService() 方法的第二个参数是 ServiceConnection 类型，当连接建立成功后，ServiceConnection 的 onServiceConnected() 方法会被调用。在方法中会接收到一个 IBinder 实例，使用 Stub.asInterface() 可以将这个实例转换为 AIDL 中定义的接口类型。如果客户端不再需要与 Service 连接，则可以调用 unbindServer() 断开连接，连接断开后 onServiceDisconnected()

方法会被调用。PlayingActivity 中的 ServiceConnection 定义如下：

```
private ServiceConnection connection = new ServiceConnection() {

    public void onServiceConnected(ComponentName comp, IBinder binder) {
        //绑定成功后，获得 IPlayback 接口
        service = IPlayback.Stub.asInterface(binder);
        //更新播放屏
        handler.sendMessage(handler.obtainMessage(UPDATE));
    }

    public void onServiceDisconnected(ComponentName comp) {
        service = null;
    }
};
```

8.3.5   调用 IPC 方法

获得了 IPlayback 接口之后，就可以调用接口中定义的方法了。这些方法原本是定义在 PlayingActivity 类之内的，现在已经移植到了 IPlayback 接口之内。由于 IPC 方法的声明都 抛出 RemoteException，因此调用时需要使用 try/catch 块。原来用于更新屏幕内容的方法， 修改之后如下所示：

```
private void update() {
    try {
        //判断 Service 是否为 null
        if (service != null) {
            //由于 IPC 方法的调用都抛出 RemoteException，因此放入 try/catch 中
            long duration = service.getDuration();
            long pos = service.getTime();
            bar.setProgress((int) (1000 * pos / duration));
            current.setText(StringUtil.timeToString(pos));
            total.setText(StringUtil.timeToString(duration));
            String _artist = service.getArtist();
            artist.setText(_artist);
            String _album = service.getAlbum();
            album.setText(_album);
            String song_name = service.getTitle();
            setTitle(song_name);
        }
```

```
                    //循环更新播放屏
                    handler.sendMessageDelayed(handler.obtainMessage(UPDATE), 300);
            } catch (RemoteException e) {
                    e.printStackTrace();
            }
    }
```

除了 PlayingActivity 之外，MusicActivity 同样与 MusicService 建立了连接。当音乐播放到下一首歌曲时，MusicSerivce 会广播 Intent 来通知 MusicActivity 歌曲信息已经更新了，MusicActivity 会重新刷新 ListView，在当前播放的歌曲前面显示不同的图标，如图 8-5 所示。

图 8-5 音乐列表界面

可能有多个 Activity 需要绑定 Service 并持有 IBinder 接口，这时候可以使用模板设计模式，在父类中持有 IBinder 并与 Service 绑定，这样子类不但可以直接使用 IBinder 接口，且节省了绑定 Service 的代码编写工作。

通过上面的重构，原来的 chapter7_2 已经能够在后台播放音乐了。需要说明的是，chapter8_2 并非一个功能全面的音乐播放器，它并未处理电话呼入等外部事件。编写这个音乐播放器的目的是为了向读者介绍如何使用跨进程调用，如何使用 Service 让应用程序在后台运行。如果有兴趣，读者可以自行完善此多媒体播放器，构建更漂亮的播放界面，添加歌词显示等功能，OPhone 平台已经如此强大，缺少的就是广大开发者的创意和智慧。

8.4 小结

本章介绍了 OPhone 平台中非常重要的组件 Service，Service 使得让程序在后台运行成为可能。如果没有 Service，那么 OPhone 可能会给开发者留下不小的遗憾。经过本章的学习，应该掌握如何启动 Service，与 Service 建立连接并消费 IPC 接口中定义的方法。OPhone 平台也内置了很多的 Service，比如 DownloadService 等，有兴趣的读者可以阅读 OPhone 的源代码了解更多内容。

下一章将介绍如何在 OPhone 平台访问网络数据和服务。

第 9 章
访问网络数据和服务

本章主要介绍 OPhone 平台连接互联网的能力，重点介绍基于 HTTP 的联网应用程序开发。除了介绍开发联网应用程序常见的 API 之外，还要介绍设计通信数据格式及内容编码检测等高级话题。由于开发联网应用程序通常涉及服务器端开发，请读者首先阅读附录 B 熟悉 Servlet 的部署和 Resin 服务器的使用。

连接互联网的能力大大提升了移动电话的业务范围，中国移动很多出色的业务，像移动随身听、飞信等都是基于网络连接的应用程序，这也说明未来的移动互联网领域大有可为。因此深入掌握联网应用程序的开发和设计至关重要。

9.1　HTTP 协议简介

毫无疑问，HTTP 协议依然是目前应用最广泛、最成功的通信协议。它的广泛应用极大地推动了互联网的发展，而互联网与通信技术的融合让互联网"移动"起来了。未来运行在手机上的应用程序具备联网能力的会越来越多，掌握这一通信协议是熟练地在 OPhone 平台开发互联网应用的基础。

为了更好地掌握 HTTP 协议，为开发联网应用程序打好基础，仔细阅读一下《计算机网络》一书是很有必要的。如果对 TCP/IP、HTTP 等协议不清楚，就会导致编写程序过程中一头雾水。如果因为凑巧而用对了某个 API 的话，可能会漏过一个技术细节，为了避免这种情况的发生，我们首先介绍一下 HTTP 协议。

9.1.1　HTTP 协议的主要特点

HTTP 是一个属于应用层的面向连接的协议，由于其简捷、快速的方式，适用于分布式超媒体信息系统。HTTP 协议的主要特点可概括如下。

（1）支持客户-服务器模式。这也是联网应用程序普遍采用的模式。

（2）简单、快速。当客户向服务器请求服务时，只需传送请求方法和路径即可。常用的请求方法有 GET、HEAD、POST，每种方法都规定了客户与服务器联系的类型。由于 HTTP 协议简单，使得 HTTP 服务器的程序规模变小，因而通信速度很快。

（3）灵活。HTTP 允许传输任意类型的数据对象。正在传输的类型由 Content-Type 加以标记。9.4 节会深入介绍通信数据的格式定义。

（4）无连接。无连接的含义是限制每次连接只处理一个请求，服务器处理完客户的请求并收到客户的应答后，即可断开连接。采用这种方式可以节省传输时间。由于 HTTP 是基于 TCP/IP 协议的，事实上它是面向连接的。

（5）无状态。HTTP 协议是无状态协议。无状态是指协议对于事务处理没有记忆能力。缺少状态意味着如果后续处理需要前面的信息，则它必须重传，这样可能导致每次连接传送的数据量增大。HTTP 协议的无状态特性为开发 IM 之类的软件增加了困难，客户端必须不停地轮循服务器以获得最新数据。在现有的低速无线网络速率下，这是很难让用户接受的事情。随着 3G 网络的商用，这一问题将逐渐解决。

9.1.2　HTTP 连接过程

HTTP 协议是基于请求/响应模式的。一个客户机与服务器建立连接后，发送一个请求给服务器，请求方式的格式为：统一资源标识符、协议版本号，后边是 MIME 信息，包括请求修饰符、客户机信息和可能的内容。服务器接到请求后，给予相应的响应信息，其格式为：一个状态行，包括信息的协议版本号、一个成功或错误的代码，后边是 MIME 信息，包括服务器信息、实体信息和可能的内容。

基于 HTTP 协议的客户-服务器模式的信息交换过程分 4 个过程：建立连接、发送请求信息、发送响应信息、关闭连接，如图 9-1 所示。

图 9-1　客户端和服务器端通过 HTTP 协议通信

9.1.3　HTTP 消息格式

开发基于 HTTP 的联网应用程序，必须掌握 HTTP 的消息格式，因为大部分的编程工作都将涉及处理 HTTP 请求和响应。OPhone 平台提供了丰富的 API 来处理 HTTP 网络连接问题，想精通这些 API 的使用必须首先掌握 HTTP 的消息格式。

1．HTTP 请求格式

HTTP 消息包含两种类型：请求和响应。请求代表从客户端发送给服务器端的消息。请求的消息包括：请求行、消息头和消息体，其格式如下所示，其中*代表一个或者多个。

```
请求消息 = 请求行
      *(消息头  CRLF)
      CRLF
      消息体
```

请求行以 HTTP 方法标记开始，常用的方法有 GET、POST、HEAD 等，随后是请求的 URI 和 HTTP 协议的版本号，最后以 CRLF 结尾。需要注意的是 HTTP 方法，URI 和 HTTP 协议版本号之间使用空格分隔。下面就是一个 HTTP 请求行的例子。

```
GET http://www.ophonesdn.com/index.html HTTP/1.1
```

消息头由 name 和 value 两部分组成，中间由 ":" 分隔，每个消息头都以 CRLF 结尾。常用的消息头有 Accept、Host、Referer 和 User-Agent 等。一个 HTTP 请求中通常包含多个 HTTP 消息头，用来描述 HTTP 请求消息。服务器端可以从消息头中解析出相关的数据，这些数据可以认为是请求的属性，例如通过读取 Content-Type 可以知道消息体是什么结构类型；或者通过获得 User-Agent 后决定向客户端发送何种请求，对手机用户返回 WML 内容，对 IE 浏览器用户返回 HTML 内容。消息头之后是消息体，之间以 CRLF 分隔。

为了让读者更直观地了解到 HTTP 请求的数据格式，使用 IE 浏览器访问 OPhone 开发者社区的主页，抓取的请求数据如下所示：

```
GET http://www.ophonesdn.com/ HTTP/1.1
Accept: image/gif, image/jpeg, image/pjpeg, image/pjpeg, application/x-shockwave-flash,
application/x-silverlight,application/vnd.ms-excel,application/vnd.ms-powerpoint,
application/msword, */*
Accept-Language: zh-cn
User-Agent: Mozilla/4.0 (compatible; MSIE 8.0; Windows NT 5.1; Trident/4.0; .NET CLR
1.1.4322; .NET CLR 2.0.50727; InfoPath.1)
Accept-Encoding: gzip, deflate
Proxy-Connection: Keep-Alive
Host: www.ophonesdn.com
Cookie: JSESSIONID=DC7024ECA176BF4C8586AC166E2C5456
```

2．HTTP 响应格式

响应消息代表从服务器端发送给客户端的数据，内容包括状态行、消息头和消息体。其格式如下所示。

```
响应消息 = 状态行
    *(消息头 CRLF)
    CRLF
    消息体
```

响应消息的第一行是状态行，包含了 HTTP 协议版本、状态码及描述，三者之间使用空行分割，最后以 CRLF 结尾。在状态行中，最重要的是状态码，它标识了服务器端响应的状态。2xx 代表请求成功，服务器端返回了响应内容；4xx 代表客户端请求错误，服务器无法理解请求的内容，比如 URL 错误等；5xx 代表服务器错误，服务器无法处理客户端请求。

响应消息的消息头与请求的消息头格式相同，都是为了描述此消息，客户端可以读取消息头数据分析响应内容，确定如何接收响应。例如，Content-Type 可以用来了解内容的类型及编码格式，Content-Length 可以用来确定消息体的长度。消息头之后是消息体，两者之间使用 CRLF 分隔。

当客户端访问 OPhone 开发者社区的首页时，服务器端向客户端返回如下内容，为了节约篇幅，HTML 部分内容省略。从响应内容可以确定，服务器端返回的是文本类型的 HTML 内容，编码为 UTF-8，这都为客户端正确接收数据提供了帮助。

```
HTTP/1.1 200 OK
Server: nginx/0.6.36
Date: Tue, 14 Jul 2009 23:56:07 GMT
Content-Type: text/html;charset=UTF-8
Content-Language: zh-CN
Age: 373
Proxy-Connection: close
Via: HTTP/1.1 cmhqmess (Traffic-Server/4.0.1 [cMsSf ])

<!DOCTYPE html PUBLIC "-//W3C//DTD XHTML 1.0 Transitional//EN"
"http://www.w3.org/TR/xhtml1/DTD/xhtml1-transitional.dtd">
<html xmlns="http://www.w3.org/1999/xhtml">
<head>
<meta http-equiv="Content-Type" content="text/html; charset=utf-8" />
<link href="/themes/april/css/main.css" rel="stylesheet" type="text/css" />
```

```
<script type="text/javascript" src="/js/jquery.js"></script>
…
</html>
```

9.2　线程管理

联网应用程序开发通常比较复杂，无线网络的速率较低，且网络不稳定，这都给应用程序开发提出了更高的要求。应用程序不但要处理多线程的问题，还要处理网络重新连接等问题。因此联网应用程序开发不只是涉及如何使用 java.net 或者 HttpClient 的编程接口，还要考虑程序的结构设计、多线程的管理、数据通信的格式定义等。本节从线程管理开始介绍网络编程的知识。

9.2.1　匿名 Thread

Java 编程语言内置了对线程的支持，创建一个 Thread 类，并调用 start()方法即可启动线程。例如，下面的代码是用来从网络上读取网页的内容。

```
new Thread() {
    @Override
    public void run() {
        try {
            HttpClient client = new DefaultHttpClient();
            HttpGet get = new HttpGet(url);
            //发送 HTTP 请求，获取响应
            HttpResponse response = client.execute(get);
            HttpEntity entity = response.getEntity();
            //获得 entity 的输入流
            InputStream is = entity.getContent();
            if (is != null) {
                ByteArrayOutputStream baos = new ByteArrayOutputStream();
                //一块一块地将内容读取到缓冲区
                byte[] buf = new byte[512];
                int ch = -1;
                int count = 0;
                while ((ch = is.read(buf)) != -1) {
                    //将 buf 的内容写入到 ByteArrayOutputStream
                    baos.write(buf, 0, ch);
```

```
                                    count += ch;
                            }
                            //响应的内容
                            String s = new String(baos.toByteArray());
                    }
            } catch (ClientProtocolException e) {
                    e.printStackTrace();
            } catch (IllegalStateException e) {
                    e.printStackTrace();
            } catch (IOException e) {
                    e.printStackTrace();
            }
    }
}.start();
```

上面的代码创建了一个匿名线程来访问网页内容，其中用到了 HttpClient 发送请求和接收响应。这种线程管理方式主要存在两个问题：第一，线程的开销较大，如果每个任务都要创建一个线程，那么应用程序的效率要低很多；第二，线程无法管理，匿名线程创建并启动后就不受程序的控制了，如果有很多个请求发送，那么就会启动非常多的线程，系统将不堪重负。由此可见，使用匿名线程的方式来连接网络不是完善的解决方案，应该避免在程序中使用。

9.2.2　java.util.concurrent 框架

匿名线程的方式存在缺陷，却并不代表使用线程单独处理联网不正确。试想，我们可以定义一个队列，启动线程之后就检查队列中是否有任务要执行，如果有任务就开始执行，执行结束后从队列中将执行完的任务删除。如果队列中没有任务，调用 wait()方法使得线程处于等待状态，让出 CPU 给其他的线程使用。一旦队列中插入了新的任务，那么调用 notify()方法唤醒线程执行队列中的任务。这样，匿名线程效率低的问题就得到了解决，且任务由队列来管理，避免系统同时处理多个任务而造成负担过大。

将上述的想法完善并用代码实现并不是一件容易的事情。但是，幸运的是，Java 语言从 5.0 版本开始支持 concurrent 框架，这个框架用来处理线程的调度、同步等问题。此框架是经过 SUN 的团队测试过的，可以在程序中放心使用，避免了"造轮子"的麻烦。

下面通过一个抓取网页内容的例子演示如何使用 concurrent 框架。首先定义一个 Task 类，代表一个任务单元，任务单元通常是较耗时的工作，比如连接网络或者播放较大的媒体文件等。Task 实现了 concurrent 框架中的 Callable 和 Runnable 接口，Callable 类型的对象可以返回结果并且抛出异常。Task 的代码如下所示：

```java
package com.ophone.chapter9_1;

import java.util.concurrent.Callable;

public abstract class Task<V> implements Callable<V>, Runnable {

    //回调接口
    protected TaskListener listener;

    public Task(TaskListener listener) {
        this.listener = listener;
    }

    //子类需要实现此方法，返回任务执行的结果
    public abstract V get() throws Exception;

    public void run() {
        try {
            call();
        } catch (Exception e) {
            e.printStackTrace();
        }
    }

    public V call() throws Exception {
        V obj = null;
        try {
            if (listener != null) {
                //任务启动，通知监听者
                listener.taskStarted(this);
            }
            obj = get();
        } catch (Throwable ex) {
            if (listener != null) {
                //任务失败
                listener.taskFailed(this, ex);
```

```
                }
            return null;
        }


        if (listener != null) {
            //任务完成，返回结果
            listener.taskCompleted(this, obj);
        }
        return obj;
    }
}
```

Task 是抽象类，子类需要实现抽象方法 get()。Task 中最重要的方法是 call()方法，当 Task 被执行时，call()方法会被调用。对于调用者来说，监听 Task 的执行情况显得尤为重要，在 call()方法中，TaskListener 会在任务开始执行、任务执行中、任务执行失败和任务执行完成 4 个状态通过回调方法通知监听者。TaskListener 的代码如下：

```
package com.ophone.chapter9_1;

public interface TaskListener {

    //Task 开始执行
    public void taskStarted(Task<?> task);
    //Task 执行进度，其中 value 是当前值，max 为最大值。value/max 为比例
    public void taskProgress(Task<?> task, long value, long max);
    //Task 执行结束，返回 obj
    public void taskCompleted(Task<?> task, Object obj);
    //Task 执行失败，将 ex 通知监听者
    public void taskFailed(Task<?> task, Throwable ex);

}
```

在 concurrent 框架中，Task 的提交与 Task 的执行是分离的，以达到松耦合的设计目的。Executor 接口用来提交 Runnable 对象，任务会被提交到一个队列之中，由 Executor 决定何时来执行。concurrent 框架中已经实现了几种类型的 Executor，比如 ScheduledThread-PoolExecutor、ThreadPoolExecutor 等。ThreadPoolExecutor 维护着一个线程池，即便是处理大量的异步处理任务，也能够获得较好的性能。线程池的数量是可以配置的，如果定义线

程池的线程数量为 1，那么就可以获得一个单线程的 Executor，所有的任务将按照顺序执行。获得了 Executor 实例之后，只需要调用 execute(Runnable r)方法即可。本例中的 TaskExecutor 对 ThreadPoolExecutor 进行了封装，代码如下所示：

```
package com.ophone.chapter9_1;

import java.util.concurrent.BlockingQueue;
import java.util.concurrent.PriorityBlockingQueue;
import java.util.concurrent.ThreadPoolExecutor;
import java.util.concurrent.TimeUnit;

public class TaskExecutor {

    //定义一个单线程的 Executor
    private static final int CORE_POOL_SIZE = 1;
    private static final int MAX_POOL_SIZE = 1;
    private static final int KEEP_ALIVE = 100;
    private ThreadPoolExecutor executor;
    //存放 Task 的队列
    private BlockingQueue<Runnable> queue = new PriorityBlockingQueue<Runnable>();

    public TaskExecutor() {
        executor = new ThreadPoolExecutor(CORE_POOL_SIZE, MAX_POOL_SIZE,
                KEEP_ALIVE, TimeUnit.SECONDS, queue);
    }

    //执行 Task
    public void execute(Task<?> task) {
        executor.execute(task);
    }

    public void shutdown() {
        executor.shutdown();
    }
}
```

上述 3 个类使用 java.util.concurrent 包实现了一个小的框架，抽象类 Task 只定义了任务执行的模板，具体的任务执行由子类实现。本例中 HttpTask 扩展了 Task 类，在 get()方法中访问网络页面，将页面的内容以 String 的形式返回。HttpTask 中定义了一个 String 类型的 url 参数，代表访问的地址，读取网页内容则是由 HttpClient 完成的。需要注意的一点是，在 HTTP/1.1 协议中，客户端不一定能够获得响应的长度，当 HTTP 头中包含了 transfer- encoding:chunked 时，Content-Length 就不可用了。如果无法获得响应的长度，客户端就无法计算任务执行的百分比。只有在获得了内容长度的情况下，才应该使用 taskProgress() 方法通知监听者任务执行的百分比。HttpTask 的代码如下，关于 HttpClient 的使用会在下一节介绍。

```java
package com.ophone.chapter9_1;

import java.io.ByteArrayOutputStream;
import java.io.InputStream;
import org.apache.http.HttpEntity;
import org.apache.http.HttpResponse;
import org.apache.http.client.HttpClient;
import org.apache.http.client.methods.HttpGet;
import org.apache.http.impl.client.DefaultHttpClient;
import android.util.Log;

public class HttpTask extends Task<String> {

    //连接的网络地址
    private String url;

    public HttpTask(TaskListener listener, String url) {
        super(listener);
        //由于 get()方法是无参数的，因此需要在构造器中传递
        this.url = url;
    }

    @Override
    public String get() throws Exception {
        HttpClient client = new DefaultHttpClient();
        HttpGet get = new HttpGet(url);
        HttpResponse response = client.execute(get);
        HttpEntity entity = response.getEntity();
        //尝试读取 entity 的长度，返回-1 表示长度未知
```

```
        long length = entity.getContentLength();
        InputStream is = entity.getContent();
        String s = null;
        if (is != null) {
                ByteArrayOutputStream baos = new ByteArrayOutputStream();
                byte[] buf = new byte[512];
                int ch = -1;
                int count = 0;
                while ((ch = is.read(buf)) != -1) {
                        baos.write(buf, 0, ch);
                        count += ch;
                        //如果长度已知，可以通过 taskProgress()通知监听者任务执行的比例
                        if (length > 0) {
                                listener.taskProgress(this, count, length);
                        }
                        //为了更好地演示进度，让线程休眠 100ms
                        Thread.sleep(100);
                }
                Log.e("HttpTask", "length=" + baos.toByteArray().length);
                //返回内容
                s = new String(baos.toByteArray());
        }
        return s;
    }
}
```

上面的内容介绍了一个简单的联网框架，解决了匿名线程效率低、可控性差的缺点。是时候检验一下这个简单的框架是否实用了。NetworkActivity 的界面包含了一个文本输入框，用户可以通过文本框输入想访问的网址，点击按钮来抓取页面内容，返回的内容显示在 TextView 中。NetworkActivity 实现了 TaskListener 接口，抓取页面内容的过程中会不断地回调 TaskListener 接口。在 NetworkActivity 中定义了 id 为 message 的 TextView，任务执行的状态变化、百分比及返回的结果都显示在此 TextView 上。NetworkActivity 的源代码如下所示：

```
package com.ophone.chapter9_1;

import android.app.Activity;
import android.os.Bundle;
```

```java
import android.os.Handler;
import android.os.Message;
import android.util.Log;
import android.view.View;
import android.widget.Button;
import android.widget.EditText;
import android.widget.TextView;

public class NetworkActivity extends Activity implements TaskListener {

    private static final String TAG = "NetworkActivity";
    //用来显示 Task 的执行状态
    private TextView message;
    private Button open;
    private EditText url;
    private TaskExecutor executor;

    //Task 在另外的线程执行，不能直接在 Task 中更新 UI，因此创建了 Handler
    private Handler handler = new Handler() {
        @Override
        public void handleMessage(Message msg) {
            String m = (String) msg.obj;
            message.setText(m);
        }
    };

    @Override
    public void onCreate(Bundle savedInstanceState) {
        super.onCreate(savedInstanceState);
        //初始化界面
        setContentView(R.layout.main);
        message = (TextView) findViewById(R.id.message);
        url = (EditText) findViewById(R.id.url);
        open = (Button) findViewById(R.id.open);
        open.setOnClickListener(new View.OnClickListener() {
            public void onClick(View arg0) {
                if (executor == null)
                    executor = new TaskExecutor();
```

```java
                        String _url = url.getText().toString();
                        HttpTask t = new HttpTask(NetworkActivity.this, _url);
                        executor.execute(t);
                }
        });
    }


    public void taskCompleted(Task<?> task, Object obj) {
            if (obj != null) {
                    String msg = (String) obj;
                    Log.e(TAG, msg);
                    postMsg(msg);
            }
    }


    public void taskFailed(Task<?> task, Throwable ex) {
            Log.e(TAG, ex.getMessage());
            postMsg(ex.getMessage());
    }


    public void taskProgress(Task<?> task, long value, long max) {
            //计算任务执行的百分比
            double d = value * 100 / max;
            String s = d + "%";
            postMsg(s);
    }


    public void taskStarted(Task<?> task) {
            Log.e(TAG, getText(R.string.task_started).toString());
            postMsg(getText(R.string.task_started).toString());
    }
    //使用 handler 更新任务的执行状态、结果等到 TextView
    private void postMsg(String s) {
            Message mg = Message.obtain();
            mg.obj = s;
            handler.sendMessage(mg);
    }
}
```

为什么在 TaskListener 接口中更新 message 的内容不直接调用 message.setText()，而是使用 Handler 发送消息，然后在 handlerMessage()方法中更新 message 的内容，这不是很烦琐吗？这样做确实显得很烦琐，却是不得已而为之。因为 Task 是在主线程之外执行的，TaskListener 中的方法也是在这个线程中调用的，OPhone 平台不允许在 UI 线程之外更新界面的内容。为了解决这个问题，才引入了 Handler。读者可以尝试去掉 Handler 而直接更新 message 内容，看看会发生什么后果。启动 Resin，然后运行 chapter9_1，访问 http://10.0.2.2:8080，这个地址是 Resin 服务器的主页，如图 9-2 所示，NetworkActivity 读取了 HTML 页面的内容并显示出来。

图 9-2　读取 HTML 页面内容

有的读者可能提出问题，Resin 运行在本地电脑上，那么访问的地址应该是 127.0.0.1，为什么是 10.0.2.2 呢？其实，每个 OPhone 的模拟器都是运行在一个虚拟的路由器后面，它并不能直接看到模拟器运行的电脑。虚拟的路由器管理着 10.0.2.<number>网络地址，其中 10.0.2.2 代表本地电脑的地址。因此，如果想访问运行在本地的 Resin 服务器，应该使用 10.0.2.2 而不是 127.0.0.1。

9.2.3　AsyncTask

java.util.concurrent 框架已经非常成熟，且经过严格的测试。然而，把 concurrent 框架直接用在 OPhone 应用程序中也存在一些问题，其中之一就是在任务执行过程中，如果要更新应用程序界面，必须引入 Handler，这会使得代码变得很臃肿。为了解决这一问题，OPhone 在 1.5 版本中引入了 AsyncTask。

AsyncTask 的特点是任务在主线程之外运行，而回调方法是在主线程中执行，这就有效地避免了使用 Handler 带来的麻烦。为什么 AsyncTask 能够做到这一点呢？仔细阅读 AsyncTask 的源码不难发现，AsyncTask 的任务同样是使用 concurrent 框架来执行的，以确保任务是在主线程之外执行；同时 AsyncTask 持有一个 Handler 引用，结果返回之后使用 Handler 来确保 UI 的更新是在主线程中完成的。因此 AsyncTask 并没有走捷径，只是对我们前面的设计进行了封装，开发者使用起来更简单。下面介绍一下如何在应用开发中使用 AsyncTask。

　　AsyncTask 是抽象类，子类必须实现抽象方法 doInBackground(Params... p)，在此方法中实现任务的执行工作，比如连接网络获取数据等。通常还应该实现 onPostExecute(Result r) 方法，因为应用程序关心的结果在此方法中返回。需要注意的是，AsyncTask 一定要在主线程中创建实例。AsyncTask 定义了 3 种泛型类型 Params、Progress 和 Result。

- Params，启动任务执行的输入参数，比如 HTTP 请求的 URL。
- Progress，后台任务执行的百分比。
- Result，后台执行任务最终返回的结果，比如 String。

　　AsyncTask 的执行分为 4 个步骤，与前面定义的 TaskListener 类似。每一步都对应一个回调方法，需要注意的是，这些方法不应该由应用程序调用，开发者需要做的就是实现这些方法。在任务的执行过程中，这些方法被自动调用。

- onPreExecute()，当任务执行之前开始调用此方法，可以在这里显示进度对话框。
- doInBackground(Params...)，此方法在后台线程中执行，完成任务的主要工作，通常需要较长的时间。在执行过程中可以调用 publicProgress(Progress...)来更新任务的进度。
- onProgressUpdate(Progress...)，此方法在主线程中执行，用于显示任务执行的进度。
- onPostExecute(Result)，此方法在主线程中执行，任务执行的结果作为此方法的参数返回。

　　上面已经介绍了 AsyncTask 的用法，接下来使用 AsyncTask 来替换前面的 concurrent 框架。我们设定的任务仍然是读取一个 HTML 页面并返回页面的内容，但是需要对 NetworkActivity 进行重构，使用 PageTask 来替代原来的 HttpTask。修改后的 NetworkActivity 源代码如下所示：

```
package com.ophone.chapter9_2;


import java.io.ByteArrayOutputStream;

import java.io.InputStream;

import org.apache.http.HttpEntity;
```

```
import org.apache.http.HttpResponse;

import org.apache.http.client.HttpClient;

import org.apache.http.client.methods.HttpGet;

import org.apache.http.impl.client.DefaultHttpClient;

import android.app.Activity;

import android.os.AsyncTask;

import android.os.Bundle;

import android.view.View;

import android.widget.Button;

import android.widget.EditText;

import android.widget.TextView;


public class NetworkActivity extends Activity {


    //显示任务的执行状态和返回结果
    private TextView message;

    private Button open;

    private EditText url;


    @Override
    public void onCreate(Bundle savedInstanceState) {
        super.onCreate(savedInstanceState);
        //初始化界面，与 chapter9_1 一样
        setContentView(R.layout.main);
        message = (TextView) findViewById(R.id.message);
        url = (EditText) findViewById(R.id.url);
        open = (Button) findViewById(R.id.open);
        open.setOnClickListener(new View.OnClickListener() {
            public void onClick(View arg0) {
                //改用 AsyncTask 执行
                PageTask task = new PageTask();
                task.execute(url.getText().toString());
            }
        });
    }
```

```
//设置 3 种类型参数分别为 String、Integer 和 String
class PageTask extends AsyncTask<String, Integer, String> {

    //可变长的输入参数，与 AsyncTask.execute()对应
    @Override
    protected String doInBackground(String... params) {
        try {
            HttpClient client = new DefaultHttpClient();
            //params[0]代表连接的 url
            HttpGet get = new HttpGet(params[0]);
            HttpResponse response = client.execute(get);
            HttpEntity entity = response.getEntity();
            long length = entity.getContentLength();
            InputStream is = entity.getContent();
            String s = null;
            if (is != null) {
                ByteArrayOutputStream baos = new ByteArrayOutputStream();
                byte[] buf = new byte[128];
                int ch = -1;
                int count = 0;
                while ((ch = is.read(buf)) != -1) {
                    baos.write(buf, 0, ch);
                    count += ch;
                    if (length > 0) {
                        //如果知道响应的长度，调用 publishProgress()更新进度
                        publishProgress((int) ((count / (float) length) * 100));
                    }
                    //为了在模拟器中清楚地看到进度，让线程休眠 100ms
                    Thread.sleep(100);
                }
                s = new String(baos.toByteArray());
            }
            //返回结果
            return s;
        } catch (Exception e) {
            e.printStackTrace();
```

```
        }
        return null;
    }


    @Override
    protected void onCancelled() {
        super.onCancelled();
    }


    @Override
    protected void onPostExecute(String result) {
        //返回 HTML 页面的内容
        message.setText(result);
    }


    @Override
    protected void onPreExecute() {
        //任务启动，可以在这里显示一个对话框，这里简单处理
        message.setText(R.string.task_started);
    }


    @Override
    protected void onProgressUpdate(Integer... values) {
        //更新进度
        message.setText(values[0]);
    }
    }
}
```

　　PageTask 与 chapter9_1 之中定义的 HttpTask 非常类似，只是任务执行的参数传递方式不同。HttpTask 是在构造器中设置传递的参数，而 PageTask 的设计更加合理，不需要把参数作为成员变量。执行 PageTask 也非常简单，只需要创建一个实例，然后调用 execute()方法。运行 chapter9_2，界面仍然如图 9-2 所示，但是项目的代码量却减少了不少。

```
PageTask task = new PageTask();
task.execute(url.getText().toString());
```

9.3　网络编程接口

OPhone 平台支持使用 java.net 和 Apache 的 HttpClient 两种方式访问网络，本节以 HttpClient 为例介绍常用的编程接口，并总结联网应用开发中的注意事项。为了能够演示完整的客户端-服务器端的程序开发，让读者能够直观地了解数据的传送和接收，服务器端使用 Servlet 组件处理与客户端之间的数据交互。由于 Servlet 编程不是本书的介绍重点，读者应自行熟悉 Servlet 相关的内容。

9.3.1　HttpClient API 介绍

1．发送请求

HttpClient 框架的核心是 HttpClient 接口，用户使用 HttpClient 接口发送请求并返回响应。HttpClient 支持 HTTP 1.1 中定义的所有方法，包括 GET、POST、HEAD 等，与之对应的是 HttpGet、HttpPost 和 HttpHead 等类。下面的代码向服务器端发送请求，并处理返回的响应。

```
//创建一个 HttpClient 对象
HttpClient httpclient = new DefaultHttpClient();
HttpGet httpget = new HttpGet("http://localhost/");
//调用 execute()方法发送请求并返回响应
HttpResponse response = httpclient.execute(httpget);
//HttpClient 将响应的内容封装为 HttpEntity
HttpEntity entity = response.getEntity();
if (entity != null) {
    InputStream instream = entity.getContent();
    int l;
    byte[] tmp = new byte[2048];
    while ((l = instream.read(tmp)) != -1) {
        //处理读取的内容
    }
}
```

2．处理响应

从服务器端返回的响应封装为 HttpResponse 接口，HttpResponse 提供了很多方法来读取和设置响应的内容，包括状态码、HTTP 头和 HTTP 内容体。下面的代码可以判断响应的状态码是否是 200，并打印 HTTP 响应中的 HTTP 头。

```
//获得返回的状态码
int statusCode = resp.getStatusLine().getStatusCode();
if (statusCode != HttpStatus.SC_OK) {
        return null;
}
//读取 HTTP 头
Header[] headers = resp.getAllHeaders();
for (int i = 0; i < headers.length; i++) {
    Log.e(TAG, headers[i].getName() + "=" + headers[i].getValue());
}
```

HttpClient 推荐使用 ResponseHandler 来处理返回的响应，这样做最大的好处是框架负责处理 HTTP 连接，无论请求是否成功，HTTP 连接都会释放并返回给连接管理器。使用 ResponseHandler 处理响应的代码如下所示：

```
HttpClient httpclient = new DefaultHttpClient();
HttpGet httpget = new HttpGet("http://localhost/");
ResponseHandler<byte[]> handler = new ResponseHandler<byte[]>() {
    public byte[] handleResponse(
            HttpResponse response) throws ClientProtocolException, IOException {
        HttpEntity entity = response.getEntity();
        if (entity != null) {
            return EntityUtils.toByteArray(entity);
        } else {
            return null;
        }
    }
};
byte[] response = httpclient.execute(httpget, handler);
```

3. 设置代理

应用程序有时可能需要通过代理访问网络，例如，以 CMWAP 方式访问互联网。这时可以直接设置默认的代理参数，代码如下所示：

```
DefaultHttpClient httpclient = new DefaultHttpClient();
HttpHost proxy = new HttpHost("10.0.0.172", 80);
httpclient.getParams().setParameter(ConnRoutePNames.DEFAULT_PROXY, proxy);
```

4．请求重发

如果在连接过程中出现异常，那么应用程序可能需要根据实际情况来决定是否重新连接。对于可恢复的错误，建议重新向服务器端发送请求。在 HttpClient 框架中提供了 HttpRequestRetryHandler 接口处理重连的问题，开发者只需要实现此接口中定义的 retryRequest() 方法即可。代码如下所示：

```
DefaultHttpClient httpclient = new DefaultHttpClient();
HttpRequestRetryHandler myRetryHandler = new HttpRequestRetryHandler() {
    public boolean retryRequest(
            IOException exception,
            int executionCount,
            HttpContext context) {
//如果重连次数太多，则放弃重新连接
        if (executionCount >= 5) {
            return false;
        }
        if (exception instanceof NoHttpResponseException) {
            return true;
        }
        if (exception instanceof SSLHandshakeException) {
            return false;
        }
        HttpRequest request = (HttpRequest) context.getAttribute(
                ExecutionContext.HTTP_REQUEST);
        boolean idempotent = !(request instanceof HttpEntityEnclosingRequest);
        if (idempotent) {
            return true;
        }
        return false;
    }
};
httpclient.setHttpRequestRetryHandler(myRetryHandler);
```

5．编码检测

无论是客户端还是服务器端，都需要检查 HTTP 内容体的编码方式，然后才能按照正确的解码方式获得正确的内容，否则会出现乱码现象。通常可以从 HTTP 内容体的 Content-Type 头中获得内容的编码方式，例如，下面的 HTTP 头中包含了内容的编码方式。

```
E/MainActivity( 5478): Server=Resin/3.0.23
E/MainActivity( 5478): Content-Type=text/plain; charset=UTF
E/MainActivity( 5478): Content-Length=2
E/MainActivity( 5478): Date=Fri, 31 Jul 2009 08:13:48 GMT
```

使用 EntityUtils 的 getContentCharSet()即可获得编码的格式，例如下面的代码：

```
byte[] buf = new byte[(int) length];
is.read(buf);
return new String(buf, EntityUtils.getContentCharSet(entity));
```

使用这种方法一定能获得正确的编码方式吗？答案是否定的。如果在 HTTP 头中不包含 Content-Type 字段，那么可能就无法判断内容的编码类型；即使包含了 Content-Type 字段，如果内容经过了网关的转换，也可能造成内容与 Content-Type 标识的不一致。如果有需要的话，应用程序可以自己来检测内容的编码类型。最早提出编码自动检测的是 Mozilla，Mozilla 的工程师在参加第 19 届 UNICODE 会议时做了专题演讲，内容就是关于如何检测无明显字符集声明的文档。根据论文的理论，Frank Tang 使用 Java 语言实现了 jchardet 库，用于检测编码。读者可以访问 http://jchardet.sourceforge.net/ 获得源码和文档。使用 jchardet 检测 ophonesdn 首页的编码格式，代码如下所示：

```
import java.io.BufferedInputStream;
import java.io.ByteArrayOutputStream;
import java.io.IOException;
import java.net.URL;
import org.mozilla.intl.chardet.nsDetector;
import org.mozilla.intl.chardet.nsICharsetDetectionObserver;
import org.mozilla.intl.chardet.nsPSMDetector;

public class Main {

    public static void main(String[] args) throws IOException {
        URL url = new URL("http://www.ophonesdn.com");
        BufferedInputStream bis = new BufferedInputStream(url.openStream());
        nsDetector dect = new nsDetector(nsPSMDetector.CHINESE);
        dect.Init(new nsICharsetDetectionObserver() {
            //检测结果会在这里回调
            public void Notify(String charset) {
                System.out.println(charset);
```

```
        }
    });
    int ch = -1;
    byte[] buf = new byte[1024];
    ByteArrayOutputStream baos = new ByteArrayOutputStream();
    while ((ch = bis.read(buf)) != -1) {
        baos.write(buf, 0, ch);
    }
    byte[] data = baos.toByteArray();
    //对 data 内容进行检测
    dect.DoIt(data, data.length, false);
    dect.DataEnd();
    }
}
```

运行程序，控制台将输出 UTF-8，打开 ophonesdn 的首页查看源码，发现页面确实是 UTF-8 编码格式。jchardet 不但可以用来检测页面，而且可以用来检测歌词文件等。需要注意的是，Mozilla 的论文并没有从理论上论证这个话题的正确性，更多的是从实践来检验，笔者使用 jchardet 做了多次测试，效果让人满意。如果实在对编码检测很头疼，不妨用它碰碰运气，没准会让你感觉柳暗花明呢。

至此，我们介绍了 HTTP 编程中常见的问题，读者可以阅读 HttpClient 的 java doc 了解更多的内容。接下来，将通过例子介绍如何开发基于客户-服务器模式的联网应用程序。

9.3.2　GET 方法的使用和限制

GET 方法是 HTTP 协议中最常用的方法之一，使用非常简单。当使用 GET 方法向服务器端发送数据时，数据被包装在 URL 地址中，以 name=value 的形式传输，如果需要传输多个 name=value，那么之间使用 "&" 分割。GetActivity 演示了如何使用 GET 方法向服务器端发送数据，用户输入一个算术表达式，比如 9+10，服务器端返回计算结果。GetTask 是 Task 的子类，在 get()方法中实现了向客户端发送表达式并返回结果。GetTask 的源代码如下所示：

```
private class GetTask extends Task<String> {

    //连接本地的 Resin 服务器
    private static final String HOST = "http://10.0.2.2:8080";
    //name=value 格式的参数
    private String params;
```

```
public GetTask(TaskListener listener, String params) {
    super(listener);
    this.params = params;
}


@Override
public String get() throws Exception {
    HttpClient client = new DefaultHttpClient();
    //使用 GET 方法传输，务必对参数进行 URL 编码
    String encoded = URLEncoder.encode(params);
    HttpGet get = new HttpGet(HOST + "/ophone/get?input=" + encoded);
    HttpResponse resp = client.execute(get);
    int statusCode = resp.getStatusLine().getStatusCode();
    if (statusCode != HttpStatus.SC_OK) {
        //如果返回结果不是 200，抛出异常
        listener.taskFailed(this, new Exception(
                "Failed to access server"));
        return null;
    }
    //查看服务器端返回的 header，这里只在 log 中输出
    Header[] headers = resp.getAllHeaders();
    for(int i = 0;i<headers.length;i++){
        Log.e(TAG,headers[i].getName()+"="+headers[i].getValue());
    }
    //读取服务器端返回的计算结果
    HttpEntity entity = resp.getEntity();
    if (entity != null) {
        long length = entity.getContentLength();
        InputStream is = resp.getEntity().getContent();
        if (length == -1) {
            ByteArrayOutputStream baos = new ByteArrayOutputStream();
            int ch = -1;
            byte[] buf = new byte[128];
            while ((ch = is.read(buf)) != -1) {
                baos.write(buf, 0, ch);
            }
```

```
                    //检测 Entity 的编码方式，返回 String
                    return new String(baos.toByteArray(), EntityUtils
                            .getContentCharSet(entity));
            } else {
                    byte[] buf = new byte[(int) length];
                    is.read(buf);
                    return new String(buf, EntityUtils
                            .getContentCharSet(entity));
            }
        }
        return null;
    }
};
```

有两点需要说明：第一，由于 GET 方法将数据放在 URL 中传递，如果 URL 中包含了保留的字符，那么需要对参数做 URL 编码。这就是为什么在 GetTask 中的 params 都经过 URLEncoder 编码之后才发送给服务器的原因。第二，客户端需要知道服务器端返回内容的编码格式，否则可能出现乱码。这里，使用 EntityUtils 的 getContentCharSet()方法获得了编码格式。如果有必要，也可以使用前面提到的 jchardet 库。

服务器端 GetServlet 处理客户端的请求，并从 URL 中读取参数值。表达式的计算是由开源的算术引擎 Arity 完成的，读者可以到 http://code.google.com/p/arity/了解更多内容。在编写 Servlet 时，正确设置 Content-Type 和 Content-Length 字段非常重要，客户端可以根据 Content-Length 的值申请适当大小的缓冲区，根据 Content-Type 的值了解响应的格式及编码方式。GetServlet 的代码如下所示：

```
package com.ophone.chapter9;

import java.io.IOException;

import java.io.OutputStream;

import javax.servlet.ServletException;

import javax.servlet.http.HttpServlet;

import javax.servlet.http.HttpServletRequest;

import javax.servlet.http.HttpServletResponse;

import org.javia.arity.Symbols;

import org.javia.arity.SyntaxException;


public class GetServlet extends HttpServlet {
```

```java
private static final long serialVersionUID = 5289854142038800480L;

@Override
protected void doGet(HttpServletRequest req, HttpServletResponse resp)
        throws ServletException, IOException {
    //设置响应为 UTF-8 编码
    resp.setCharacterEncoding("UTF-8");
    //设置 Content-Type 以便客户端能够正确解析
    resp.setContentType("text/plain; charset=UTF-8");
    OutputStream os = resp.getOutputStream();
    //从 input 参数中获得计算表达式
    String input = req.getParameter("input");
    Symbols sym = new Symbols();
    String msg = null;
    try {
        //计算表达式结果
        double result = sym.eval(input);
        msg = "结果=" + result;
    } catch (SyntaxException e) {
        e.printStackTrace();
        msg = "error";
    }
    //设置响应长度，发送响应给客户端
    resp.setContentLength(msg.getBytes("UTF-8").length);
    os.write(msg.getBytes("UTF-8"));
    os.close();
}

@Override
protected void doPost(HttpServletRequest req, HttpServletResponse resp)
        throws ServletException, IOException {

}
}
```

　　首先启动 Resin 服务器，然后运行 chapter9_3 的 "GET 方法测试"，在输入框中输入 10000+86，点击 "连接" 按钮，返回 10086.0 的计算结果。界面如图 9-3 所示。

图 9-3 使用 GET 方法连接网络

虽然 GET 方法使用起来非常简单，但是存在一定的限制。由于 URL 的长度是有限制的，不能超过 256 个字符，因此使用 GET 方法不能传递大量的数据。另外，客户端请求的 URL 通常会出现在服务器的日志中，这不利于数据的保密。综合这两方面的限制，在设计联网应用程序时，要慎重选择 GET 作为传输方法。

9.3.3 使用 POST 方法上传附件

使用 POST 方法向服务器端发送数据更为灵活，支持的内容类型也更丰富。由于发送的数据位于 HTTP 头之后，而不是在 URL 中，因此数据传输更为隐蔽。使用 POST 方法传输数据时，设置合适的 Content-Type 非常重要。常用的 Content-Type 有以下 3 种方式，本节重点介绍 multipart/form-data 类型。

- application/x-www-form-urlencoded
- application/octet-stream
- multipart/form-data

1．application/x-www-form-urlencoded

将 Content-Type 设置为 application/x-www-form-urlencoded 方式，数据将以"名称=数值"对的方式发送给服务器，数据之间以"&"分割，这些数据并非在 URL 中传输，而是跟在 HTTP 头之后。这种数据传输格式主要用在 HTML 表单的数据提交中，HttpClient 也对这种方式提供了支持，使用 UrlEncodedFormEntity 可以很容易构建发送的内容。

```
List<NameValuePair> formparams = new ArrayList<NameValuePair>();
formparams.add(new BasicNameValuePair("operator", "chinamobile"));
```

```
formparams.add(new BasicNameValuePair("handset", "OPhone"));
UrlEncodedFormEntity entity = new UrlEncodedFormEntity(formparams, "UTF-8");
HttpPost httppost = new HttpPost("http://localhost/ophone");
httppost.setEntity(entity);
```

上面的代码将向服务器端发送"operator=chinamobile&handset=OPhone"的数据。服务器端的 Servlet 调用 getParameter()可以获得数据。

```
String operator = request.getParameter("operator");
String handset = request.getParameter("handset");
```

如果数据量不大，且数据格式不复杂，那么使用 application/x-www-form-urlencoded 方式传输数据不失为一种好的选择。

2．application/octet-stream

使用 application/octet-stream 方式传输数据非常自由，所有的数据都以二进制形式存放在 HTTP 头之后。你可以按照自己的需求组织数据格式，可以同时传输文本和文件等内容。只是使用这种传输方式，服务器端也必须对数据进行解析，从中读取文本和文件内容。在9.4 节，将详细介绍如何设计数据格式。

3．multipart/form-data

顾名思义，multipart/form-data 代表数据中包含多个部分，因此这种格式可以一次传输多个数据体，比如多个 name=value 和多个图片。multipart/form-data 广泛用在 HTML 表单数据提交中，允许用户在多个文本框中输入数据，同时通过浏览框选择文件向服务器端上传。所有的数据以预先定义的边界（一长串字符串）分割，每个部分都有一个 content-disposition 的 header，其值为 form-data。除此之外，还需要一个 name 属性用来标识这个字段，例如，content-disposition: form-data; name="ophone"。下面是一个合法的 multipart/form-data 格式的数据，不但向服务器端传送了 field1=Joe Blow，还上传了一个文本文件 file1.txt。

```
Content-type: multipart/form-data, boundary=AaB03x

--AaB03x
content-disposition: form-data; name="field1"

Joe Blow
--AaB03x
content-disposition: form-data; name="pics"; filename="file1.txt"
Content-Type: text/plain
```

```
... contents of file1.txt ...
--AaB03x---
```

multipart/form-data 的应用非常广泛，读者可以阅读 RFC1867 规范（http://www.ietf.org/rfc/rfc1867.txt）了解更多内容。下面通过一个例子介绍如何使用 multipart/form-data 格式上传文字和图片。

上传文字和图片的难点在于构造符合 multipart/form-data 格式的数据，遗憾的是，OPhone 平台并没有直接提供相关的类，HttpClient 3.0 中的 MultipartRequestEntity 并未出现在 OPhone 中。不过，我们可以使用 ContentProducer 来动态生成内容，只要内容符合 multipart/form-data 格式即可。按照 RFC1867 规范的定义，ContentProducer 的源代码如下所示：

```java
//CRLF
private static final String END = "\r\n";
private static final String HYPHENS = "--";
//多部分之间的分界
private static final String BOUNDARY = "kjkjk##############mpxjuiuidfdkj";
private ContentProducer cp = new ContentProducer() {

    public void writeTo(OutputStream os) throws IOException {
        //name=value 数据的分割边界
        os.write((HYPHENS + BOUNDARY + END).getBytes());
        os.write(("Content-Disposition: form-data; name=\""
                + pair.getName() + "\"" + END + END).getBytes());
        os.write(URLEncoder.encode(pair.getValue()).getBytes());
        os.write(END.getBytes());
        //ophone_logo.png 的分割边界
        os.write((HYPHENS + BOUNDARY + END).getBytes());
        os.write(("Content-Disposition: form-data;
                name=\"file\";filename=\"ophone.png\"" + END)
                        .getBytes());
        os.write(("Content-Type: application/octet-stream" + END + END)
                .getBytes());
        FileInputStream fis = new FileInputStream(filePath);
        int ch = -1;
        byte[] buf = new byte[1024];
        while ((ch = fis.read(buf)) != -1) {
            os.write(buf, 0, ch);
```

```
        }
        //写入 ophone_logo 的图片数据
        os.write(END.getBytes());
        //结尾
        os.write((HYPHENS + BOUNDARY + HYPHENS).getBytes());
        os.write(END.getBytes());
        os.close();
    }
};
```

获得了 ContentProducer 之后，即可构建 HttpEntity。在向服务器端发送请求之前还应该设置 Content-Type，因为其中包含了 boundary 的定义，以便服务器端可以根据 boundary 的值正确分割数据的每个部分，服务器端成功处理请求之后返回 "ok"。PostTask 读取响应的代码与 GetTask 相同，这里省略了后面的部分，只给出不同部分的代码。

```java
private class PostTask extends Task<String> {

    private static final String END = "\r\n";
    private static final String HYPHENS = "--";
    private static final String BOUNDARY = "kjkjk##############mpxjuiuidfdkj";
    private static final String HOST = "http://10.0.2.2:8080";
    private NameValuePair pair;
    String filePath;

    private ContentProducer cp = new ContentProducer() {
        public void writeTo(OutputStream os) throws IOException {
            ...//代码省略
        }
    };

    public PostTask(TaskListener listener, NameValuePair params, String file) {
        super(listener);
        this.pair = params;
        this.filePath = file;
    }

    @Override
    public String get() throws Exception {
```

```
HttpClient client = new DefaultHttpClient();
HttpPost post = new HttpPost(HOST + "/ophone/post");
//设置 Content-Type，让服务器端知道分割的 boundary
post.setHeader("Content-Type", "multipart/form-data;boundary="
        + BOUNDARY);
HttpEntity en = new EntityTemplate(cp);
post.setEntity(en);
HttpResponse resp = client.execute(post);
...//代码省略
return null;
    }
};
```

　　PostServlet 处理客户端的请求，在 upload 目录中生成图片。这里使用 Apache 的 FileUpload 组件来解析 multipart/form-data 的请求。在使用 FileUpload 解析请求中的内容之前，应该先判断请求的内容是否是 multipart/ form-data 类型。如果请求的内容是 multipart/form-data 类型，则使用 ServletFileUpload.parseRequest()将请求解析出来。每个部分对应一个 FileItem 或者 FileItemStream，由于 FileItemStream 可能是文件，也可能是表单的文本内容，因此首先调用 isFormField()判断，然后根据结果分别处理。PostServlet 的源代码如下所示：

```
package com.ophone.chapter9;

import java.io.File;
import java.io.FileOutputStream;
import java.io.IOException;
import java.io.InputStream;
import java.io.OutputStream;
import javax.servlet.ServletException;
import javax.servlet.http.HttpServlet;
import javax.servlet.http.HttpServletRequest;
import javax.servlet.http.HttpServletResponse;
import org.apache.commons.fileupload.FileItemIterator;
import org.apache.commons.fileupload.FileItemStream;
import org.apache.commons.fileupload.FileUploadException;
import org.apache.commons.fileupload.disk.DiskFileItemFactory;
import org.apache.commons.fileupload.servlet.ServletFileUpload;
import org.apache.commons.fileupload.util.Streams;
```

```java
public class PostServlet extends HttpServlet {

    private static final long serialVersionUID = -15355619728694100L;

    @Override
    protected void doGet(HttpServletRequest req, HttpServletResponse resp)
            throws ServletException, IOException {
        doPost(req, resp);
    }

    @Override
    protected void doPost(HttpServletRequest req, HttpServletResponse resp)
            throws ServletException, IOException {
        resp.setCharacterEncoding("UTF-8");
        resp.setContentType("text/plain; charset=UTF-8");
        OutputStream os = resp.getOutputStream();
        boolean multipart = ServletFileUpload.isMultipartContent(req);
        if (multipart) {
            DiskFileItemFactory factory = new DiskFileItemFactory();
            ServletFileUpload upload = new ServletFileUpload(factory);
            try {
                //获得 FileItemIterator 迭代器
                FileItemIterator iter = upload.getItemIterator(req);
                while (iter.hasNext()) {
                    //迭代请求中的 FileItem 项
                    FileItemStream item = iter.next();
                    String name = item.getFieldName();
                    InputStream is = item.openStream();
                    if (item.isFormField()) {
                        //如果是 Form 字段，则直接输出内容
                        System.out.println(Streams.asString(is));
                    } else {
                        //如果是 ophone_logo.png，则将文件存储到 upload 目录
                        System.out.println(item.getContentType());
                        String path = getServletContext()
                                .getRealPath("/upload");
                        File file = new File(path + "/"+System.currentTimeMillis()
                                + ".png");
                        FileOutputStream fos = new FileOutputStream(file);
```

```
                                byte[] buf = new byte[512];
                                int ch = -1;
                                while ((ch = is.read(buf)) != -1) {
                                        fos.write(buf, 0, ch);
                                }
                                //关闭文件
                                fos.close();
                        }
                    }
                } catch (FileUploadException e) {
                        e.printStackTrace();
                }
            }
            //向客户端发送 ok
            String msg = "ok";
            resp.setContentLength(msg.getBytes("UTF-8").length);
            os.write(msg.getBytes("UTF-8"));
            os.close();
        }
    }
```

首先将 ophone_logo.png 图片 push 到 SD 卡上，然后运行 chapter9_3，选择"POST 方法测试"。点击"连接"按钮将图片上传到服务器，界面如图 9-4 所示。在服务器端，可以查看控制台输出，检查 upload 目录是否生成图片文件来判断上传是否成功。

图 9-4 使用 POST 方法上传图片

有时候，向服务器端发送较大的数据量会出现一些意想不到的问题。比如，服务器收到的数据比客户端发送的多，或者 FileUpload 组件解析时出现了异常。这可能是因为设备在发送数据时，将数据进行了分块处理，并在 HTTP 的请求中增加了 Transfer-Encoding:chunked 的头信息。按照 HTTP 1.1 规范，如果头信息中包含了 Transfer-Encoding:chunked，那么 Content-Length 将不可用。FileUpload 无法从中读取内容的长度，可能就抛出了 FileUploadException。

服务器端接收的数据为什么会变多呢？当请求的数据被分割为块发送时，每个块之前都有块的大小，最后以 0 长度结尾。例如，下面传输的数据长度为 29 个字节，注意：每个块的大小值是以十六进制数表示的。

```
C\r\n
some data...
11\r\n
Some more data...
0\r\n
```

关于 chunked 的更多内容请参考 ftp://ftp.isi.edu/in-notes/rfc2616.txt。知道了 chunked 的数据编码格式，也就可以编写程序把多余的数据去除，重新获得请求的数据了。

9.3.4 从服务器端下载图片

至此，我们已经分析了常用的 HTTP 编程接口，重点介绍了从客户端向服务器端发送数据的方法和技巧。本节通过一个简单的例子，说明如何从服务器端下载一个 PNG 格式的图片，而不只是返回简单的字符串。

下载图片与其他数据请求的思路是一样的，客户端可以请求一个 Servlet，也可以直接请求图片所在的地址，比如 http://10.0.2.2:8080/ophone/ophone_logo.png。获得 HttpResponse 之后，从 HttpEntity 中读取图片的内容，然后使用 BitmapFactory.decodeByteArray()生成 Bitmap。需要注意的是，如果图片较大，最好不要使用 new byte[]直接申请一大块内存，这可能造成系统内存不足。正确的做法是申请一小块缓存，分块读取内容并写入到文件中。在读取图片的过程中，可以每读取一块就调用 taskProgress()方法，更新读取进度，以获得较好的用户体验。DownloadTask 的代码如下所示：

```
private class DownloadTask extends Task<Bitmap> {

        private static final String HOST = "http://10.0.2.2:8080";

        public DownloadTask(TaskListener listener) {
```

```
        super(listener);
    }

    @Override
    public Bitmap get() throws Exception {
        HttpClient client = new DefaultHttpClient();
        HttpGet get = new HttpGet(HOST + "/ophone/ophone_logo.png");
        HttpResponse resp = client.execute(get);
        int statusCode = resp.getStatusLine().getStatusCode();
        if (statusCode != HttpStatus.SC_OK) {
            listener.taskFailed(this, new Exception(
                    "Failed to access server"));
            return null;
        }
        Header[] headers = resp.getAllHeaders();
        for (int i = 0; i < headers.length; i++) {
            Log.e(TAG, headers[i].getName() + "=" + headers[i].getValue());
        }
        HttpEntity entity = resp.getEntity();
        long length = entity.getContentLength();
        InputStream is = resp.getEntity().getContent();
        ByteArrayOutputStream baos = new ByteArrayOutputStream();
        int ch = -1;
        byte[] buf = new byte[128];
        int count = 0;
        while ((ch = is.read(buf)) != -1) {
            baos.write(buf, 0, ch);
            count += ch;
            //通知监听器图片下载的进度
            if (listener != null && length != -1) {
                listener.taskProgress(this, count, length);
                Thread.sleep(100);
            }
        }
        //从 byte[]中解出 Bitmap
        return BitmapFactory.decodeByteArray(baos.toByteArray(), 0, baos
                .toByteArray().length);
    }
```

```
};
```

运行 chapter9_3，选择"下载图片"启动 DownloadActivity，然后点击"连接"按钮，界面如图 9-5 所示。

图 9-5　从服务器端下载图片

9.4　设计 C/S 通信数据格式

在基于 C/S（Client/Server）模式设计的应用程序中，数据格式的定义非常重要。前面的内容主要介绍了基于 Web 的数据格式的使用，包括 URL 编码和 multipart/form-data 数据格式，当然这些数据格式也经常在客户端程序中使用。本节重点介绍在 C/S 程序设计中常用的两种数据格式，分别是对象序列化与 XML。

假设有一个对象 Person 需要传递给服务器端，Person 包括了 id、name 和 photo 三个成员变量，其中 photo 是字节数组，代表用户的头像，使用 JPEG 格式的图片。Person 的类定义如下所示：

```
package com.ophone.chapter9_4;

public class Person {
    private int id;
    private String name;
    private byte[] photo;
```

```
public Person(){}

public Person(int id, String name, byte[] photo) {
    this.id = id;
    this.name = name;
    this.photo = photo;
}

public int getId() {
    return id;
}

public void setId(int id) {
    this.id = id;
}

public String getName() {
    return name;
}

public void setName(String name) {
    this.name = name;
}

public byte[] getPhoto() {
    return photo;
}

public void setPhoto(byte[] photo) {
    this.photo = photo;
}
}
```

程序的目的是将一个 Person 对象从客户端发送到服务器端。如果服务器端成功接收了 Person 对象，会将其 id 和 name 打印到服务器控制台输出，并在 upload 目录生成头像图片，然后返回给客户端"ok"代表数据接收成功。我们将用对象序列化和 XML 两种方式传递 Person 对象。

由于客户端发送给服务器端的数据是一样的，且接收数据的代码也是相同的，不同之处在于向服务器端发送的代码。因此，使用模板设计模式定义一个抽象的 AbstractTask 类来复用相同的代码。在 AbstractTask 中定义一个抽象的 doPost()方法留给子类实现，方法返回一个 HttpResponse 对象。AbstractTask 的代码如下所示：

```java
private abstract class AbstractTask extends Task<String> {

    protected static final String HOST = "http://10.0.2.2:8080";
    //需要传送给服务器端的 Person 对象
    protected Person params;

    public AbstractTask(TaskListener listener, Person params) {
        super(listener);
        this.params = params;
    }

    //子类需要实现此方法，向服务器端传送 Person
    public abstract HttpResponse doPost() throws Exception;

    @Override
    public String get() throws Exception {
        HttpResponse resp = doPost();
        //判断 HTTP 状态码
        int statusCode = resp.getStatusLine().getStatusCode();
        if (statusCode != HttpStatus.SC_OK) {
            listener.taskFailed(this, new Exception(
                    "Failed to access server"));
            return null;
        }
        //查看服务器响应的 Header
        Header[] headers = resp.getAllHeaders();
        for (int i = 0; i < headers.length; i++) {
            Log.e(TAG, headers[i].getName() + "=" + headers[i].getValue());
        }
        HttpEntity entity = resp.getEntity();
        String encoding = EntityUtils.getContentCharSet(entity);
        //读取响应内容
        if (entity != null) {
```

```
long length = entity.getContentLength();
InputStream is = resp.getEntity().getContent();
if (length == -1) {
    ByteArrayOutputStream baos = new ByteArrayOutputStream();
    int ch = -1;
    byte[] buf = new byte[128];
    while ((ch = is.read(buf)) != -1) {
        baos.write(buf, 0, ch);
    }
    return new String(baos.toByteArray(),encoding);
} else {
    byte[] buf = new byte[(int) length];
    is.read(buf);
    return new String(buf, encoding);
}
}
return null;

}
};
```

9.4.1 对象序列化

所谓对象序列化，是使用 java.io 相关的 API 读/写对象的成员变量，在对象和 byte[] 之间进行编码和解码。也就是一端将对象转换为 byte[] 通过网络发送给另一端，另一端接收到 byte[] 数据之后再恢复成对象。由于两端都需要知道对象的类定义，因此代表传输对象的类是在两端共享的，图 9-6 说明了对象序列化的原理。

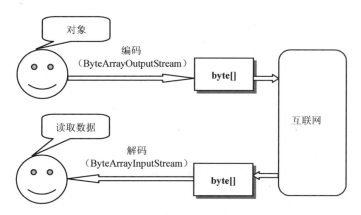

图 9-6 对象序列化原理

1. 客户端序列化

对象的序列化和反序列化工作，主要借助 ByteArrayOutputStream 和 ByteArrayInput-Stream 完成。在涉及基本数据类型、String 等数据时，可以使用 DataOutputStream 和 DataInputStream 提供的相关读/写 API。Person 类的序列化方法如下所示：

```
public byte[] serialize() throws IOException {
    ByteArrayOutputStream baos = new ByteArrayOutputStream();
    //封装 baos，方便写入基本数据类型和 String
    DataOutputStream dos = new DataOutputStream(baos);
    try {
        dos.writeInt(id);
        dos.writeUTF(name);
        //首先写入 byte[]数组的长度，然后写入内容
        dos.writeInt(photo.length);
        dos.write(photo);
        return baos.toByteArray();
    } finally {
        baos.close();
        dos.close();
    }
}
```

int 类型的 id 直接使用 writeInt()方法即可将数据写入到流内。String 类型的 name 也不复杂，使用 writeUTF()方法可以通过 UTF-8 编码方式将 String 写入到流内，这也是传输中文字符的一种方式。而代表图片的 byte[]数组相对要复杂一些，必须首先将字节数组的长度写到流内，然后再写入 byte[]的数据。反序列化方法按照相同的顺序，依次读取 id 和 name，读取了 byte[]的长度之后，再读取 byte[]的内容，最后返回一个 Person 对象。反序列化方法如下所示：

```
public static Person deserialize(byte[] data) throws IOException {

    ByteArrayInputStream bais = new ByteArrayInputStream(data);
    //封装 bais，方便读取基本数据类型和 String
    DataInputStream dis = new DataInputStream(bais);
    try {
        //创建 Person 对象，并依次读取成员变量
        Person p = new Person();
        p.id = dis.readInt();
        p.name = dis.readUTF();
        //读取 byte[]数组的长度
```

```
            int length = dis.readInt();
            byte[] img = new byte[length];
            dis.read(img);
            p.photo = img;
            return p;
        } finally {
            bais.close();
            dis.close();
        }
    }
```

ObjectTask 扩展了 AbstractTask，向服务器端传送 Person 对象，代码如下所示：

```
private class ObjectTask extends AbstractTask {

    public ObjectTask(TaskListener listener, Person params) {
        super(listener, params);
    }

    @Override
    public HttpResponse doPost() throws Exception {
        HttpClient client = new DefaultHttpClient();
        HttpPost post = new HttpPost(HOST + "/ophone/object");
        post.setHeader("Content-Type", "application/octet-stream");
        //序列化 Person 对象获得 byte[]
        byte[] data = params.serialize();
        //创建一个 ByteArrayEntity
        ByteArrayEntity reqEntity = new ByteArrayEntity(data);
        post.setEntity(reqEntity);
        //发送请求
        HttpResponse resp = client.execute(post);
        return resp;
    }
}
```

可以看出 doPost() 的实现非常简单，因为序列化和反序列化的工作都集中在 Person 类中完成，外界只看到 byte[] 和对象之间的转换工作，而对象的数据组成对外界是透明的。如果根据项目需求需要修改 Person 的数据结构，那么只需要修改 serialize() 和 deserialize() 方法，而不会影响其他模块的代码。这是对象序列化机制的一个优点。

2．服务器端反序列化

　　由于数据的序列化和反序列化都已经封装在 Person 类中，因此服务器端接收 Person 对象的工作也变得非常简单。从 HTTP 请求的内容中读取到 byte[] 之后，直接调用反序列化方法即可恢复 Person 对象。ObjectServlet 的代码如下所示：

```java
package com.ophone.chapter9;

import java.io.ByteArrayOutputStream;
import java.io.File;
import java.io.FileOutputStream;
import java.io.IOException;
import java.io.InputStream;
import java.io.OutputStream;
import javax.servlet.ServletException;
import javax.servlet.http.HttpServlet;
import javax.servlet.http.HttpServletRequest;
import javax.servlet.http.HttpServletResponse;

public class ObjectServlet extends HttpServlet {

    private static final long serialVersionUID = -8636087312701091934L;

    @Override
    protected void doGet(HttpServletRequest req, HttpServletResponse resp)
            throws ServletException, IOException {

    }

    @Override
    protected void doPost(HttpServletRequest req, HttpServletResponse resp)
            throws ServletException, IOException {
        resp.setCharacterEncoding("UTF-8");
        resp.setContentType("text/plain; charset=UTF-8");
        //获得请求内容的输入流
        InputStream is = req.getInputStream();
        ByteArrayOutputStream baos = new ByteArrayOutputStream();
        byte[] buf = new byte[2048];
        int ch = -1;
        while((ch = is.read(buf)) != -1){
```

```
            baos.write(buf,0,ch);
        }
        //分块读取数据，获得 Person 对象的字节数组
        byte[] data = baos.toByteArray();
        //反序列化获得 Person 对象
        Person p = Person.deserialize(data);
        System.out.println(p.getId());
        System.out.println(p.getName());
        //将头像写入到 upload 目录
        String path = getServletContext().getRealPath("/upload");
        File file = new File(path + "/" + System.currentTimeMillis() + ".png");
        FileOutputStream fos = new FileOutputStream(file);
        fos.write(p.getPhoto());
        fos.close();
        //向客户端发送 ok
        OutputStream os = resp.getOutputStream();
        String msg = "ok";
        resp.setContentLength(msg.getBytes("UTF-8").length);
        os.write(msg.getBytes("UTF-8"));
        os.close();
    }
}
```

　　运行项目 chapter9_4，点击"序列化"按钮，向服务器端发送 Person 对象，可以检查服务器端的控制台输出和 upload 目录的图片确认传送是否成功，如图 9-7 所示。

图 9-7　以序列化方式传输对象

9.4.2 使用 XML 传输对象

1．XML 的基础与文档结构

XML（Extensible Markup Language）是由 W3C 于 1998 年 2 月发布的一种标准。它是 SGML（Standard Generalized Markup Language）的一个简化子集，将 SGML 的丰富功能与 HMTL 的易用性结合到 Web 的应用中，以一种开放的、自我描述方式定义了数据结构。在描述数据内容的同时能突出对结构的描述，从而体现出数据之间的关系。这样所组织的数据对于应用程序和用户都是友好的、可操作的。由于 XML 是以文本形式描述的，所以适合于各种平台环境的数据交换。同样由于使用文本来描述内容，可以越过不同平台的障碍进行正常的数据交换。

XML 使用了简单具有自我描述性的语法，从根部开始逐渐扩展到叶子，形成一种树的结构。阅读下面的 XML 文档的内容。

```
<?xml version="1.0" encoding="ISO-8859-1"?>
<note>
    <to>eric</to>
    <from>michael</from>
    <heading>you have a missed call</heading>
    <body>Dear,call me at 13910000000</body>
</note>
```

第一行是 XML 的声明，确定了 XML 的版本为 1.0，内容的编码方式使用 ISO-8859-1。随后是整个 XML 的根元素<note>，代表一个便签。接下来的四行描述了<note>的子元素，用于描述便签的发送者、接收者、标题和内容。最后一行是根元素的结尾</note>。从文档内容可以看出，这是 michael 留给 eric 的一个便签。这个简单的文档表明 XML 具有非常出色的可读性。

XML 的语法非常简单，容易学习，但是其文档的结构要求却比 HTML 严格很多。比如，XML 的所有标签都必须是关闭的，且必须有一个根元素。另外，元素之间的嵌套格式必须正确，不能混乱；XML 的元素属性值必须加引号。之所以要求这么严格，是为了让数据准确地传输，避免表达不清楚。

关于 XML 的更多支持，请读者参考 W3C 的官方网站。

2．二进制数据与文本的转换

本例需要解决的第一个问题是如何通过 XML 传输图片数据。由于 XML 只能传输文本内容，因此二进制数据必须进行编码才能传输。编码方式有多种，比如 Base64 等。这里使用简单的 Alpha 编码方式，Alpha 编码的规则是将一个字节的高 4 位和低 4 位分别进行编码，映射到 A～Z 和 a～z 之间的字符。AlphaEncoder 的源代码如下所示：

```java
package com.ophone.chapter9;
public class AlphaEncoder {

    private AlphaEncoder() {
    }

    public static String encode(byte[] b) {
        int len = b.length;
        StringBuffer sb = new StringBuffer(len << 1);
        for (int i = 0; i < len; i++) {
            sb.append((char) (((b[i] >> 4) & 0x0f) + 'A'));
            sb.append((char) (( b[i]        & 0x0f) + 'a'));
        }
        return sb.toString();
    }

    public static byte[] decode(String s) {
        int len = s.length() >> 1;
        byte[] b = new byte[len];
        for (int i = 0, j = 0; i < len; ) {
            int hi = s.charAt(j++) - 'A';
            int lo = s.charAt(j++) - 'a';
            if (hi < 0 || hi > 0x0f || lo < 0 || lo > 0x0f) {
                    throw new IllegalArgumentException(s);
            }
            b[i++] = (byte) ((hi << 4) + lo);
        }
        return b;
    }
}
```

　　使用 XML 表示 Person 对象，并对图片数据进行 Alpha 编码之后的文档结构可能如下所示。从中可以看出，XML 作为数据描述语言是非常优秀的，Person 对象表现得非常直观。但是并不是所有的数据都适合转换成 XML 格式发送，因为 XML 也存在一些缺点。例如 XML的文本表现手法、标记的符号化等会导致 XML 数据比二进制数据表现方法数据量增加，使用编码方式将二进制数据编码到文本形式，通常会大大加大传输的数据量。因此，在选择 XML 时应该尽量发挥其优势，而不是所有数据都使用 XML 传输。

```
<person>
    <id>100</id>
    <name>Eric Zhan</name>
    <photo>BeIbKbFpIcJbEcDbCoGgCjJmHnJfHbEaPhCn….(省略部分内容)</photo>
</person>
```

3．传输 XML 数据

XMLTask 扩展了 AbstractTask，以 XML 的格式向服务器端发送 Person 对象。由于 XML 的内容是动态生成的，因此使用 ContentProducer 生成 Person 对象的 XML 文档。XMLTask 的源代码如下所示：

```java
private class XMLTask extends AbstractTask {

    public XMLTask(TaskListener listener, Person params) {
        super(listener, params);
    }

    @Override
    public HttpResponse doPost() throws Exception {
        HttpClient client = new DefaultHttpClient();
        HttpPost post = new HttpPost(HOST + "/ophone/withxml");
        ContentProducer cp = new ContentProducer() {
            public void writeTo(OutputStream arg0) throws IOException {
                Writer writer = new OutputStreamWriter(arg0, "UTF-8");
                writer.write("<person>");
                writer.write("<id>");
                writer.write(params.getId() + "");
                writer.write("</id>");
                writer.write("<name>");
                writer.write(params.getName());
                writer.write("</name>");
                writer.write("<photo>");
                //传输图片，必须进行编码
                String s = AlphaEncoder.encode(params.getPhoto());
                writer.write(s);
                writer.write("</photo>");
                writer.write("</person>");
                writer.close();
```

```
                }
            };
            HttpEntity entity = new EntityTemplate(cp);
            post.setEntity(entity);
            HttpResponse resp = client.execute(post);
            return resp;
        }
    }
```

4．解析 XML

SAX（Simple API for XML）和 DOM（Document Object Model）是当前两个主要的 XML API，几乎所有商用的 XML 解析器都同时实现了这两个接口。DOM 以一个分层的对象模型来映射 XML 文档；而 SAX 将文档中的元素转化为对象来处理。DOM 将文档载入到内存中处理；SAX 则相反，它可以检测一个即将到来的 XML 流，由此并不需要所有的 XML 代码同时载入到内存中。本例的服务器端使用 SAX 来解析 XML，幸运的是，Java 2 SDK 1.5 已经内置了 SAX 解析器，开发者可以直接使用，无须引入第三方的解析器。

SAX 的工作方式是事件驱动的，也就是说，当解析器解析一个元素的开始、内容和元素结束时都会调用响应的方法。以前面的 Person 的文档结构为例，事件触发的顺序如下所示：

1．<person>

2．<id>

3．100

4．</id>

5．<name>

6．eric zhan

7．</name>

8．<photo>

9．BeIbKbFpIcJbEcDbCoGgCjJmHnJfHbEaPhCn...(省略部分内容)

10．</photo>

11．</person>

需要注意的一点是，由于 photo 的内容比较多，characters()方法可能被多次调用，每次返回某个长度的 char 数组。因此需要定义一个成员变量 current 来标记当前正在解析的元素名称，如果正在解析<photo>标签，则将 char 数组内容放入缓冲区，等待解析到</photo>标签再进行 Alpha 解码。XMLServlet 的源代码如下所示：

```
package com.ophone.chapter9;

import java.io.File;
import java.io.FileOutputStream;
import java.io.IOException;
import java.io.InputStream;
import java.io.OutputStream;
import javax.servlet.ServletException;
import javax.servlet.http.HttpServlet;
import javax.servlet.http.HttpServletRequest;
import javax.servlet.http.HttpServletResponse;
import javax.xml.parsers.ParserConfigurationException;
import javax.xml.parsers.SAXParserFactory;
import org.xml.sax.Attributes;
import org.xml.sax.SAXException;
import org.xml.sax.helpers.DefaultHandler;

public class XMLServlet extends HttpServlet {

    private static final long serialVersionUID = 3610434475551510823L;

    @Override
    protected void doGet(HttpServletRequest req, HttpServletResponse resp)
            throws ServletException, IOException {
        doPost(req, resp);
    }

    @Override
    protected void doPost(HttpServletRequest req, HttpServletResponse resp)
            throws ServletException, IOException {
        resp.setCharacterEncoding("UTF-8");
        resp.setContentType("text/plain; charset=UTF-8");
        InputStream is = req.getInputStream();
        final Person person = new Person();
        SAXParserFactory factory = SAXParserFactory.newInstance();
        try {
            //创建 SAXParser
            javax.xml.parsers.SAXParser parser = factory.newSAXParser();
```

```java
//开始解析
parser.parse(is, new DefaultHandler() {

        private static final String NAME = "name";
        private static final String ID = "id";
        private static final String PHOTO = "photo";
        //标记当前正在解析的元素
        private String current;
        //缓存<photo></photo>之间的内容
        private StringBuffer buffer = new StringBuffer();

        @Override
        public void characters(char[] ch, int start, int length)
                throws SAXException {
            if (current.equals(NAME)) {
                //解析到<name>
                person.setName(new String(ch));
            } else if (current.equals(ID)) {
                //解析到<id>
                person.setId(Integer.parseInt(new String(ch, start,
                        length)));
            } else if (current.equals(PHOTO)) {
                //可能会在<photo>中多次调用 characters()方法
                String p = new String(ch, start, length);
                buffer.append(p);
            }
        }

        @Override
        public void endElement(String uri, String localName, String name)
                throws SAXException {
            if (name.equals(PHOTO)) {
                //解析到</photo>，将 buffer 中的内容解码生成图片
                byte[] data = AlphaEncoder.decode(buffer.toString());
                buffer.setLength(0);
                person.setPhoto(data);
            }
        }
```

```
        @Override
        public void startElement(String uri, String localName,
                    String name, Attributes attributes) throws SAXException {
                current = name;

            }


    });
} catch (ParserConfigurationException e) {
    e.printStackTrace();
} catch (SAXException e) {
    e.printStackTrace();
}
//打印 Person 对象的 id 和 name
System.out.println(person.getId());
System.out.println(person.getName());
//生成图片
String path = getServletContext().getRealPath("/upload");
File file = new File(path + "/" + System.currentTimeMillis() + ".png");
FileOutputStream fos = new FileOutputStream(file);
fos.write(person.getPhoto());
fos.close();
OutputStream os = resp.getOutputStream();
//向客户端发送 ok
String msg = "ok";
resp.setContentLength(msg.getBytes("UTF-8").length);
os.write(msg.getBytes("UTF-8"));
os.close();
    }
}
```

运行项目 chapter9_4，点击"XML"按钮，看看 Person 对象是否已经成功传输到了服务器端。

由于将图片数据转换为文本的工作大大增加了传输的数据量，在联网过程中可能给用户造成不必要的资费损失。为了进一步优化，可以引入更高效的编码方式或者对传输的数据进行压缩。一般来说，ZIP 压缩对文本内容还是非常有效的，可以大大降低数据量。

9.5　数据连接管理

在连接互联网前，终端必须打开数据连接，建立终端与网络的数据通道。APN（Access Point Name），即"接入点名称"，用来标识数据连接的业务种类，目前主要分为两大类：CMWAP（通过数据连接访问 WAP 业务）和 CMNET（除了 WAP 以外的服务目前都用 CMNET，比如连接因特网等）。OPhone 平台提供了多个 APN 并发连接的能力，可以使各个应用同时访问不同的 APN。例如，用户可以使用浏览器通过 CMNET 访问浏览 10086 门户网站；同时音乐随身听客户端在后台可以通过 CMWAP 连接音乐平台，用户可以进行在线听歌。

OPhone 平台提供了 ConnectivityManager 类来管理数据连接，通过 ConnectivityManager 提供的接口，程序可以打开/关闭指定类型的数据连接，监听数据连接状态的变化。

在使用 ConnectivityManager 前，必须在 Manifest 文件中声明相应的权限。

```
<uses-permission android:name="android.permission.ACCESS_NETWORK_STATE" />
<uses-permission android:name="android.permission.CHANGE_NETWORK_STATE" />
```

通过调用 Context.getSystemService（Context.CONNECTIVITY_SERVICE），可以获取 ConnectivityManager 的实例。

下面我们将详细介绍 ConnectivityManager 类提供的接口，以及如何通过这些接口来管理数据连接。

1．打开数据连接

int startUsingNetworkFeature(int networkType, String feature)：调用该接口，通知系统打开指定的数据连接，该接口为同步接口。

参数：

● networkType

指定数据连接的类型，可选值为 ConnectivityManager.TYPE_WIFI, ConnectivityManager. TYPE_MOBILE。

● feature

指明 APN 类型（"wap" 代表 CMWAP，"net" 代表 CMNET）。

返回值：int 类型

● Phone.APN_ALREADY_ACTIVE（0）

数据连接已经建立，程序可以立刻进行网络通信。

● Phone.APN_REQUEST_STARTED（1）

数据连接请求已发出，开始建立连接，程序需要监听数据连接状态，判断数据连接是否建立成功。

● 其他值

当返回值为 0 或 1 以外的任何值时，表示数据连接建立失败。

2．关闭数据连接

int stopUsingNetworkFeature（int networkType, String feature）：调用该接口后，当没有任何程序在使用指定的 APN 时，系统才会真正关闭该 APN 连接，否则只是将这个 APN 的引用计数减 1。

参数：

● networkType

指定数据连接的类型，可选值为 ConnectivityManager.TYPE_WIFI, ConnectivityManager. TYPE_MOBILE。

● feature

指明 APN 类型（"wap"代表 CMWAP，"net"代表 CMNET）。

返回值：int 类型

当返回值为-1 时，表示此次调用失败。

3．获取当前的数据连接状态

NetworkInfo[] getAllNetworkInfo()：调用该接口，可以得到当前的数据连接状态。

返回值：NetworkInfo[]，返回当前所有数据连接类型（WIFI，MOBILE）的连接状态。

4．监听数据连接的状态变化

当数据连接状态发生变化（打开或关闭）时，系统会通过发送 Intent 的方式广播状态改变的消息。应用程序可以通过注册监听 Intent: ConnectivityManager.CONNECTIVITY_ ACTION 来获取该广播消息。

运行项目 chapter9_5，点击按钮打开或关闭 CMWAP 连接，如图 9-8 所示。当程序监听到数据连接状态改变的时候，程序将弹出 Toast 消息通知用户状态变化。

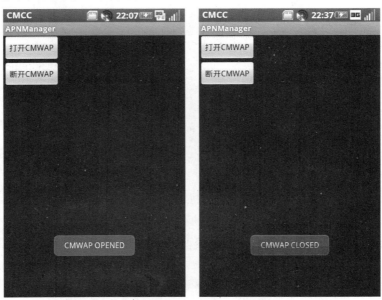

图 9-8　打开或关闭 CMWAP

上面介绍了 OPhone 平台数据连接管理的基本用法，数据连接建立后，在程序使用 HTTP 协议等进行网络通信前，还需要注意以下两点：

● 在 AndroidManifest.xml 中，需要声明网络通信的权限

```
<uses-permission android:name="android.permission. INTERNET" />
```

● 在进行网络通信前，需要通过 Socket.setInterface() 指明网络接口名称。网络接口名称可以通过 NetworkInfo.getInterfaceName() 获得。一般情况下，当应用程序监听到数据连接打开成功的事件时，进行网络接口名称的设置。请参考下面的示例代码。

```
package com.ophone.chapter9_5;

import android.app.Activity;
import android.content.BroadcastReceiver;
import android.content.Context;
import android.content.Intent;
import android.content.IntentFilter;
import android.net.ConnectivityManager;
import android.net.NetworkInfo;
import android.os.Bundle;
import android.text.TextUtils;
import android.view.View;
import android.widget.Button;
import android.widget.Toast;

public class APNActivity extends Activity {

    private ConnectivityBroadcastReceiver mReceiver;
    private NetworkInfo mNetworkInfo;
    private ConnectivityManager mCM;

    private Button start;
    private Button stop;

    private class ConnectivityBroadcastReceiver extends BroadcastReceiver {
        public void onReceive(Context context, Intent intent) {
            String action = intent.getAction();
```

```java
        if (!action.equals(ConnectivityManager.CONNECTIVITY_ACTION)) {
            return;
        }

        // 获取网络信息
        mNetworkInfo = (NetworkInfo) intent
                .getParcelableExtra(ConnectivityManager.EXTRA_NETWORK_INFO);

        // 获取网络连接失败的原因
        String reason = intent
                .getStringExtra(ConnectivityManager.EXTRA_REASON);

        // 是否是自动切换网络
        boolean isFailover = intent.getBooleanExtra(
                ConnectivityManager.EXTRA_IS_FAILOVER, false);

        if (TextUtils.equals(mNetworkInfo.getApType(), "wap")) {
            if (mNetworkInfo.getState() == NetworkInfo.State.CONNECTED) {
                //设置网络接口名称
                Socket.setInterface(mNetworkInfo.getInterfaceName());
                Toast.makeText(APNActivity.this, "CMWAP OPENED",
                    Toast.LENGTH_SHORT).show();
            } else if (mNetworkInfo.getState() == NetworkInfo.State.DISCONNECTED) {
                Toast.makeText(APNActivity.this, "CMWAP CLOSED",
                    Toast.LENGTH_SHORT).show();
            }
        }
    };
}


// 监听数据连接状态
public void registerDataConnectionIntent(Context ctx) {
    mReceiver = new ConnectivityBroadcastReceiver();
    IntentFilter filter = new IntentFilter();
    filter.addAction(ConnectivityManager.CONNECTIVITY_ACTION);
    ctx.registerReceiver(mReceiver, filter);
}
```

```
/** Called when the activity is first created. */
public void onCreate(Bundle savedInstanceState) {
    super.onCreate(savedInstanceState);
    setContentView(R.layout.main);

    mCM
= (ConnectivityManager)this.getSystemService(Context.CONNECTIVITY_SERVICE);
    registerDataConnectionIntent(this);

    //初始化 start
     start = (Button) findViewById(R.id.start);
    start.setOnClickListener(new View.OnClickListener() {
        public void onClick(View arg0) {
            mCM.startUsingNetworkFeature(ConnectivityManager.TYPE_MOBILE, "wap");
        }
    });
    //初始化 stop
    stop = (Button) findViewById(R.id.stop);
    stop.setOnClickListener(new View.OnClickListener() {
        public void onClick(View arg0) {
            mCM.stopUsingNetworkFeature(ConnectivityManager.TYPE_MOBILE, "wap");
        }
    });
    }
}
```

9.6　小结

　　本章深入介绍了 OPhone 平台连接互联网的能力。从 HTTP 协议和数据格式的分析入手，随后讲解了如何使用 OPhone 平台提供的 API 解决 HTTP 应用程序开发中的典型问题，包括线程管理和数据格式的设计，以及 APN 管理等。联网应用程序开发较为复杂，涉及的内容较多，而这部分的内容也十分重要，希望读者仔细阅读。

　　下一章将介绍 OPhone 平台的电话和短信。

第 10 章
高级通信技术

10

上一章介绍了基于 OPhone 平台开发联网应用程序，分析了 HTTP Client 的 API，以及如何设计客户端与服务器端的数据格式。本章主要介绍 OPhone 平台提供的通信层 API，借助这些 API 可以方便地访问电话和短信等功能。

10.1　电话

尽管目前的移动电话中增加了很多应用程序，包括日历、媒体播放器、摄像头等。但是，电话功能依然是最重要的应用之一。在某些情况下，开发者可能希望将电话功能集成到应用程序中，或者在应用程序中监听电话和网络服务的状态。为了满足这些需求，OPhone 平台提供了 android.telephony 包来实现电话状态查询、网络服务的监听等功能。在 OPhone 中，电话的通话记录是以 Content Provider 的方式存储的，因此应用程序可以读取电话的通话记录。

10.1.1　电话呼叫

OPhone 平台并没有将电话呼叫的 API 开放给开发者，而是允许应用程序通过 Intent 启动电话拨号，或者直接发起一个电话呼叫。这样做的好处是应用程序可以和底层的硬件实现解耦合，一旦电话功能做了修改，涉及电话功能的应用程序无须修改。另外，电话呼叫是一个复杂的过程，其中可能出现网络不可用、电话号码无效等错误，希望集成电话呼叫功能的应用程序无须考虑这些问题，提高了开发效率。

在 OPhone 平台中定义了两种 Intent Action 分别用于发起电话呼叫和启动拨号程序。

Intent.ACTION_CALL,使用此类的 Intent 将直接启动电话程序，并呼叫电话号码，电话号码使用 tel:number 格式附加在 Intent 的数据组件中。如果想使用此功能，必须要在 AndroidManifest.xml 中声明 android.permission.CALL_PHONE 权限，否则会抛出安全异常。

　　Intent.ACTION_DIAL，使用此类的 Intent 将启动电话拨号程序，用户可以在程序中拨打电话。使用此功能无须任何权限。

　　CallActivity 演示了如何使用 OPhone 平台的电话呼叫功能，用户可以选择是发起电话呼叫还是打开拨号程序。CallActivity 的代码如下所示：

```java
package com.ophone.chapter10_1;

import android.app.Activity;
import android.content.Intent;
import android.net.Uri;
import android.os.Bundle;
import android.view.View;
import android.widget.Button;

public class CallActivity extends Activity {

    private Button call;
    private Button dial;

    @Override
    protected void onCreate(Bundle savedInstanceState) {
        super.onCreate(savedInstanceState);
        setContentView(R.layout.call);
        call = (Button) findViewById(R.id.call);
        call.setOnClickListener(new View.OnClickListener() {
            public void onClick(View v) {
                //直接发起电话呼叫
                Intent intent = new Intent(Intent.ACTION_CALL, Uri
                        .parse("tel:110"));
                startActivity(intent);
            }
        });
        dial = (Button) findViewById(R.id.dial);
        dial.setOnClickListener(new View.OnClickListener() {
            public void onClick(View v) {
```

```
                    //启动拨号程序
                    Intent intent = new Intent(Intent.ACTION_DIAL);
                    startActivity(intent);
                }
            });
        }
    }
```

运行 CallActivity，如果选择"直接呼叫 110"，则直接启动电话并呼叫 110 号码。如果选择"进入拨号界面"，则会启动电话程序进入到拨号界面，如图 10-1 所示。

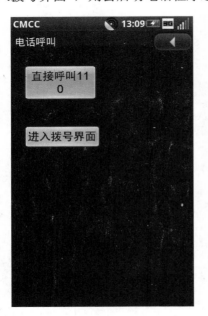

图 10-1　OPhone 平台的电话功能

10.1.2　监听电话状态

OPhone 平台还提供了监听电话状态的功能，包括网络服务、信号强度、数据连接和电话呼入等。想监听电话状态，必须首先创建一个 TelephonyManager 对象，通常并不能直接创建此对象，而是使用如下方法：

```
TelephonyManager tm
    = (TelephonyManager)context.getSystemService(Context.TELEPHONY_SERVICE)
```

然后创建一个 PhoneStateListener 对象，PhoneStateListener 方法中定义了 8 个方法，可以根据需要实现其中的部分方法。最后调用 TelephonyManager.listen(PhoneStateListener l,int mask)方法开始监听电话状态，mask 是比特位掩码，标识需要监听的事件，如果希望监听全部事件，可以这样设置 mask：

```
telephonyManager.listen(phoneStateListener,
    PhoneStateListener.LISTEN_CALL_FORWARDING_INDICATOR |
    PhoneStateListener.LISTEN_CALL_STATE |
    PhoneStateListener.LISTEN_CELL_LOCATION |
    PhoneStateListener.LISTEN_DATA_ACTIVITY |
    PhoneStateListener.LISTEN_DATA_CONNECTION_STATE |
    PhoneStateListener.LISTEN_MESSAGE_WAITING_INDICATOR |
    PhoneStateListener.LISTEN_SERVICE_STATE |
    PhoneStateListener.LISTEN_SIGNAL_STRENGTH);
```

如果不希望继续监听电话状态，那么可以调用 listen()方法，将 PhoneStateListener 对象传入，并设置事件标志位为 LISTEN_NONE。

1．监听电话呼叫

监听电话呼叫是最常用的功能，因为电话程序的优先级别是最高的，当有电话呼入时，系统会将电话程序放到前台运行，当前运行的程序将放入后台。只有监听电话程序的状态，应用程序才能够对电话状态的变更作出反应。如果希望监听电话呼叫状态，则需要覆盖 onCallStateChanged(int state, String incomingNumber)方法。当电话状态改变时，系统会将电话的状态和呼入的号码传递给此方法。目前系统中定义了 3 种电话状态：

● TelephonyManager.CALL_STATE_IDLE，电话处于空闲状态；

● TelephonyManager.CALL_STATE_RINGING，电话振铃响起；

● TelephonyManager.CALL_STATE_OFFHOOK，电话处于接通状态。

例如，下面的代码片段覆盖了 onCallStateChanged()方法，并在日志中输出电话状态的改变与来电号码。

```
@Override
public void onCallStateChanged(int state, String incomingNumber){
    switch (state) {
    case TelephonyManager.CALL_STATE_IDLE:
        break;
    case TelephonyManager.CALL_STATE_OFFHOOK:
        Log.e(TAG, "the phone is offhook and the incoming number is " +
            incomingNumber);
        break;
    case TelephonyManager.CALL_STATE_RINGING:
        Log.e(TAG, "the phone rings and the incoming number is "
```

```
                    + incomingNumber);
        break;
    }
}
```

2．跟踪蜂窝位置

OPhone 平台还允许应用程序监听蜂窝位置的改变，只需要实现 PhoneStateListener 并覆盖 onCellLocationChanged(CellLocation location)方法即可。需要注意的是，为了读取蜂窝位置的变化，必须要在 AndroidManifest.xml 中声明如下权限：

```
<uses-permission android:name="android.permission.ACCESS_COARSE_LOCATION"/>
```

当移动电话的位置发生改变时，onCellLocationChanged()方法会被调用，并且传递一个 CellLocation 对象。可以通过 CellLocation 或者 Cell ID 及 LAC（位置区域编码）。

下面的代码片段覆盖了 onCellLocationChanged()方法，并将 CID 和 LAC 输出到日志中。

```
@Override
public void onCellLocationChanged(CellLocation location) {
    GsmCellLocation gsl = (GsmCellLocation)location;
    Log.e(TAG, "the cell id is "+gsl.getCid());
    Log.e(TAG,"the lac is "+gsl.getLac());
}
```

3．监听数据连接

PhoneStateListener 中定义了 onDataActivity(int direction)方法，如果希望监听数据传输状态的改变，则可以覆盖并实现此方法。在 TelephonyManager 中定义了 4 种数据传输状态，如下所示：

- DATA_ACTIVITY_NONE，无数据流量；
- DATA_ACTIVITY_OUT，当前正在向外发送 IP 数据；
- DATA_ACTIVITY_IN，当前正在接收 IP 数据；
- DATA_ACTIVITY_INOUT，当前同时在接收和发送数据。

PhoneStateListener 中还定义了 onDataConnectionStateChanged(int state)方法，如果希望监听网络连接状态的改变，则可以覆盖并实现此方法。在 TelephonyManager 中定义了 4 种数据连接状态，如下所示：

- DATA_DISCONNECTED，网络未连接；
- DATA_CONNECTING，正在建立网络连接；
- DATA_CONNECTED，网络连接已建立；

● DATA_SUSPENDED，网络连接挂起。例如，在 2G 网络中当电话呼入后数据连接将不可用。

4．监听服务状态

OPhone 平台还允许应用程序监听当前的网络服务状态，比如当前通信服务是否可用、电话是否处在漫游状态下等。如果希望监听网络服务状态，则需要实现 PhoneStateListener 并覆盖 onServiceStateChanged(ServiceState serviceState)方法。当网络状态更新时，此方法会被调用并且传入一个 ServiceState 对象。ServiceState 中定义了 4 种网络服务状态，如下所示：

● STATE_EMERGENCY_ONLY，电话被锁定，只能呼叫紧急号码；

● STATE_IN_SERVICE，通信服务状态正常；

● STATE_OUT_OF_SERVICE，电话未在运营商的网络中注册，无法正常使用；

● STATE_POWER_OFF，电话的无线电功能已经关闭，比如在飞行模式下。

除了能够查询网络服务状态外，通过 ServiceState 的下列方法还可以查询运营商的名称、数字 ID 及漫游状态。

● getOperatorAlphaLong()，查询运营商的名称；

● getOperatorNumeric()，查询运营商的数字 ID；

● getRoaming()，查询移动电话是否处在漫游状态。

例如，下面的代码覆盖了 onServiceStateChanged(ServiceState serviceState)方法，并在服务可用时，在日志中输出运营商的名称。

```
@Override
public void onServiceStateChanged(ServiceState serviceState) {
    int state = serviceState.getState();
    switch (state) {
    case ServiceState.STATE_EMERGENCY_ONLY:
    case ServiceState.STATE_OUT_OF_SERVICE:
    case ServiceState.STATE_POWER_OFF:
        break;
    case ServiceState.STATE_IN_SERVICE: {
        Log.e(TAG, "the operator's name is"
                + serviceState.getOperatorAlphaLong());
        break;
        }
    }
}
```

除了上面介绍的内容之外，PhoneStateListener 还可以监听信号长度改变等状态。读者可以阅读 OPhone 开发文档获得更多内容。

10.1.3　查询电话属性

TelephonyManager 还提供了查询电话和 SIM 卡属性的方法，下面列出了几个常用的方法，更多内容请参考 OPhone 开发文档。

- getVoiceMailNumber()，查询语音信箱号码；
- getSimSerialNumber()，查询 SIM 卡串号；
- getLine1Number()，查询 Line 1 的号码，例如 GSM 中的 MSISDN；
- getDeviceId()，查询唯一的设备标识号，可能返回 IMEI 号码；
- getDeviceSoftwareVersion()，查询设备的软件版本号。

10.1.4　读取通话记录

OPhone 平台将用户的通话记录存储在 Content Provider 之中，允许其他应用程序访问这些数据。CallLog.Calls 类描述了通话记录存储的数据结构，其中包括如下重要的数据库字段。

- TYPE，标识通话记录的类型，包括呼入、呼出和未接等类型；
- NUMBER，通话记录的电话号码；
- DURATION，通话记录的时长，单位是秒；
- DATE，通话的时间。

CallLogActivity 读取了上述 4 种字段并将其显示在 ListActivity 上，由于访问 Content Provider 的内容已经在第 6 章介绍过，这里不再重复。CallLogActivity 的源代码如下所示：

```
package com.ophone.chapter10_1;

import java.sql.Date;
import java.text.SimpleDateFormat;
import android.app.ListActivity;
import android.content.Context;
import android.database.Cursor;
import android.os.Bundle;
import android.provider.CallLog;
import android.provider.MediaStore;
import android.view.View;
import android.widget.ImageView;
import android.widget.SimpleCursorAdapter;
import android.widget.TextView;
```

```java
public class CallLogActivity extends ListActivity {

    class IconCursorAdapter extends SimpleCursorAdapter {

        SimpleDateFormat sdf = new SimpleDateFormat(
                "yyyy.MM.dd HH:mm:ss");
        public IconCursorAdapter(Context context, int layout, Cursor c,
                String[] from, int[] to) {
            super(context, layout, c, from, to);
            setViewBinder(new ViewBinder() {
                public boolean setViewValue(View arg0, Cursor arg1, int arg2) {
                    //获得字段的名称
                    String colName = arg1.getColumnName(arg2);
                    //通话记录类型，根据类型设置对应的图标
                    if (CallLog.Calls.TYPE.equals(colName)) {
                        int value = arg1.getInt(arg2);
                        ImageView v = (ImageView) arg0;
                        switch (value) {
                        //呼入类型
                        case CallLog.Calls.INCOMING_TYPE:
                            v.setImageDrawable(getResources().getDrawable(
                                    R.drawable.in));
                            break;
                        //呼出类型
                        case CallLog.Calls.OUTGOING_TYPE:
                            v.setImageDrawable(getResources().getDrawable(
                                    R.drawable.out));
                            break;
                        //未接类型
                        case CallLog.Calls.MISSED_TYPE:
                            v.setImageDrawable(getResources().getDrawable(
                                    R.drawable.fail));
                            break;
                        default:
                            break;
                        }
                        return true;
```

```
                    }
                    if (CallLog.Calls.DATE.equals(colName)) {

                        //格式化呼叫时间
                        long value = arg1.getLong(arg2);
                        java.util.Date date = new Date(value);
                        if (value > 0) {
                            TextView v = (TextView) arg0;
                            v.setText(sdf.format(date));
                            return true;
                        }
                        return false;

                    } else if (CallLog.Calls.DURATION.equals(colName)) {
                        long duration = arg1.getLong(arg2);
                        // 如果字段是 DURATION，格式化此字段
                        String time = timeToString(duration);
                        if (duration > 0) {
                            TextView v = (TextView) arg0;
                            v.setText(time);
                            return true;
                        }
                        return false;
                    }
                    // 如果返回 NUMBER 字段，交给父类处理
                    return false;
                }
            });
        }
    }
//将秒换算为 mm:ss 形式
private String timeToString(long duration) {
    if (duration < 0)
        return "00:00";
    StringBuffer sb = new StringBuffer();
    long m = duration /60;
    sb.append(m < 10 ? "0" + m : m);
    sb.append(":");
```

```
long s = duration %60;
sb.append(s < 10 ? "0" + s : s);
return sb.toString();
    }
    @Override
    protected void onCreate(Bundle arg0) {
        super.onCreate(arg0);
        //初始化界面布局
        setContentView(R.layout.calllog);
        Cursor cursor = getContentResolver().query(CallLog.Calls.CONTENT_URI,
                null, null, null, CallLog.Calls.DEFAULT_SORT_ORDER);
        startManagingCursor(cursor);
        String[] from = { CallLog.Calls.TYPE, CallLog.Calls.NUMBER,
                CallLog.Calls.DURATION, CallLog.Calls.DATE };
        int[] to = { R.id.listicon1, R.id.number, R.id.duration, R.id.date };
        SimpleCursorAdapter adapter = new IconCursorAdapter(this,
                R.layout.log_list, cursor, from, to);
        setListAdapter(adapter);
    }
}
```

运行 CallLogActivity，显示用户的通话记录如图 10-2 所示。

图 10-2　显示用户的通话记录

10.2　短消息

手机短消息作为移动通信的一项增值业务，由于价格便宜、收发方便、私密性好等特点，已经成为用户的一种常见的交流方式。手机短消息服务允许用户发送最多 160 个字节的文本信息给其他用户，短消息只占用信令通道，而不会影响手机的话路通道，因此在通话过程中同样可以接收短消息。

OPhone 平台内置了对短消息的支持，开发者可以使用相关的 API 发送和接收短消息。本节主要介绍如何发送和接收短消息。

10.2.1　发送短信

在 OPhone 平台中，SmsManager 负责发送文本、二进制数据格式的短消息。SmsManager 是基于单例模式设计的，调用 SmsManager.getDefault() 可以获得一个 SmsManager 实例。在 SmsManager 中定义了 3 个方法用于发送短消息。

- sendDataMessage()：发送基于数据的短消息到指定应用程序端口。
- sendMultipartTextMessage()：发送基于短消息格式的多部分文本内容。
- sendTextMessage()：发送文本格式的短消息。

chapter10_2 项目中的 ComposeMessageActivity 实现了发送短消息的功能，运行 chapter10_2，从菜单中选择"编写短消息"进入消息编写界面，如图 10-3 所示。

图 10-3　发送短消息

当用户输入了接收方的电话号码和短信内容后，点击"发送短消息"按钮，将调用如下代码发送短消息。

```
private void sendMessage(String address, String content) {
    SmsManager manager = SmsManager.getDefault();
    Intent i = new Intent(SMS_ACTION);
    //生成 PendingIntent，当消息发送完成后，接收到广播
    PendingIntent sentIntent = PendingIntent.getBroadcast(this, 0, i,
        PendingIntent.FLAG_ONE_SHOT);
    manager.sendTextMessage(address, null, content, sentIntent, null);
}
```

如果 sendTextMessage()的第四个参数不为 null，而是传入了一个 PendingIntent 对象，那么在短消息发送成功或者失败的情况下，PendingIntent 对象将会被广播。如果返回的结果代码为 Activity.RESULT_OK，则代码短消息发送成功；如果发送失败，返回的结果代码可能是如下代码的其中之一。

- RESULT_ERROR_GENERIC_FAILURE
- RESULT_ERROR_RADIO_OFF
- RESULT_ERROR_NULL_PDU

ComposeMessageActivity 为了能够获得短消息发送成功与否的提示，创建了 SentReceiver。当接收到成功发送的消息时，弹出 Toast 提示用户。SentReceiver 的代码如下所示：

```
private class SentReceiver extends BroadcastReceiver {
@Override
public void onReceive(Context context, Intent intent) {
    if (intent.getAction().equals(SMS_ACTION)) {
    int code = getResultCode();
    //短消息发送成功
    if(code == Activity.RESULT_OK)
    Toast.makeText(ComposeMessageActivity.this, R.string.msg_sent,
        Toast.LENGTH_SHORT).show();
    }
}
};
```

10.2.2　接收短消息

当系统接收到短消息时，会发出 Intent 广播，action 属性为 android.provider. Telephony.SMS_RECEIVED。因此，如果想接收短消息，只需要注册一个 BroadcastReceiver，当接收到 action 为 android.provider.Telephony.SMS_RECEIVED 的 Intent 后从中解析短消息。

通常，短消息可以以文本模式或者 PDU（Protocol Description Unit）模式发送和接收，文本模式实际上也是 PDU 编码的一种表现形式。显示 SMS 消息可能使用不同的字符集和不同的编码方式，最常见的选择是"PCCP437"、"PCDN"、"8859-1"、"IRA"和"GSM"。OPhone 平台的短消息发送/接收都使用 PDU 模式，因此接收短消息时，需要从 PDU 格式的原始数据解码出短消息。SmsMessage 类对短消息进行了封装，开发者可以从 SmsMessage 中读取原始数据 byte[]，也可以从 byte[]中解码获得 SmsMessage 对象。

应用程序想接收短消息，必须首先在 AndroidManifest.xml 中声明使用权限，如下所示：

```
<uses-permission android:name="android.permission.RECEIVE_SMS" />
```

然后创建一个 BroadcastReceiver 进行注册，可以选择在 AndroidManifest.xml 中注册，也可以使用代码直接在程序中注册。SmsActivity 演示了如何接收短消息，源代码如下所示：

```java
package com.ophone.chapter10_2;

import android.app.Activity;
import android.content.BroadcastReceiver;
import android.content.Context;
import android.content.Intent;
import android.content.IntentFilter;
import android.os.Bundle;
import android.telephony.gsm.SmsManager;
import android.telephony.gsm.SmsMessage;
import android.widget.Toast;

public class SMSActivity extends Activity {

    private static final String ACTION = "android.provider.Telephony.SMS_RECEIVED";
    private SmsReceiver receiver = new SmsReceiver();
    private class SmsReceiver extends BroadcastReceiver{
        @Override
        public void onReceive(Context context, Intent intent) {
```

```
        if(intent.getAction().equals(ACTION)){
            Bundle bundle = intent.getExtras();
            //SMS 消息的 byte[]存储在 pdus 中
            Object[] pdus = (Object[])bundle.get("pdus");
            SmsMessage[] msgs = new SmsMessage[pdus.length];
            for(int i = 0;i<msgs.length;i++){
                //从 pdu 中恢复出 SmsMessage 对象
                msgs[i] = SmsMessage.createFromPdu((byte[])pdus[i]);
            }
            StringBuffer buffer = new StringBuffer();
            for(int i = 0;i<msgs.length;i++){
                //读取消息的地址和消息内容
                buffer.append("receive message "+(i+1)+"\n");
                buffer.append("from"+msgs[i].getDisplayOriginatingAddress()+"\n");
                buffer.append("body "+msgs[i].getDisplayMessageBody()+"\n");
            }
            //显示消息内容
            Toast.makeText(SMSActivity.this, buffer.toString(),
                            Toast.LENGTH_LONG).show();
        }
    }
};
@Override
public void onCreate(Bundle savedInstanceState) {
    super.onCreate(savedInstanceState);
    setContentView(R.layout.main);
}


@Override
protected void onPause() {
    super.onPause();
    //注销 Receiver
    unregisterReceiver(receiver);
}


@Override
protected void onResume() {
```

```
        super.onResume();
        //注册 Receiver
        IntentFilter filter = new IntentFilter(ACTION);
        registerReceiver(receiver, filter);
    }
}
```

运行 SmsActivity，启动命令行控制台，输入如下命令，模拟器会显示出接收到的短消息，如图 10-4 所示。

```
telnet localhost 5554
sms send 13810010010 welcome to ophone world
```

图 10-4 接收短消息

10.3 小结

本章介绍了 OPhone 平台的两种通信技术：电话和短信。在电话部分介绍了如何在 OPhone 平台发起电话呼叫，监听电话和网络服务状态，以及读取用户的通话记录。在短信部分介绍了如何发送和接收短信。

下一章将介绍如何访问 OPhone 的硬件，包括摄像头、位置服务和传感器等。

第 11 章
访问硬件层

OPhone 平台在应用程序框架层提供了相关 API 来访问底层硬件，这一特性极大地扩展了 OPhone 平台的能力，可以帮助开发者开发出功能更加强大、用户体验更加出色的应用程序。本章主要介绍如下内容：

- 使用 Camera 拍摄图片
- 访问位置服务（Location-Based Service，LBS）
- 访问传感器

11.1 访问相机

由于成本的降低，越来越多的手机集成了数码相机。用户可以使用相机拍摄图片，甚至是视频。OPhone 平台提供了 Camera 类访问底层的相机，允许应用程序拍摄图片。本节通过一个拍摄照片的例子演示如何使用 Camera 类的 API。

11.1.1 创建 Camera 对象

Camera 类没有默认构造器，通过调用 Camera.open()方法来返回一个 Camera 对象。CameraActivity 使用 CameraPreview 渲染屏幕，CameraPreview 通过底层的引擎来更新画面内容，这点与播放视频类似。在创建 Surface 时，创建一个 Camera 对象，然后调用 Camera.setPreviewDisplay()告诉 Camera 在哪里渲染。由于 Camera 是设备唯一的资源，应用程序务必在结束前调用 Camera.release()释放资源。CameraPreview 的代码片段如下所示：

```
class CameraPreview extends SurfaceView implements SurfaceHolder.Callback {
    SurfaceHolder mHolder;
```

```
        public CameraPreview(Context context) {
            super(context);
            mHolder = getHolder();
            mHolder.addCallback(this);
            mHolder.setType(SurfaceHolder.SURFACE_TYPE_PUSH_BUFFERS);
        }
        //创建 Surface 时，此方法被调用
        public void surfaceCreated(SurfaceHolder holder) {
            //打开摄像头，获得 Camera 对象
            camera = Camera.open();
            try {
                //设置显示
                camera.setPreviewDisplay(holder);
            } catch (IOException exception) {
                camera.release();
                camera = null;
            }
        }


        public void surfaceDestroyed(SurfaceHolder holder) {
        }


        public void surfaceChanged(SurfaceHolder holder, int format, int w,int h) {
        }
    }
```

11.1.2　设置 Camera 参数

调用 Camera.getParameters()方法返回 Camera.Parameters 对象，Parameters 类用于设置 Camera 的参数。调用：

```
public void    setPictureFormat    (int pixel_format)
```

可以设置图片的格式，格式可以是 PixelFormat.YCbCr_420_SP、PixelFormat.RGB_565 或者 PixelFormat.JPEG。还可以调用：

```
public void    setPictureSize    (int width, int height)
```

设置图片的大小，宽度和高度的参数为像素。本例在 surfaceChanged()方法中设置 Camera

的参数，代码如下所示：

```
public void surfaceChanged(SurfaceHolder holder, int format, int w,int h) {
    //已经获得 Surface 的 width 和 height，设置 Camera 的参数
    Camera.Parameters parameters = camera.getParameters();
    parameters.setPreviewSize(w, h);
    camera.setParameters(parameters);
    //开始预览
    camera.startPreview();
}
```

11.1.3 预览

预览的意思是将 Camera 捕捉到的实时视频内容渲染到 Surface 上，这是一个非常酷的特性。调用 Camera.startPreview()之后，Camera 开始将预览的内容渲染到 Surface；调用 Camera.stopPreview()结束预览。本例在 Surface 销毁时，停止预览并释放 Camera，代码如下所示：

```
//Surface 销毁时，此方法被调用
public void surfaceDestroyed(SurfaceHolder holder) {
    camera.stopPreview();
    //释放 Camera
    camera.release();
    camera = null;
}

public void surfaceChanged(SurfaceHolder holder, int format, int w,int h) {
}
```

11.1.4 拍摄照片

调用 takePicture()方法可以拍摄照片：

```
public final void takePicture (Camera.ShutterCallback shutter,
                    Camera.PictureCallback raw, Camera.PictureCallback jpeg)
```

为了避免阻塞用户界面，此方法是异步调用的。Camera 在整个拍照过程中通过一系列的回调动作通知应用程序拍照的进程。

第一个参数 ShutterCallback 在图像被捕获时被回调，通常在这里通过某种音效通知用户照片已经拍照成功了。代码如下所示：

```
//快门按下时 onShutter()被回调
private ShutterCallback shutterCallback = new ShutterCallback(){
    public void onShutter() {
        if(tone == null)
            //发出提示用户的声音
            tone = new ToneGenerator(AudioManager.STREAM_MUSIC,
                        ToneGenerator.MAX_VOLUME);
        tone.startTone(ToneGenerator.TONE_PROP_BEEP2);
    }
};
```

第二个参数 PictureCallback 在生成图像的原始数据时被调用，图片的原始数据通过 byte[]传入回调方法。如果不希望处理此回调方法，将 takePicture()的第二个参数设置为 null 即可。

第三个参数 PictureCallback 在生成 JPEG 格式图片数据时被调用，JPEG 格式的图片数据通过 byte[]传入回调方法。本例从 byte[]中创建一个 JPEG 格式的图片并存储在 SD 卡上，然后通过发送 Intent 启动 OPhone 内置的图片应用程序来显示此图片，无须自己开发图片显示界面，代码如下所示：

```
//返回照片的 JPEG 格式的数据
private PictureCallback jpegCallback = new PictureCallback(){
    public void onPictureTaken(byte[] data, Camera camera) {
        Parameters ps = camera.getParameters();
        if(ps.getPictureFormat() == PixelFormat.JPEG){
            //存储拍照获得的图片
            String path = save(data);
            //在 Image Content Provider 中增加一条记录
            ContentValues values = new ContentValues();
            values.put(Images.Media.MIME_TYPE, "image/jpeg");
            values.put(Images.Media.DATA, path);
            getContentResolver().
            insert(MediaStore.Images.Media.EXTERNAL_CONTENT_URI, values);
            //将图片交给 Image 程序处理
            Uri uri = Uri.fromFile(new File(path));
            Intent intent = new Intent();
            intent.setAction("android.intent.action.VIEW");
```

```
                intent.setDataAndType(uri, "image/jpeg");
                startActivity(intent);
            }
        }
    };
```

运行 chapter11_1，预览和拍照界面如图 11-1 所示。

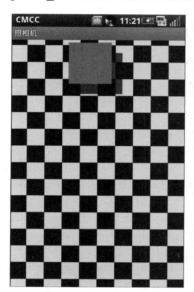

图 11-1　使用 Camera 拍摄照片（左图为预览效果、右图为拍照效果）

11.2　访问位置服务

通过访问底层硬件提供的位置服务可以定位设备的当前位置，这项功能大大扩展了手机的功能，除了作为通信工具之外，还可以用于导航服务。位置服务可能依赖于底层的 GPS 模块提供数据，也可能使用基于蜂窝的技术。本节介绍如何在 OPhone 平台访问位置服务。

11.2.1　创建 LocationManager

LocationManager 是整个 LBS 框架的核心。LocationManager 提供的 API 可以查询设备支持的 LocationProvider 列表，查询设备的当前位置，监听设备的移动。LocationManager 是系统提供的一项服务，使用如下方法获得 LocationManager 的对象。

```
Context.getSystemService(Context.LOCATION_SERVICE)
```

使用 LocationManager 之前，需要在 AndroidManifest.xml 中声明权限，GPS 和 AGPS 位置提供者使用精确定位权限；而对于网络位置提供商则使用模糊定位权限，声明如下所示：

```
<uses-permission android:name="android.permission.ACCESS_FINE_LOCATION"/>
<uses-permission android:name="android.permission.ACCESS_COARSE_LOCATION"/>
```

11.2.2 LocationProvider 类

LocationProvider 为设备提供地理位置信息，一个设备可以包含一个 LocationProvider，也可以包含多个。有些 LocationProvider 可能需要访问设备的 GPS 模块，通过卫星技术定位设备的位置。有些 LocationProvider 可能使用移动电话网络的蜂窝技术定位设备的位置。在 OPhone 中可以使用 AGPS_PROVIDER 和 GPS_PROVIDER，这两种 LocationProvider 的特性也不尽相同，有些可能更费电，有些在使用过程中需要支付流量费。

1．查询所有 LocationProvider

LocationManager.getAllProviders()方法返回设备上所有的 LocationProvider 的名称。下面的代码演示了如何获取 LocationProvider 列表。

```
locationManager = (LocationManager)getSystemService(Context.LOCATION_SERVICE);
List<String> providers = locationManager.getAllProviders();
for (String p : providers) {
    //处理 Provider

}
```

获得 LocationProvider 的名称之后，可以调用 LocationManager.getProvider()方法获得 LocationProvider 对象。

2．查询最佳 LocationProvider

事实上，每个 LocationProvider 都有一系列的标准（Criteria）。根据用户设置的标准，LocationManager 可以返回最佳的、最适合用户需求的 LocationProvider。如果有多个 LocationProvider 符合用户的需求，那么返回具有最高精确度的 LocationProvider。如果没有符合要求的 LocationProvider，系统会按照下面的顺序依次降低查询标准。如果没有符合标准的 LocationProvider，此方法返回 null。

- 电源需求
- 精确度
- 方位
- 速度

● 高度

下面的代码片段演示了如何查询最符合标准的 LocationProvider。

```
private String findProvider(){
    Criteria criteria = new Criteria();
    criteria.setAccuracy(Criteria.ACCURACY_COARSE);
    criteria.setPowerRequirement(Criteria.POWER_LOW);
    criteria.setAltitudeRequired(false);
    criteria.setBearingRequired(false);
    criteria.setSpeedRequired(false);
    criteria.setCostAllowed(true);
    return locationManager.getBestProvider(criteria, true);
}
```

11.2.3　监听位置更新

LBS 提供的核心服务是随时更新设备所在的位置，调用 getLastKnownLocation()可以获得设备中记录的最后获得的位置。但是这个位置可能是过时的，也可能设备处于关机状态下被移动到了新位置。如果希望监听位置更新信息，可以调用：

```
public void requestLocationUpdates(String provider, long minTime, float minDistance,
                        LocationListener listener)
```

当设备的信息和状态发生变化时，LocationListener 中的相关方法会被调用。回调的频率由参数 minTime 和 minDistance 决定，如果 minTime 大于零，则设备间隔 minTime（毫秒）会调用一次 LocationListener 的方法；如果 minDistance 大于零，只有设备移动了大于 minDistance 距离时，才会调用 LocationListener 的方法。这样做的目的是为了减小电量的消耗。

下面的代码片段演示了如何监听位置更新信息。

```
private void updateLocation() {
locationManager.requestLocationUpdates(LocationManager.AGPS_PROVIDER,600000, 10,
new LocationListener() {
    public void onLocationChanged(Location location) {
    //更新位置信息
    }
    public void onProviderDisabled(String provider) {
    //当 Provider 被禁用时被调用
```

```
    }
    public void onProviderEnabled(String provider) {
//当 Provider 被启用时被调用
    }
    public void onStatusChanged(String provider, int status,Bundle extras) {
    }
});
}
```

11.2.4 接近警报

调用下面的方法，LocationManager 可以设置接近警报，监听设备进入或者离开了某一个区域，区域由以经度和纬度为标识的原点和半径来定义。

```
public void addProximityAlert (double latitude, double longitude, float radius,
                    long expiration, PendingIntent intent)
```

一旦设备进入或者离开了此区域，方法中设定的 Intent 会被触发，以广播的方式发出。在 Intent 中包含了 LocationManager.KEY_PROXIMITY_ENTERING 键值，其值为 boolean 型。如果返回值是 true，代表设备进入了此区域；如果返回值为 false，代表设备离开了此区域。参数 expiration 表示监听是否有时间限制，如果有限制，则在经过了 expiration 毫秒之后，删除此接近警报。如果 expiration 为-1，则不设置时间限制。

下面的代码片段演示了如何设置接近警报。

```
private void monitorProximityAlert(){
    Intent intent = new Intent("com.ophone.chapter11_2.ProximityAlert");
    PendingIntent pendingItent = PendingIntent.getBroadcast(this, -1, intent, 0);
    double latitude = -121.45356;
    double longitude = 46.51119;
    //永远不过期
    long expiration = -1;
    locationManager.addProximityAlert(latitude, longitude, 100f, expiration, pendingItent);
}
```

如果希望 Activity 监听接近警报发出的 Intent，可以创建一个 BroadcastReceiver 并注册，以便在事件发生时作出响应。代码如下所示：

```
class ProximityAlertReceiver extends BroadcastReceiver{
```

```
        @Override
        public void onReceive(Context context, Intent intent) {
            String key = LocationManager.KEY_PROXIMITY_ENTERING;
            boolean enter = intent.getBooleanExtra(key, false);
            if(enter){
                //设备已经进入了设定的监听范围
            }else{
                //设备已经离开了设定的监听范围
            }
        }
    }
```

11.3　访问传感器

近年来，传感器技术逐渐应用在移动电话上，极大地丰富了用户体验。移动电话不但可以作为通信工具使用，还可以作为指南针、温度计等工具，只要设备支持相关的传感器即可。OPhone 平台在应用程序框架层提供了相关的 API，允许应用程序访问底层的传感器。本节主要介绍如何使用传感器相关的 API，重点介绍方向传感器。

11.3.1　SensorManager 类

SensorManager 是整个传感器框架的核心，调用 Context.getSystemService()方法可以获得 SensorManager 对象。

```
SensorManager sensorManager =
        (SensorManager) getSystemService(Context.SENSOR_SERVICE);
```

SensorManager 负责管理设备上可用的传感器，设备可能同时支持多种传感器，包括加速度传感器、方向传感器、温度传感器和压力传感器等。传感器的类型定义在 Sensor 类中，目前 OPhone 平台中定义了如下类型：

- TYPE_ALL
- TYPE_ACCELEROMETER
- TYPE_GYROSCOPE
- TYPE_LIGHT
- TYPE_MAGNETIC_FIELD
- TYPE_ORIENTATION

- TYPE_PRESSURE
- TYPE_PROXIMITY
- TYPE_TEMPERATURE

SensorManager 提供了 getSensorList(int type)和 getDefaultSensor(int type)可以获得 type 指定的 Sensor 列表或者默认的 Sensor。

11.3.2　监听传感器事件

SensorManager 最重要的功能是监听传感器发出的事件，调用重载的 registerListener() 方法可以设置监听器，当传感器感应到设备的温度、位置等发生变化时会回调 SensorEventListener 中定义的方法。

- registerListener(SensorEventListener listener, Sensor sensor, int rate, Handler handler)
- registerListener(SensorEventListener listener, Sensor sensor, int rate)

SensorEventListener 接口中定义了如下方法，监听传感器数值和精度的变化。当传感器数值发生变化时，onSensorChanged()方法会被调用。传感器的类型、精度、时间戳和传感器的数据都被封装在传入的 SensorEvent 对象中。需要注意的是，SensorEvent 中的 values 数组的长度是可变的，依赖于传感器的类型。下面是一个 SensorEventListener 的代码框架。

```
private class CompassSensorListener implements SensorEventListener{
    public void onAccuracyChanged(Sensor sensor, int accuracy) {
    //当传感器精度变化时，调用此方法

    }


    public void onSensorChanged(SensorEvent event) {
        Sensor sensor = event.sensor;
        switch (sensor.getType()) {
        case SensorManager.SENSOR_ORIENTATION: {
            //应用程序逻辑
            break;
        }
        }
    }
}
```

可以通过参数 rate 来设定传感器更新的频率，在 SensorManager 中定义了 4 种频率值，通常更新的速度越快，意味着对设备资源的消耗越厉害。

- SENSOR_DELAY_FASTEST，更新频率最快；
- SENSOR_DELAY_GAME，更新频率适合游戏；
- SENSOR_DELAY_NORMAL，默认的更新频率，适合屏幕的方向改变；
- SENSOR_DELAY_UI，更新频率适合用户界面。

11.3.3 方向传感器应用——指南针

本节通过一个指南针实例介绍如何使用传感器框架提供的API访问设备的方向传感器。根据指南针的指南特性，所以当改变手机的方向时，指南针的指针还应该指向南方。

1. 方向变化参数

传感器的 3D 坐标定义是和 OpenGL ES 同样的右手坐标系，该坐标系与屏幕相关，坐标系的原点在屏幕左下角。其中 X 轴沿屏幕水平向右，Y 轴沿屏幕竖直向上，Z 轴垂直于屏幕向外。屏幕后的 Z 坐标就是负值，屏幕前的 Z 坐标就是正值。

前面已经提到，SensorEvent 中包含了 float[] values 成员变量来标识传感器参数的变化。values 数组的长度是可变的，依赖于传感器的类型。对于 Sensor.TYPE_ORIENTATION 类型，values 中定义的是角度，单位是 "°"。

- values[0]——表示 Y 轴绕 Z 轴与正北方向的夹角，角度范围为 0°～359°，其中 0° 表示传感器坐标系的 Y 轴指向正北，90° 表示手机指向正东，180° 表示指向正南，270° 表示指向正西。
- values[1]——表示绕 X 轴旋转的角度，角度范围为（-180°～180°），正值表示运动趋势从 Z 轴指向 Y 轴。
- values[2]——表示绕 Y 轴旋转的角度，角度范围为（-90°～90°），正值表示运动趋势从 X 轴远离 Z 轴。

根据 values 的定义，当 values[0]=0，values[1]=0，values[2]=0 时，设备处于平放状态。对于指南针，应该在水平状态下旋转设备，这样只更新方位角，也就是 values[0]的值。CompassSensorListener 接收到 values 的值之后，重新绘制 CompassView。CompassSensorListener 的代码如下所示：

```java
private class CompassSensorListener implements SensorEventListener{
    public void onAccuracyChanged(Sensor sensor, int accuracy) {

    }

    public void onSensorChanged(SensorEvent event) {
        Sensor sensor = event.sensor;
```

```
//处理方向变化
switch (sensor.getType()) {
case SensorManager.SENSOR_ORIENTATION: {
    sensorValues = event.values;
    if (view != null)
        //重新绘制 CompassView
        view.invalidate();
    break;
    }
    }
    }
}
```

2．注册/注销 SensorEventListener

CompassActivity 在 onResume()方法中注册 SensorEventListener，在 onStop()方法中注销 SensorEventListener。

```
@Override
protected void onResume() {
    super.onResume();
    //监听设备方向变化
    sensorManager.registerListener(listener, sensorManager
            .getDefaultSensor(Sensor.TYPE_ORIENTATION),
            SensorManager.SENSOR_DELAY_FASTEST);
}

@Override
protected void onStop() {
    super.onStop();
    //注销监听器
    sensorManager.unregisterListener(listener);
}
```

3．CompassView

CompassView 扩展了 View 类，用来显示指南针。在 CompassView 的构造器中使用 Path 对象构建了一个箭头形状的多边形。

```
public CompassView(Context context) {
```

```
        super(context);
        //定义一个指南针的形状
        mPath.moveTo(0, -50);
        mPath.lineTo(-20, 60);
        mPath.lineTo(0, 50);
        mPath.lineTo(20, 60);
        mPath.close();
    }
```

CompassView 的 onDraw() 方法绘制指南针，当 CompassSensorListener 中 onSensorChanged()方法被调用时，首先使用 SensorEvent 中的 values 更新 sensorValues，然后重新绘制 CompassView。调用 Canvas.drawPath()之前，旋转画布-values[0]°。onDraw()方法如下所示：

```
@Override
protected void onDraw(Canvas canvas) {
        Paint paint = mPaint;
        canvas.drawColor(Color.WHITE);
        //设置 paint 的样式
        paint.setAntiAlias(true);
        paint.setColor(Color.BLACK);
        paint.setStyle(Paint.Style.FILL);


        int w = canvas.getWidth();
        int h = canvas.getHeight();
        int cx = w / 2;
        int cy = h / 2;
        //坐标变换，x,y 坐标均增加
        canvas.translate(cx, cy);
        if (sensorValues != null) {
                //旋转屏幕
                canvas.rotate(-sensorValues[0]);
        }
        //绘制指南针
        canvas.drawPath(mPath, mPaint);
    }
}
```

运行 chapter11_2，指南针如图 11-2 所示。

图 11-2　指南针

11.3.4　模拟传感器

非常遗憾，OPhone 模拟器无法模拟传感器事件，只能到支持方向传感器的真机上运行。如果开发者希望将程序部署到真机测试之前，能够在模拟器上模拟传感器事件的话，可以借助第三方的软件实现。

1．安装 SensorSimulator

SensorSimulator 就是这样一款软件，可以帮助应用程序模拟传感器事件，包括加速度、方向、温度等传感器。SensorSimulator 是开源的软件，读者可以到下面的地址下载源代码：

http://code.google.com/p/openintents/wiki/SensorSimulator

将 zip 文件解压缩，然后运行/bin/sensorsimulator.jar 文件（需要使用 JDK 1.6 或者更高版本），SensorSimulator 是一个桌面程序，可以向模拟器发出传感器事件，如图 11-3 所示。

2．配置 SensorSimulator

在 bin 目录下包含一个 SensorSimulatorSettings.apk 文件，将此文件安装到 OPhone 模拟器上，然后运行。在 Setting 中填入桌面程序提示的 IP 地址，端口默认是 8010。此地址会存储在模拟器中，通过配置建立了模拟器和桌面程序之间的联系。配置界面如图 11-4 所示。

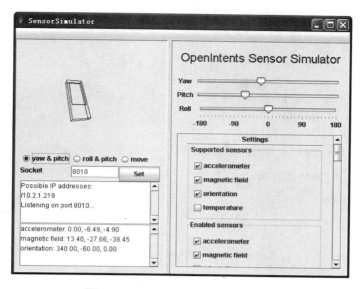

图 11-3　SensorSimulator 桌面程序

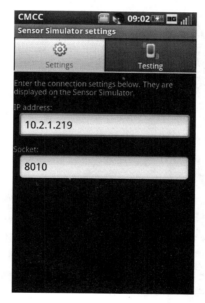

图 11-4　配置 SensorSimulator

3．调整代码

接下来需要对项目进行调整，以 chapter11_2 为例，首先将 lib/sensorsimulator-lib.jar 文件复制到 chapter11_2/lib 目录下。右键选中项目，选择"属性"，在"java build path"中将 sensorsimulator-lib.jar 文件加入到 Libraries 中。

还要对 CompassActivity 的部分代码进行修改，使用 SensorSimulator 中提供的 SensorManagerSimulator 替换原有的 SensorManager。

原来的代码为：

```
sensorManager = (SensorManager) getSystemService(Context.SENSOR_SERVICE);
```

替换为：

```
simulator = SensorManagerSimulator.getSystemService(this,SENSOR_SERVICE);
simulator.connectSimulator();
```

监听器注册的代码也需要替换，需要注意的是，目前的 SensorManagerSimulator 只能注册 SensorListener，而 SensorListener 已经在 OPhone 1.5 中明确为"不推荐"使用的类，可能在以后的版本中删除。

原有代码为：

```
sensorManager.registerListener(listener, sensorManager
                .getDefaultSensor(Sensor.TYPE_ORIENTATION),
            SensorManager.SENSOR_DELAY_FASTEST);
```

替换为：

```
simulator.registerListener(sensorListener, SensorManager.SENSOR_ORIENTATION,
            SensorManager.SENSOR_DELAY_FASTEST);
```

运行修改后的 CompassActivity，可以通过调整桌面程序向模拟器发送传感器事件，方便调试程序。运行界面如图 11-5 所示。

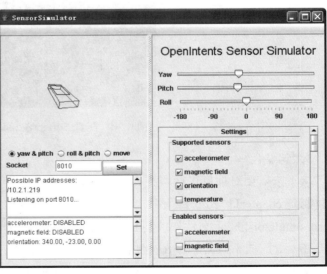

图 11-5　使用 SensorSimulator 模拟传感器

11.4 小结

OPhone 平台功能之所以强大，其中一个重要原因就是将底层的硬件能力通过应用程序框架提供的 API 展现给开发者。开发者可以方便地访问相机、位置服务和传感器等底层硬件。

附录 A
如何导入源代码

本文介绍如何将光盘中的源代码导入到 Eclipse 开发环境中。启动 Eclipse，选择菜单【文件】=>【导入】，选择将已存在的项目导入到工作空间，如图 A-1 所示。

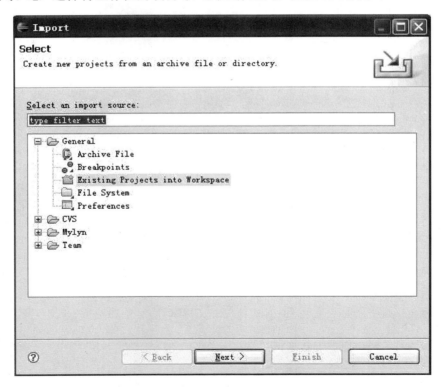

图 A-1　将已存在的项目导入到工作空间

选择项目所在的根目录，如图 A-2 所示。选择完成，chapter6_4 已经导入到 Eclipse 的工作空间。如果希望将源代码复制到 Eclipse 的工作空间，请将图 A-2 中底部的复选框选中。

需要注意的是，项目不能存放在包含中文的目录中，否则可能造成程序无法正常运行。

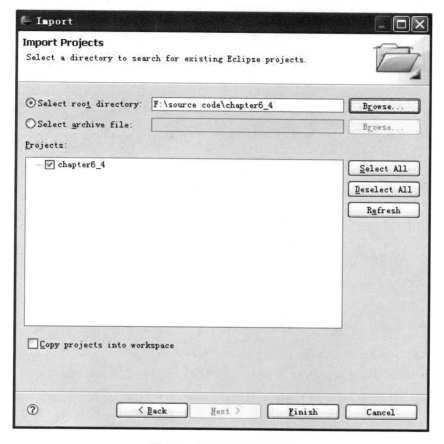

图 A-2　选择项目的根目录

附录 B
Resin 安装与 Servlet 部署

Resin 是 CAUCHO 公司的产品，是一个非常流行的支持 Servlet 和 JSP 的引擎，速度非常快，且使用简单。Resin 本身包含一个支持 HTTP/1.1 的 Web 服务器，显示静态内容的速度也非常强，因此有些网站直接使用 Resin 作为 Web 服务器，当然 Resin 也支持和 Apache 整合。本文重点介绍如何安装和配置 Resin，并且编写一个简单的 Web 程序并部署到服务器。

1. 安装和启动 Resin

首先到 http://www.caucho.com 下载 Resin 软件，这里使用 Resin pro 3.0.23 版本。将软件解压到电脑文件系统，笔者的 Resin 安装在 F:\resin-pro-3.0.23 下，此目录以 RESIN_HOME 代替。在运行 Resin 之前，请检查是否已经在系统环境变量中设置了 JAVA_HOME 指向 Java SDK 的安装目录。然后双击 RESIN_HOME/httpd.exe，启动 Resin 服务器，从控制台的输出可以知道 Resin 已经启动成功。打开浏览器输入 http://localhost:8080，如果可以看到 Resin Default Home Page，那么证明 Resin 已经安装成功。如果无法正常访问上述地址，请参考 Resin 的文档解决问题。

2. 使用 Ant 管理项目

（1）web.xml

在 Eclipse 中新建一个 Java 项目 chapter9s，然后新建目录 conf，并编写一个 web.xml 文件，web.xml 文件是 Web 应用程序的描述文件，其中包含了 Servlet 的部署、Filter 部署等信息。本例中的 web.xml 只包含一个 TestServlet，后面根据需要还会增加其他的 Servlet。

```
<?xml version="1.0" encoding="UTF-8"?>
<!DOCTYPE web-app PUBLIC "-//Sun Microsystems, Inc.//DTD Web Application 2.3//EN"
"http://java.sun.com/dtd/web-app_2_3.dtd">
<web-app>
```

```
<display-name>OPhone server demo</display-name>
<description>a simple server developed by eric zhan</description>
<!-- 声明 Servlet -->
<servlet>
    <servlet-name>main</servlet-name>
    <servlet-class>com.ophone.chapter9.TestServlet</servlet-class>
    <load-on-startup>0</load-on-startup>
</servlet>
<!-- 映射 Servlet -->
<servlet-mapping>
    <servlet-name>main</servlet-name>
    <url-pattern>/test</url-pattern>
</servlet-mapping>
<session-config>
    <session-timeout>30</session-timeout>
</session-config>
</web-app>
```

（2）编写 Servlet

新建 lib 目录，将 servlet-api.jar 复制到此目录下，servlet-api.jar 中包含了需要用到的 Servlet 等类文件，然后将此目录加入到 build-path 中，这样就可以在项目中新建 Servlet 了；否则 Eclipse 会提示无法找到 HttpServlet 类等错误。Servlet 是使用 Java 编程语言编写的运行在服务器端的程序，我们使用 Servlet 主要是处理来自客户端的 HTTP 请求，并向客户端发送响应。Servlet 编程超出了本书的范畴，读者可以参考其他书籍。在 src 目录下新建 TestServlet.java，源代码如下所示。TestServlet 非常简单，只是输出"hello servlet"，目的是检查 Servlet 是否成功部署了。

```java
package com.ophone.chapter9;
import java.io.IOException;
import javax.servlet.ServletException;
import javax.servlet.http.HttpServlet;
import javax.servlet.http.HttpServletRequest;
import javax.servlet.http.HttpServletResponse;

public class TestServlet extends HttpServlet {
    private static final long serialVersionUID = 7320809705614311499L;
    @Override
```

```
protected void doGet(HttpServletRequest req, HttpServletResponse resp)
        throws ServletException, IOException {
    resp.getWriter().write("hello servlet");
}


@Override
protected void doPost(HttpServletRequest req, HttpServletResponse resp)
        throws ServletException, IOException {
    super.doPost(req, resp);
}
}
```

（3）build.xml

Ant 是 Apache 的开源项目，从理论上讲，它非常像 Make。Ant 因其功能强大、使用简单的特性，深受 Java 开发者的深爱。关于 Ant 的使用，读者可以访问 http://ant.apache.org 获得更多内容。为了管理项目方便，避免进行大量的配置工作，笔者也使用 Ant 来管理此项目。在项目下新建 build.xml 文件，内容如下所示。编译本项目，只需要选中 build.xml，右键选择"Run As" => "Ant build"即可。

```xml
<?xml version="1.0" encoding="UTF-8"?>
<project name="Building No.1 Lomol Platform" default="build" basedir=".">


    <property name="src.dir"      value="src" />
    <property name="web.dir"      value="web" />
    <property name="lib.dir"      value="lib" />
    <property name="conf.dir"      value="conf" />
    <property name="build.dir"    value="${web.dir}/WEB-INF/classes" />


    <path id="build-classpath">
        <fileset dir="${lib.dir}">
            <include name="**/*.jar" />
            <include name="**/*.zip" />
        </fileset>
        <pathelement path="${build.dir}"/>
    </path>


    <target name="clean">
```

```
            <delete dir="${web.dir}/WEB-INF" />
        </target>

        <target name="pre-init" description="make dir">
            <mkdir dir="${web.dir}/WEB-INF/lib" />
            <mkdir dir="${build.dir}" />
        </target>

        <target name="init" depends="pre-init" description="copy to web dir">
            <copy todir="${web.dir}/WEB-INF">
                <fileset file="${conf.dir}/web.xml" />
            </copy>
        </target>

        <target name="build" depends="clean,init" description="compile the source files">
            <javac destdir="${build.dir}" target="1.5" encoding="utf-8" deprecation="on"
                    debug="on" debuglevel="lines,vars,source">
                <src path="${src.dir}" />
                <classpath refid="build-classpath"/>
            </javac>
        </target>
    </project>
```

3．配置 Resin

编译成功后，项目的根目录会生成 web 目录，里面包含了类文件和 web.xml 等内容，是一个标准的 Java Web 程序结构。最后要配置 Resin 服务器，完成此项目的部署工作。打开 RESIN_HOME/conf/resin.conf 文件，在文件的底部<host>标签内添加如下的内容：

```
<web-app id="/ophone" document-directory="F:\eclipse\workspace\chapter9s\web"/>
```

然后启动 Resin 服务器。在浏览器中输入 http://localhost:8080/ophone/test，如果看到页面输出了"hello servlet"，则代表 Servlet 部署成功。读者可以返回第 9 章继续阅读 OPhone 联网开发的内容。

参 考 文 献

[1] （美）Eric Freeman,Elisabeth Freeman,With Kathy ierra,Bert Bates 著. Head First Design Patterns. 南京：东南大学出版社，2005

[2] （美）ANDREW S.TANENBAUM，VRIJE UNIVERSITEIT，AMSTERDAM，THE NETHERLANDS 著.潘爱民 译. 计算机网络（第四版）. 北京：清华大学出版社，2004

[3] （美）Mason Woo Jackie Neider Tom Davis Dave Shreiner 著.吴斌 段海波 薛凤武 译. OpenGL 编程权威指南（第 3 版）. 北京：中国电力出版社，2001

[4] （美）Kari Pulli Tomi Aarnio Ville Miettinen Kimmo Roimela Jani Vaarala 著. Mobile 3D Graphics with OpenGL ES and M3G. Morgan Kaufmann，2007

[5] （美）Dave Astle Dave Durnil 著. OpenGL ES Game Development. Course Technology PTR，2004

電子工業出版社
PUBLISHING HOUSE OF ELECTRONICS INDUSTRY

《OPhone 应用开发权威指南（第 2 版）》读者交流区

尊敬的读者：

感谢您选择我们出版的图书，您的支持与信任是我们持续上升的动力。为了使您能通过本书更透彻地了解相关领域，更深入的学习相关技术，我们将特别为您提供一系列后续的服务，包括：

1. 提供本书的修订和升级内容、相关配套资料；

2. 本书作者的见面会信息或网络视频的沟通活动；

3. 相关领域的培训优惠等。

您可以任意选择以下四种方式之一与我们联系，我们都将记录和保存您的信息，并给您提供不定期的信息反馈。

1. 在线提交

登录www.broadview.com.cn/13366，填写本书的读者调查表。

2. 电子邮件

您可以发邮件至jsj@phei.com.cn或editor@broadview.com.cn。

3. 读者电话

您可以直接拨打我们的读者服务电话：010-88254369。

4. 信件

您可以写信至如下地址：北京万寿路173信箱博文视点，邮编：100036。

您还可以告诉我们更多有关您个人的情况，及您对本书的意见、评论等，内容可以包括：

（1）您的姓名、职业、您关注的领域、您的电话、E-mail地址或通信地址；

（2）您了解新书信息的途径、影响您购买图书的因素；

（3）您对本书的意见、您读过的同领域的图书、您还希望增加的图书、您希望参加的培训等。

如果您在后期想停止接收后续资讯，只需编写邮件"退订+需退订的邮箱地址"发送至邮箱：market@broadview.com.cn 即可取消服务。

同时，我们非常欢迎您为本书撰写书评，将您的切身感受变成文字与广大书友共享。我们将挑选特别优秀的作品转载在我们的网站（www.broadview.com.cn）上，或推荐至CSDN.NET等专业网站上发表，被发表的书评的作者将获得价值50元的博文视点图书奖励。

更多信息，请关注博文视点官方微博：http://t.sina.com.cn/broadviewbj。

我们期待您的消息！

博文视点愿与所有爱书的人一起，共同学习，共同进步！

通信地址：北京万寿路 173 信箱　博文视点（100036）　　电话：010-51260888

E-mail：jsj@phei.com.cn，editor@broadview.com.cn

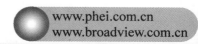

反侵权盗版声明

　　电子工业出版社依法对本作品享有专有出版权。任何未经权利人书面许可，复制、销售或通过信息网络传播本作品的行为；歪曲、篡改、剽窃本作品的行为，均违反《中华人民共和国著作权法》，其行为人应承担相应的民事责任和行政责任，构成犯罪的，将被依法追究刑事责任。

　　为了维护市场秩序，保护权利人的合法权益，我社将依法查处和打击侵权盗版的单位和个人。欢迎社会各界人士积极举报侵权盗版行为，本社将奖励举报有功人员，并保证举报人的信息不被泄露。

举报电话：（010）88254396；（010）88258888

传　　真：（010）88254397

E-mail:　　dbqq@phei.com.cn

通信地址：北京市万寿路 173 信箱

　　　　　电子工业出版社总编办公室

邮　　编：100036